天猫精灵诞生记

如何在互联网公司做硬件

郭 威 樊建军 孟京生 著

人民邮电出版社

北京

图书在版编目（CIP）数据

天猫精灵诞生记 ：如何在互联网公司做硬件 / 郭威
等著. -- 北京 ：人民邮电出版社，2022.6
ISBN 978-7-115-58375-8

Ⅰ．①天… Ⅱ．①郭… Ⅲ．①电子产品－产品设计②
电子产品－产品开发 Ⅳ．①TN602

中国版本图书馆CIP数据核字(2021)第266741号

内 容 提 要

　　本书系统地讲解了智能硬件开发中的各个子系统，全书共有 7 章，系统地论述了 ESD 防护设计、EMI 设计、热设计、电子设计、PCB 设计、射频设计、结构设计及工艺设计。全书的案例均来源于天猫精灵产品的真实研发项目，同时还涉及了天猫精灵硬件研发团队智能硬件产品设计中的理念、方法、过程和经验，对于读者学习智能硬件的研发、创新和管理具有较高的参考价值。

　　本书既可以作为从事智能硬件相关工作人员的一部宝典，还可以作为高校相关专业人才培养的一本参考书。

◆ 著　　　郭　威　樊建军　孟京生
　　责任编辑　李　强
　　责任印制　马振武
◆ 人民邮电出版社出版发行　　北京市丰台区成寿寺路 11 号
　　邮编　100164　　电子邮件　315@ptpress.com.cn
　　网址　https://www.ptpress.com.cn
　　三河市中晟雅豪印务有限公司印刷
◆ 开本：800×1000　1/16
　　印张：22　　　　　　　　　2022 年 6 月第 1 版
　　字数：337 千字　　　　　　2022 年 6 月河北第 1 次印刷

定价：99.80 元

读者服务热线：(010) 81055493　印装质量热线：(010) 81055316
反盗版热线：(010) 81055315
广告经营许可证：京东市监广登字 20170147 号

编辑委员会

序

智能化的万物互联世界即将来临。智能硬件产品将在我们的生活和工作中无处不在，给人们提供日新月异的智能服务，极大地改善人们的生活体验。智能硬件产品也是电子信息产业里重要的增长点，将需要大量的相关专业人才。高校是人才培养的重要阵地，为打造我国自主创新的电子信息产业提供合格人才是高校相关专业人才培养的重要目标，本书的出版为此目标的实现提供了一个非常好的参考。

目前，高校的智能硬件教材注重软硬件原理讲解，结合产品原型设计和实践等综合能力的培养环节，并借助产学协同育人手段不断加强学生的系统设计能力培养。但这些内容与产业界的实际产品需求还存在一定的差距，特别是在产业界所需的系统知识架构和工程实践能力上还存在一些不足，主要体现在缺乏真实产品的实战研发经验和解决疑难问题的工程实践技巧方面。本书的内容来源于阿里天猫精灵千万级产品研发团队的第一手资料，以智能硬件各个环节中的实际问题和疑难问题为案例，提供了硬件研发中的各种实战经验，可以很好地提高智能硬件开发人员的产品化落地能力，真正地锻炼学生的工程实践能力，提高研发水平。

本书由天猫精灵硬件研发团队编写，具体内容涉及了智能硬件开发中的各个子系统，包括工业设计、机械结构、电磁兼容、散热、电源、电路板等设计环节，体现了系统思维和工程思维，突出了系统设计在解决工程疑难问题中的关键作用，为学生的项目实践提供了很好的参考。全书的案例均来源于天猫精灵产品的真实研发项目，同时还涉及了天猫精灵团队智能硬件产品项目管理的理念、方法、过程和经验，对于智能硬件的研发、创新和管理人员也具有较高的参考价值。

本书具有实战性、综合性和系统性，相信本书的出版能够帮助高校电子信息类专业与产业界一起更好地开展协同育人工作，为电子信息产业的持续发展提供人才助力。

王志军

北京大学信息科学技术学院教授

2021 年 9 月 1 日

前言

2017 年 7 月 5 日阿里巴巴推出了第一款人工智能音箱——天猫精灵 X1，从那时起，天猫精灵便承担起了一个重要的使命，就是云端一体化的设备变革。从 1999 年开始的 20 年，是中国互联网风起云涌的 20 年，今天当"在线"已经成为我们必不可少的生活方式时，我们发现绝大多数的服务依赖网络，依赖我们手中的终端——手机。时代的发展，让我们对未来充满希望，也产生敬畏。回首过去，手机终端的演变，让我们更期待一个面向未来的新型终端的形态，因为它将再一次改变人们的生活。

天猫精灵诞生至今，已经用自己独特的语音交互方式服务了千万家庭。从人类用键盘、鼠标控制计算机，到用触摸的方式控制手机，再到今天，机器开始学习人类的交互方式，这是人机交互的一次重大进步。机器用语音和人进行交互的用户价值是巨大的，因为它的服务能从有限的个人扩展到所有的人，所以第一款天猫精灵产品落地时，研发团队中的每个人都非常兴奋。但同时，交互方式的改变对整个服务体系的冲击是巨大的，手机加应用商店的模式在天猫精灵这样的语音交互设备上是行不通的，每个服务必须以语音的方式接入，必须精准且具备个性化的特征，与之对应的承载服务的终端需要有什么样的特性呢？

经过 4 年多的磨炼，天猫精灵的硬件团队不断探索，从天猫精灵 X1 到方糖，再到 IN 糖、CC 等一系列产品，每次产品的迭代不仅仅体现在新品的设计上，也体现在交互的升级上，更是团队对硬件的一次重新审视。网络技术加速迭代，云已经成为所有互联网的基础，终端产品的意义更加重要——我们打造的不再是一个独立的设备，而是有大脑、可以"思考"的设备。这一点至关重要，甚至影响整个天猫精灵硬件终端的设计和研发流程，可以说云网融合的产品理念贯穿了整个天猫精灵的研发、生产和销售流程。

2017 年"双 11"，天猫精灵第一款产品"X1"销量达百万台，拔得行业头筹。2018 年"618"，第一款普惠概念的极致性价比产品"方糖"完成研发并上市，出货 300 万台，全年销量 1000 万台，直接"引爆"了智能语音交互音箱的市场。

经过 4 年的发展，天猫精灵硬件研发体系包括 PM（Project Management，项目管理）、结构、射频、电子、工艺、PCB（Printed Circuit Board，印制电路板）等领域，团队一共不到 40 个人，是一步一步紧贴业务、逐步规划和建设起来的。天猫精灵硬件研发团队自成立以来完成了天猫精灵 30 余款主力产品的研发上市，支持了天猫精灵 IoT（Internet of Things，物联网）生态业务、集团合作项目，如会议电话 3 代、优酷魔盒魔屏等；探索了一些新业务，如 IP 定制的糖粉计划的技术支撑、后端柔性定制产线的设计和搭建等；在技术前端上游与平头哥半导体公司定制芯片并产品化。硬件研发团队还承担过交付职责，目前还在发挥主要的 NPI（New Product Introduction，新产品导入）职能。哪里有需要，我们就到哪里去。

人力和组织的准备，有时候追不上业务的速度，所以就需要做一本类似宝典的图书，其目的有两个：一是让有技术功底但欠缺产品研发经验的同事能够获取足够的经验教训，知道哪些设计是验证过的、有把握的，可以放心复制，哪些设计是绝对不能尝试的、注定失败的，从原理上理解为什么，避免重复跳坑；二是让同事深刻理解在互联网公司做硬件的特点，如何根据业务做技术判断。技术上再过硬、水平再高，若不能在正确的时间和场景将产品落地，产生业务价值，那么技术的价值可能就会降低很多。

阿里巴巴的很多业务都是创新型业务，特别是天猫精灵，具有很多不确定性，变化是常态。硬件研发致力于从不确定性中找到更多的确定性，这是由硬件的特点决定的，具有不可逆性和弱试错性。一路走来，一旦天猫精灵在硬件上出了事故，就不会有现在的成就。硬件产品强调安全、设计严谨，追求零失误，同时还要进行创新、卖点研究及成本优化，需要对其承担和管理风险，更要在进度上满足业务方的上市关键点及时间节点。

总体来看，这本书介绍了天猫精灵硬件研发团队的成长过程，特别是面临决策时，团队经常焦虑、纠结、反复、恐慌的心路历程。本书通过各种生动案例来说明各种决策背后的思考，相信对行业有一定的参考价值。

在本书中，我们并不想将通用技术罗列出来并摘抄一遍，那没有多大意义。我们主要想体现天猫精灵硬件产品研发过程中的独特性、创新性，技术沉淀和积累，以及在研发过程中团队对各种技术的判断。通过对一个个很小的技术点和独特创新想法的分享，我们希望读者能够从中体会和了解 AIoT（Artificial Intelligence & Internet of Things，人工智能与物联网）用户端消费类硬件产品研发价值的考量点，以及天猫精灵技术应用和决策判断背后的价值思考。

　　我们希望本书能够对有志从事硬件研发的理工科学生有所帮助,让他们更快、更好地理解在校科研和实际上市产品开发之间的差异,提前补充必要的知识,开阔视野,从而更好地从校园走向社会。特别是在互联网大潮下,传统硬件已经具有鲜明的独特性。作为新一代的生力军,他们同样需要不断寻找和定位自己的价值方向。

　　我们也期望更多同人有兴趣阅读这本书,了解我们在互联网公司是如何做硬件的。当你在工作中遇到相关场景和问题并需要作出选择和决策时,希望本书中的相关内容能够对你有所帮助。

目录

引言   1

天猫精灵发展史   2

天猫精灵硬件研发简介   3

天猫精灵硬件设计文化   4

天猫精灵硬件研发项目流程   6

01 第1章 硬件系统设计的三座大山 11

1.1 ESD防护设计   12

1.2 EMI设计   28

1.3 热设计   45

02 第2章 硬件开发之电子篇 63

2.1 电子团队介绍   64

2.2 电源设计   65

2.3 LED设计   85

2.4 触控按键设计   93

2.5 电子设计相关工具简介   101

03 第3章 硬件开发之PCB篇 103

3.1 PCB团队介绍   104

3.2 元器件封装设计   105

3.3 元器件布局设计   115

3.4　PCB布线设计　　　　　　131

3.5　PCB设计软件工具简介　　147

04　第4章　硬件开发之射频篇　　149

4.1　射频团队介绍　　　　　　150

4.2　射频经典案例　　　　　　155

4.3　应用场景分析　　　　　　158

4.4　射频器件选型　　　　　　166

4.5　天线设计　　　　　　　　170

4.6　射频系统链路预算　　　　175

4.7　De-sense问题　　　　　　178

4.8　射频测试工具简介　　　　184

05　第5章　硬件开发之结构篇　　189

5.1　结构团队介绍　　　　　　190

5.2　架构设计　　　　　　　　193

5.3　防振音设计　　　　　　　199

5.4　密封及气密性设计　　　　208

5.5　钣金设计　　　　　　　　220

5.6　塑料设计　　　　　　　　225

5.7　表面处理工艺　　　　　　238

5.8　硅胶件设计　　　　　　　257

5.9　塑料模具　　　　　　　　267

5.10　模切部分　　　　　　　282

5.11　结构开发仪器仪表与工具

软件　　　　　　　　　　286

06　第6章　硬件开发之工艺篇　　297

6.1　DFX概念及作用　　　　　298

6.2　DFM　　　　　　　　　　298

6.3　DFA　　302

6.4　DFT　　304

6.5　DFS　　305

6.6　工艺常用设备简介　　306

07 第7章　硬件部品应用与定制　309

7.1　显示屏应用　　310

7.2　摄像头应用　　314

7.3　电池应用　　316

7.4　传感器应用　　320

7.5　时钟应用　　323

7.6　线材应用　　327

专业名称注释　333

后记　337

引 言

天猫精灵为何能率先推出极致架构的产品并通过科技进行普惠？

科技让人们发现更大的世界，普惠则让人们发现更好的世界，智能音箱就是一个 AIoT 新物种。2018 年天猫精灵开始以低价打穿行业，让老百姓花 69 元就能体会到新世界，让智能音箱具备了更多的可能性，同时也引来行业友商的效仿，这都离不开硬件研发团队对产品极致设计的追求。天猫精灵将技术发展与社会福祉密切关联，让互联网硬件产品成为有温度的产品。

天猫精灵在高品质要求下，如何做到极致成本？

天猫精灵鼓励不断创新，从组织到业务、从架构到细节、从材料到工艺、从无屏到有屏，通过各技术领域一步步创新实现进步，而这都离不开研发人员不断地思考与付出。

天猫精灵硬件研发团队有哪些？

天猫精灵硬件研发团队包括：项目、结构、硬件、射频、工艺、热设计、IoT、技术及模式创新等，各团队互相配合、相互挑战、协同进步，在实战中不断提升整体水平。

天猫精灵硬件研发团队是如何配合的？

各团队在工作中用到的工具、使用的设计语言千差万别，因此，大家在工作中要不断地去理解对方，将对方的设计语言转换为自己的设计语言，保证整个产品的设计质量。就像魔方一样，有不同的颜色，这些颜色配合起来既可以色彩缤纷，也可以朴实大方，能够呈现出各种效果。

天猫精灵硬件研发的流程是怎样的？

逢山开路，遇水架桥，天猫精灵硬件研发经过 4 年多的沉淀，形成了项目管理流程、定制产品开发流程、复制模导入流程、关键元器件参数选型流程等，天猫精灵硬件研发的特点非常鲜明：快、稳、准，能够帮助我们快速完成项目交付。

天猫精灵发展史

2017 年，天猫精灵硬件研发团队从 0 到 1，在不足 10 人的情况下，"双 11"成功交付 100 万台天猫精灵 X1。

2018 年，精灵、大屏、车载三大产品线逐步规范，方糖 C1 取得了全年销量 1000 万台的好成绩。

2019 年，天猫精灵硬件研发团队增设技术创新团队，业务体系逐步健全，拥有多元化产品线，"双 11"成功交付各类项目三十余个。

2020 年，我们与新冠肺炎疫情相伴，大家远程办公、高效协同，一起为项目的交付而战！我们相信"此时此刻非我莫属"！

天猫精灵硬件研发简介

天猫精灵旨在打造出懂你的家庭助手，提供舒适和安全的用户体验，做到科技普惠，温暖陪伴。天猫精灵让人工智能技术做到真正的普惠，让大众能体验到人工智能带来的服务。部分天猫精灵智能产品如图 0-1 所示。

图 0-1　天猫精灵智能产品

有屏智能音箱是天猫精灵硬件研发团队设计开发出来的，其架构如图 0-2 所示。麻雀虽小，五脏俱全，硬件产品的设计相当复杂，涉及项目管理、结构设计、电子设计、PCB 设计、射频设计、工艺设计 6 个团队，各团队的职责如图 0-3 所示。

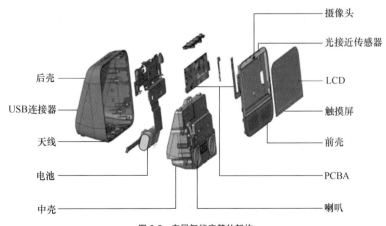

图 0-2　有屏智能音箱的架构

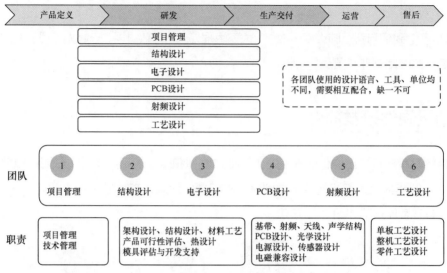

图 0-3　各团队的职责

天猫精灵硬件研发团队在组织上和其他公司硬件团队类似，由各专业领域对应的职能部门，再加上制订全局计划和把控整体流程的项目管理团队组成，表面看两者并没有差别，但在项目运作过程中，天猫精灵硬件研发团队能够高效地完成设计开发工作，三十多人一年能实现 38 款硬件产品的开发并落地，这是我们有别于其他公司硬件团队的。虽然每个职能岗位的同事都有自己的职责和专业深度，但阿里的文化更提倡专业广度，每个人除了做好本领域的本职工作，都会主动站在客户及用户的角度思考问题，也会与设计链路中上下游专业领域的同事换位思考，打破边界，主动补位，充分思考、表达和讨论，决策后坚决执行，坚持做正确的事情，为客户创造价值。例如，PCB 设计团队在架构设计阶段会深度参与到产品的研发设计中，从自己的技术角度，先提供可行的方案，预估出单板尺寸、空间和布局，再和电子设计、结构设计、射频设计、工艺设计等团队进行沟通，给出自己的建议和诉求，这样其他团队就会在设计过程中结合这些建议和诉求，将设计一步做到位，避免反复设计。各个专业领域的团队都遵循此做法，因此在整体上能够保障设计的质量和进度。

天猫精灵硬件设计文化

对于天猫精灵硬件研发团队建设方向，我们总结为 4 句话：研发精益化，思维平台化，团队人文化，贡献组织化，如图 0-4 所示。

研发精益化

思维平台化

团队人文化

贡献组织化

图 0-4　团队建设方向

对于研发，我们保证安全，敬畏责任，敬畏规章，严格遵守流程规范，注重技术沉淀与创新，追求零失误，保证统一质量水平的产品输出。

思维上，我们鼓励从业务思考推动组织升级，紧跟业务变化，全面思考业务、组织与人的关系。

团队上，我们营造有"人情味儿"的团队氛围，加强团队的"老带新""强带弱"，帮助同事成长，敢于承担责任，遇到困难不退缩。

我们强调岗位间的相互补位，甚至角色转换，以团队产出最大化为目的，杜绝"个人英雄主义"；以达成团队绩效目标、组织价值产出最大化为工作指导原则，加强协作，杜绝"单打独斗"；鼓励创新，为组织输出活力，同时不丢掉根本。

对于工作中的价值判断我们总结出 4 点，并通过这 4 点，来指导我们做"最强"的战士，如图 0-5 所示。

质量是我们做产品的根本，是底线，也是口碑，不能出错！在保证质量的情况下，天下武功唯快不破。互联网公司的特质就是要快，项目各阶段要严格守住时间节点，时间就是一个项目的生命。在质量和时间都守住的情况下，成本的作用就显得尤为重要，以较低的价格买到高质量的产品，会让消费者有超出预期的

图 0-5　工作中价值判断

体验，也能做到真正的普惠。产品最终保质保量地按时交付、成功上市，是我们研发工作阶段成果最直接的体现。当我们在项目中遇到各类问题时，都可以围绕这 4 点，来做出最佳抉择。

在研发经验的积累上，我们通过总结和复盘案例，及时梳理问题并改善方案，形成案例集；还将各专业领域已验证的成熟设计形成模块化设计方案，在后续有相同功能需求的设计中，可以快速复用，大幅缩短开发周期。

在技术前瞻性上，我们定期和产品及相关业务部门进行沟通，确保产品和技术方向符合战略方向，并结合各专业领域对各自的技术判断后形成的技术路标，提前做出相应的技术预研和储备，确保能够随时提供产品所需的整体技术解决方案。

本书表达的并不是我们的硬件研发技术水平有多高，而是在资源不足、极致成本、规格

随时变化等复杂情况下，我们是如何思考、如何做出判断和选择的。天猫精灵硬件研发团队经过 4 年多的磨合、探索，不断创新，打破传统硬件行业边界，最终取得了一定的成绩，同时也沉淀和积累了 AIoT 智能硬件的技术，在互联网、特别是在阿里的土壤里让硬件产品得以生根发芽。下一步，我们有信心在此基础上，看得更远，继续打破边界，让阿里特色的硬件价值"开枝散叶"，而参与硬件研发的每一位同事也必将在这一辉煌的历程中成长。

4 年多我们经历了很多，包括如何让有硬件研发经验的同事短时间内参与到天猫精灵产品研发中，如何解决振音对唤醒率的影响，如何用更低的成本达到更高的品质标准，如何从用户、产品、业务等多维度思考并做出技术判断等。

软件可以敏捷开发，可以快速迭代，通过不断试错找到方向，但硬件具有不可逆和弱试错性，一旦出错，将错过上市最佳时间节点，天猫精灵一路走来，若在硬件上出了任何事故，就不会有现在的成就。

天猫精灵硬件研发项目流程

在工作流程上，我们更加敏捷，各研发阶段在各个时间节点上环环相扣。天猫精灵硬件研发项目管理分为产品定义阶段、架构设计阶段、项目立项阶段、详细设计阶段、EVT（Engineering Verification Test，工程验证测试）阶段、DVT（Design Verification Test，设计验证测试）阶段、PVT（Production Verification Test，生产验证测试）阶段、MP（Mass Production，量产）阶段及 EOL（End of Life，项目终止）阶段，其流程如图 0-6 所示。

1. 产品定义阶段

① 打造一款成功的产品，首先从定义产品开始。产品定义阶段由产品经理主导，对外要进行用户洞察、市场及行业调研，对内要与研发各部门进行沟通，确定用户族群及其需求、产品概念、技术路标，形成初步 PRD（Product Requirement Document，产品需求文档），还要组织 PRD 评审、进行成本预估和产品可行性评估等，直至产品立项审批完成。

② ID（Industrial Design，工业设计）部门根据产品需求和 ID 流程指导来进行外观设计、外观手板打样，并组织可行性评估、设计修改，制订外观 3D 图档和 CMF（Color-Material-Finishing，颜色、材料、表面处理），与其他硬件研发团队一起进行初步架构评审，最终确定 ID 方案。

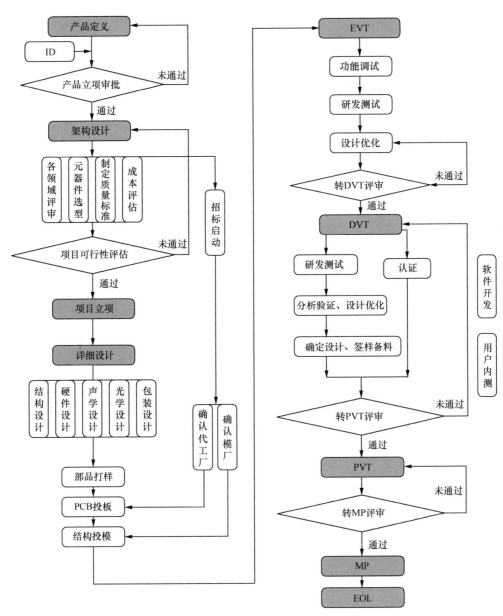

图 0-6　天猫精灵硬件研发项目流程

③ 产品立项审批通过后，产品经理会通知相关部门，项目进入下一阶段。

2. 架构设计阶段

① 项目经理根据产品需求，确认初步研发计划。

② 结构部门按初步 PRD、ID 图档及项目计划要求进行架构设计；电子、射频、PCB、

声学、光学、QA（Quality Assurance，品质保证）等部门同步进行本领域方案设计、仿真、评审，撰写可行性评估报告，最后由结构部门组织和发起架构评审会议，并撰写架构评审报告；若评审不通过，则需调整架构设计，重新组织架构评审，直至评审通过。

③ 项目经理根据关键元器件导入流程，组织研发、采购、QA 等相关部门进行关键元器件选型，编制关键元器件选型表。

④ 各研发部门根据设计进展，形成初步 BOM（Bill of Material，物料清单）成本估算表和相关设计图档，由项目经理汇总后形成初版招标资料，并发送给采购部门。

⑤ QA 部门根据 PRD 和质量管理要求主导产品质量标准的制订和评审，并制订产品验收标准。

⑥ 采购部门根据项目经理发出的资料，进行成本评估，同时启动项目招标，若代工厂为非 AVL（Approved Vendor List，合格厂商清单）工厂，需提前组织人员对其考察。

⑦ 对相关软件进行可行性评估，若评估通过，则项目经理准备相关立项文件。

3. 项目立项阶段

① 根据产品定义和需求，项目经理组建项目团队，确定正式项目计划，组织项目风险评估。

② 产品经理撰写正式 PRD，终端 PM 组织项目成员和相关主管进行项目 KO（Kick off，启动）会议，同步项目信息，最终制订项目计划、准备项目成员表等相关立项文件、整理项目 KO 会议记录，完成项目立项工作。

4. 详细设计阶段

① 研发部门根据 PRD 的要求，遵循 ID 流程指导、结构设计开发流程、电子及 PCB 设计开发流程、射频设计开发流程、声学设计开发流程、光学设计开发流程、包装设计开发流程等指导文件，进行详细设计和评审，并按项目计划时间点，撰写相关技术资料。

② QA 部门参与相关设计评审，组织 DFMEA（Design Failure Mode and Effects Analysis，设计失效模式与影响分析）评审，并撰写 DFMEA 评审报告。

③ 根据技术状态，项目经理组织研发部门更新技术资料，并发送正式招标资料到采购部门。

④ 采购部门按计划完成代工厂、模厂等供应商招标，并正式通知项目组。

⑤ 在相关打样图档确认后，采购部门根据试产需求、BOM、设计图档，安排关键部品、包材等定制件打样和试产物料备料。

⑥ 结构部门和模厂进行技术对接，给出相关开模资料。

⑦ PCB 设计完成后，形成 Gerber 文件（线路板行业图像转换的标准格式）。

⑧ 项目经理根据招标结果，组织项目组和代工厂、模厂等供应商进行技术对接，在商务确认后，根据项目计划安排结构投模、PCB 投板。

⑨ 项目经理根据项目计划，推动各部门按时完成设计阶段相关工作。

5. EVT阶段

① 项目经理收集、确认项目样机需求，并将需求发送到采购部门和代工厂。

② 采购部门根据项目计划，推动试产物料按时齐套。

③ 终端 PM 在 SMT（Surface Mounting Technology，表面安装技术）前 2、3 天交付 EVT 试产软件。

④ 项目经理协调资源，保障试产按时完成，若具备条件可安排试产组装。

⑤ PCBA（Printed Circuit Board Assembly，成品电路板）或试产样机产出后，研发部门对其进行功能调试，软件研发团队交付全功能版本软件，所有研发人员同步对其进行测试。

⑥ QA 部门安排硬件测试，撰写硬件测试报告，并跟进产品开发测试，阶段性验收测试结果。

⑦ 结构部门跟进模厂并保证在计划时间内开模，同时进行试模、修模。

⑧ 研发部门针对试产和测试问题点进行分析验证、设计优化，以及更新设计资料和BOM。

⑨ 项目经理应根据项目进度和技术状态及时提出 DVT 需求，推动代工厂启动备料。

⑩ 项目经理梳理项目问题列表，组织项目组和研发主管发起 EVT 转 DVT 评审，并得出评审结论，评审决策方为研发部门。

6. DVT阶段

① 采购部门根据项目计划推动试产物料按时齐套。

② 终端 PM 在 SMT 前 3 天交付 DVT 试产软件。

③ 项目经理协调资源，保障试产贴片、组装工作按时完成；试产完成后，项目经理根据项目样机需求表将研发样机分发到各需求部门，并注意信息安全。

④ QA 部门安排硬件测试和可靠性测试，并撰写硬件测试报告和可靠性测试报告。

⑤ 软件测试端安排声学和光学的性能测试，并得出测试结果。

⑥ DVT 阶段需启动 SRRC、BQB、CCC 等相关认证工作，并在 PVT 生产前认证完成，

还需根据项目实际需求，确认项目认证方式。

⑦ 研发部门针对测试问题点进行分析验证、设计优化，并及时更新设计资料和 BOM，项目经理根据天猫精灵定制物料签样管理流程推动完成物料签样工作。

⑧ 工艺部门根据工艺验证和实施流程对生产 SOP（Standard Operating Procedure，标准作业程序）、工艺参数、夹治具设备进行验收确认，保障生产稳定性和生产效率。

⑨ 终端 PM 在 SMT 前 3 天交付 PVT 生产软件。

⑩ 项目经理梳理项目问题列表，根据项目进展，组织项目组和相关主管发起 DVT 转 PVT 评审，评审决策方为 QA 部门；转 PVT 评审时，需解决所有问题。

⑪ 若评审通过，则项目进入 PVT 阶段；若技术状态不成熟，则继续进行设计验证测试。

⑫ 采购部门根据订单需求和物料采购周期，按风险备料流程启动长周期风险备料，物料正式签样后，启动量产备料，并推动物料按时齐套。

7. PVT阶段

① 项目经理组织确认 PVT 转产检查列表的相关信息，与代工厂确认生产计划，安排生产贴片并进行组装，启动 PVT 生产爬坡，调动资源解决生产异常、保障生产正常进行。

② 项目经理同步推动技术资料归档。

③ 终端 PM 需推动 MP 软件按时交付。

④ 在生产直通率达标、批量性问题已解决或有明确结论、定制物料正式确认后，项目经理组织项目组和相关主管发起 PVT 转 MP 评审，评审决策方为 QA 部门。

⑤ PVT 阶段有出货需求时，终端 PM 需提前通知 QA 部门，QA 部门安排成品验收并做出货判定，待 QA 部门确认成品合格后才能出货。

⑥ 若物料或成品有品质缺陷，而又急于交付，则由需求方提出特批申请，走特采流程，递交特采申请单，项目经理将特采信息同步到相关人员。

8. MP阶段

① PVT 转 MP 评审通过后，项目生产交付工作由交付团队主导。

② QA 部门持续对产品质量进行监控。

③ 项目经理组织项目组进行项目复盘，并撰写项目复盘报告。

9. EOL阶段

① 产品管理部门发布产品退市信息。

② 相关部门做好项目清尾工作。

第 1 章

硬件系统设计的三座大山

引言中提到了天猫精灵系列产品研发的复杂程度与手机相当，所以硬件产品设计开发过程中常遇到的系统性难题，如 ESD（Electrostatic Discharge，静电放电）、EMI（Electromagnetic Interference，电磁干扰）、散热，业内会遇到的这三座大山，在天猫精灵系列产品的研发过程中一个都不会缺席，必然会遇到。

而在天猫精灵系列产品研发中，面对同样的 3 个业内难题，我们却遇到了更多的困难。团队成立之初，供应链体系还不完善，支持有限，同时产品承载了集团技术普惠的业务目标，即让更多人能够体验到人工智能带来的服务和生活方式的改变。因此要求我们用更低的成本，实现与业内相同甚至更高的品质水准。在手机产品中，解决 ESD 问题的常见方法就是"堵"或"导"，一般会在结构缝隙处增加绝缘材料，或者在接口处增加 ESD 防护元器件等，这样基本可以解决 80% 的问题，但这都需要增加材料成本。而在天猫精灵项目落地的过程中，业内没有可参考的解决方案，只能摸着石头过河，不停地做试验，不停地创新。功夫不负有心人，我们找到了优秀的解决方案，既不需要增加任何 ESD 防护元器件，也不使用任何绝缘材料，而 ESD 指标却高于业内通用标准。

在不同形态天猫精灵系列产品的研发及项目落地中，我们有很多奇遇和有趣的故事，也积累了很多的经验。这些故事和经验的总结和沉淀，形成了天猫精灵系列产品中应对这三座大山的武功秘籍，我们在此将其分享出来，希望能够对读者有所启发，当遇到类似问题时，能够见招拆招。

1.1　ESD防护设计

你遇到过在夜晚脱毛衣时出现"闪光"并伴有噼里啪啦声音的现象吗？你在干燥的北方触摸门把手的瞬间是否有被电了一下的感觉？是的，这就是 ESD 现象。

静电在我们的日常生活中可以说是无处不在，我们身体表面和周围分布着静电荷，能产生高达几千伏甚至上万伏的静电电压。人走过化纤地毯大约可产生 35000V 的静电电压，翻动塑料纸大约产生 7000V 的静电电压，平时我们可能没有特别关注这些静电电压，但它们对一些敏感电子元器件或设备来说则是致命的危害。

1.1.1　技术解释

ESD 是指具有不同静电电位的物体由于直接接触或静电感应所引起的物体之间静电

荷的转移，通常指在静电电场的能量达到一定程度之后，击穿两者间的介质而进行放电的现象。

静电是一种客观存在的自然现象，产生的方式有多种，如接触、摩擦、电器间的感应等。静电具有长时间积聚、高电压、低电量、小电流和作用时间短等特点。人体自身的动作或人与其他物体接触时，可以产生几千伏甚至上万伏的静电电压。

静电会对多个领域造成严重危害。摩擦起电和人体静电是电子工业中的两大危害，通常会造成电子产品运行不稳定，甚至损坏。因此电子产品的设计中就需要 ESD 防护设计。

1.1.2　技术难点

ESD 对电子产品造成的破坏和损伤有突发性损伤和潜在性损伤两种。

突发性损伤指的是元器件被严重损坏，功能丧失。虽然这种损伤通常在生产过程的质量检测中能够被发现，但给工厂带来的不只是返工维修成本的增加，还有可量产性问题。

潜在性损伤指的是元器件部分被损坏，功能尚未丧失，且在生产过程的质量检测中无法被发现，但在使用时会使产品变得不稳定、时好时坏，因此，潜在性损伤会对产品质量构成更大的危害。这两种损伤中，潜在性损伤占据了 90%，突发性损伤只占 10%，也就是说 90% 的静电损伤是无法被检测到的，只有使用时才会被发现。电子产品使用中出现的经常死机、自动关机、视频通话质量差、杂音大、信号时好时差、按键出错等问题，绝大多数与静电损伤相关，也因为这一点，静电放电被认为是影响电子产品质量的最大潜在"杀手"，静电防护也成为电子产品质量控制的一项重要内容。而不同品牌音箱稳定性的差异也基本上反映了它们的静电防护能力及 ESD 防护设计水平的差异。

ESD 防护设计是所有消费类电子产品研发中都会遇到的难题，特别是设计结构复杂或在新平台应用的产品，很难保证一版就成功。天猫精灵智能音箱产品有多种架构形态，如外壳非金属、外壳全金属和外壳部分金属等，每种架构形态的 ESD 防护设计都需要应用不同的策略，再加上不同主控平台方案抗 ESD 干扰的性能不同、产品功能不同、架构组合不同，所以 ESD 防护设计需要考虑的情况非常多。在如此复杂的情况下，我们如何能够快速、准确地进行 ESD 防护设计，甚至让硬件电路只设计一版就能达到量产状态？天猫精灵研发团队在各代产品中积累了大量的设计经验，1.1.4 节将介绍部分典型实战案例，希望能够让你的硬件只设计一版就能成功的愿望变成现实。

1.1.3 专业知识简介

1. ESD常见等效模型

（1）HBM（Human Body Model，人体模型）

ESD 行业中采用的最基本的模型是 HBM，这种模型用来模拟人体静电放电对敏感电子元器件的作用。

（2）MM（Machine Model，机器模型）

MM 用来模拟带电导体对电子元器件发生的静电放电事件，如模拟自动装配线上的元器件受到带电金属结构件的静电放电，也可以模拟带电的工具和测试夹具等对元器件的作用。

（3）CDM（Charged Device Model，带电元器件模型）

随着元器件生产和装配的现代化，对元器件的大部分操作都是由自动生产线完成，人体接触元器件的机会相对减少。元器件在加工、处理、运输等过程中可能因与工作面及包装材料等接触、摩擦而带电，当带电的元器件接近或接触导体时，便会产生静电放电现象。在生产线上，带电元器件静电放电会对敏感电子元器件造成很大的危害，因此通常用 CDM 来模拟带电元器件的静电放电现象。CDM 模拟的放电过程是元器件本身带电而引起的，所以带电元器件模型失效是造成元器件损坏、失效的主要原因之一。

（4）BMM（Body Metal Model，人体 - 金属模型）

人体 - 金属模型又称为场增强模型，用来模拟人通过手持小金属物件，如螺丝刀、钥匙等，对其他物体产生放电时的情景。当人手持小金属物件时，金属物件的尖端效应，使其周围的场强大大增强，再加上金属物件的电极效应，导致放电时的等效电阻大大减小。因此在同等条件下，BMM 产生的放电电流峰值比 HBM 大，放电持续时间比 HBM 短。

在 1984 年发布的静电放电测试标准 IEC801-2 中规定了人体 - 金属模型的基本电路为单 RC 结构，模型参数 R、C 分别取 $150\,\Omega$ 和 150pF。

2. ESD IEC标准介绍

IEC（International Electrotechnical Commission，国际电工委员会）是世界上成立最早的国际性电工标准化机构，负责有关电气工程和电子工程领域中的国际标准化工作。ESD 国际标准 IEC61000-4-2 是由 IEC 第 77 技术委员会（电磁兼容）的 77B 分技术委员会（高频现象）制定的。

在系统测试中，一般采用 ESD 枪作为脉冲源，通过 ESD 枪，在枪与被测系统之间产生电弧放电。

（1）IEC61000-4-2 标准

IEC61000-4-2 标准对人体－金属模型的相关规定与 IEC801-2 标准不同，前者采用 1GHz 示波器来测量波形，与后者测得的波形有所区别，且小金属元器件对空间有 3 ～ 10pF 的无感电容，因此，人体－金属模型形成了 RLC 人体静电放电模型，其电路如图 1-1 所示。

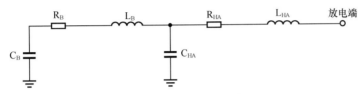

图 1-1　人体 - 金属模型电路

其中，C_B、R_B、L_B 分别为人体电容、人体电阻和人体电感，C_{HA}、R_{HA}、L_{HA} 分别为手前臂及手持的金属物件的电容、电阻和电感。

模型参数：C_B=150pF，R_B=330Ω，L_B=0.04 ～ 0.2μH，C_{HA}=3 ～ 10pF，R_{HA}=20 ～ 200Ω，L_{HA}=0.05 ～ 0.2μH。

（2）ESD 试验等级

ESD 试验等级如表 1-1 所示。

表 1-1　ESD 试验等级

接触放电		空气放电	
等级	试验电压/kV	等级	试验电压/kV
1	2	1	2
2	4	2	4
3	6	3	8
4	8	4	15
X[①]	特殊	X[①]	特殊

① "X" 是开放等级，该等级必须在专用设备的规范中加以规定，如果规定了高于表格中的电压，则可能需要专用的试验设备。

（3）ESD 测试结果

ESD 测试结果分类如下。

Class A 级：在技术要求的限值内，产品性能正常。

Class B 级：产品功能或性能暂时丧失或降低，但能自动恢复。

Class C 级：产品功能或性能暂时丧失或降低，但通过操作人员干预或系统复位后可恢复正常。

Class D 级：因设备损坏或数据丢失造成产品功能不能自行恢复。

1.1.4 案例详解

案例1 方糖智能音箱按键处空气放电15kV测试

【问题描述】

2018 年，方糖智能音箱在 EVT 阶段进行 ESD 测试时，按键处空气放电 15kV 概率性存在 CPU 元器件损坏的现象，重新对其上电后无法恢复，判断为永久损伤。方糖智能音箱外观如图 1-2 所示。

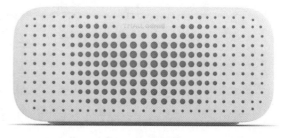

图 1-2 方糖智能音箱

【问题分析】

ESD 问题造成的机器硬件永久损伤是相对比较容易排查的，这要比机器死机或异常而不损坏的情况更容易整改。

我们需要定位 CPU 的哪个引脚被损坏。在做完静电测试后，我们选用万用表二极管挡对主板进行测量，尽量不要用阻抗挡来测量，因为半导体被静电损坏后，使用阻抗挡没有使用二极管挡测量得准确。当使用二极管挡测量的芯片引脚的压降异常时，可以判断该引脚已被损坏。在此案例中，我们发现按键缝隙周围的很多信号引脚都被损坏了，有 SDIO（Secure Digital Input and Output，安全数字输入输出）信号引脚及 I²C（Inter-Integrated Circuit，集成电路总线）信号引脚等。

当知道 CPU 是芯片引脚损坏而引起的永久损伤，我们就可以针对该引脚做保护措施。最常用的措施就是在该引脚上挂 TVS（Transient Voltage Suppressor，瞬态二极管）。经验证，芯片引脚并联 TVS 后有 90% 的概率通过测试，但能够通过 15kV 空气放电测试的 TVS 价格较高，而我们的目标是科技普惠，用极致成本为用户带来好的品质和体验，因此，在损坏的引脚上并联 TVS 显然不是最好的解决方案。

在成本压力下，我们想到了一个巧妙的解决方案。ESD 之所以会干扰信号线，是因为按键缝隙处附近的信号线阻抗很低，因此我们可以在信号线周围增加低阻抗通路，将静电引到主板的地上。具体操作是在信号过孔旁边两端增加对地的 0Ω 电阻或者规格为 0603 的电容，提高地的触点，形成低阻抗通路，同时在主板边缘采用露铜的形式为信号线提供低阻抗通路。触点电容位如图 1-3 所示。

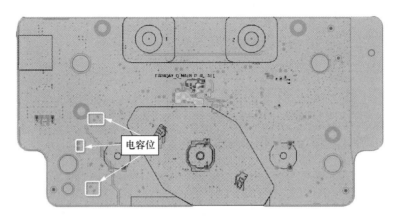

图 1-3　触点电容位

　　上面的解决方案在方糖智能音箱上得到了成功验证，而该方案是最优的解决措施吗？并不是，当时出于对项目的成本及交付时间的考虑，我们选择了成功率较高、成本较低的一个方案，既保证了改版一次就能成功，又保证了项目进度。而我们对天猫精灵的硬件研发并没有停滞于此。

　　理想的方案应该是不用任何 TVS、电阻、电容等元器件，就能解决 ESD 问题，这可能吗？在 IN 糖项目中，我们做到了！我们将按键缝隙处的信号过孔移到按键下方或者远离按键，虽然无法将所有的信号过孔都移开，但可以为剩余的信号过孔提供一个低阻抗的"水渠"，如图 1-4 所示，缝隙处采用开窗方式来提供低阻抗通路，同时将每一个角度的放电路线都设计好，只要静电进入按键缝隙，就直接被引到地上，故而不会损坏器件。后期方糖 R 项目的2 层 PCB 上也应用了此方案，经验证，改版一次成功！

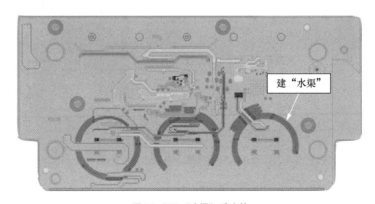

图 1-4　PCB "水渠" 建立处

【收获】

天猫精灵无屏项目主板上无须挂 TVS 等元器件就可以通过 15kV 空气放电测试，成本上极具优势，而竞品的 TVS 等元器件甚至超过了 10 个。

做项目要选择当下最合适的解决方案，但技术上要寻找创新的可能，不断地优化解决方案，让产品更有竞争力，只有这样，才能在行业立于不败之地。

我们在 PCB 上的 ESD 创新优化方式已取得专利，专利号为 CN211982214U。

案例2　IN糖智能音箱金属前网接触放电8kV测试

【问题描述】

为给用户带来更好的体验，2019 年，IN 糖智能音箱在方糖音箱的基础上增加了一块 LED 点阵显示屏。如图 1-5 所示，IN 糖智能音箱前壳采用了金属铁网以增加质感，整机属于部分金属结构，而外观有金属的产品需要进行接触放电测试。第一版 IN 糖智能音箱在 EVT 阶段进行 ESD 测试时，金属铁网接触放电 4kV，音箱存在灭屏、死机和重启现象，这离我们预期的能通过 8kV 接触放电测试的目标还比较远。

图 1-5　IN 糖智能音箱

【问题分析】

对于金属铁网接触放电测试，我们在 EVT 阶段就对其做了接地的考量。铁网距离主板很近，且它的前面还有一块 LED 点阵显示屏，我们的第一反应是采用"导"的原则，通过铁网与主板的地之间保证良好的接触，将静电导到地上。其通路为：从铁网到灯板的散热片，再到灯板的地，最后与主板的地相连接，如图 1-6 所示。

而 EVT 阶段进行手板测试时，接触放电 4kV，机器也会出现灭屏、死机或重启现象，但元器件不会被损坏。一般来说，可恢复的异常更难解决，若元器件被损坏，就可以对其进行快速定位与验证。针对此种现象，天猫精灵硬件团队总结了一套非常有效的整改思路。

从现象上来看，灭屏是一个现象，死机或重启又是一个现象，绝大多数该类问题是 ESD 在进入主板地平面后对敏感信号进行了耦合扰动造成的，而我们要做的就是将容易被扰动的信号线找出来，然后有针

图 1-6　铁网接地通路

对性地对其进行抗扰动优化。不同芯片的优化方案也有所不同，敏感信号大多存在于高速信号线，通过实验，我们发现当 USB 的两根信号线被静电扰动时，机器就会死机或者重启。对此，我们在信号线上分别串联一个 10Ω 电阻来增强抗扰动能力，上电后可以通过 4kV 接触放电测试。但进行接触放电 8kV 测试时，机器依然会死机或重启，因为接触放电要比空气放电的能量强度高得多，而 8kV 如此高的能量对于该机器来说，已经不再适合直接导入地面上了。我们的思路是找到能够提前泄放能量的方法，对此我们提出了一个方案：将接触放电的能量提前泄放一部分后再导入地面。

　　成本最低的泄放能量方法就是使用电阻来对其进行能量衰减。经过大量实验，我们在铁网与灯板的地之间串入多个 100Ω 0805 贴片电阻来进行能量的泄放，如图 1-7 所示。电阻的阻值要通过实验不断测试才能得出，若阻值过小，则能量泄放不够，对板子冲击仍然很大，若阻值过大，则阻抗过大，静电就不会以设计的线路泄放，而会直接导通到前面的 LED 灯板上，造成其他异常。

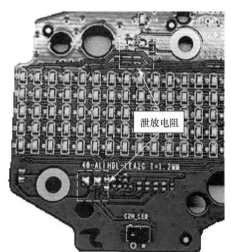

图 1-7　泄放电阻

　　这种方法可以解决接触放电 8kV 测试时造成的机器死机、重启问题。

　　这就结束了吗？并没有。测试时发现接触放电 8kV，机器虽然没有死机重启，但存在概率性 LED 点阵显示屏卡住的现象。很明显，这是因为导入地面上的能量还是对 LED 驱动芯片造成了影响，分析发现，LED 驱动芯片的多个引脚都是敏感引脚，要并联 5 个 TVS 才能解决问题，而这对于成本控制来说又是一个难题，想要把成本控制到最低，是否有更好的方法呢？有。ESD 问题的解决方法还有软件优化！若机器没有死机，只是显示屏停止工作，那么可以让软件每隔 1s 通过 I²C 去检测 LED 驱动芯片，看它是否还在正常工作，当寄存器错误时，说明 LED 驱动 IC(Integrated Circuit，集成电路) 已经异常，那么主控可以对 LED 驱动芯片进行软件复位操作，重新刷新显示，这样就完美地解决了该问题，且不用增加硬件成本。所以不要忘了有些 ESD 问题可以采用软件方式去解决，而硬件工程师要做的就是将现象、需求和措施与软件工程师进行沟通，这样就会得到一个更好的结果。在这里感谢与天猫精灵硬件团队配合的软件团队，团队协作的价值大于个人！

【收获】

带有金属铁网的 IN 糖智能音箱的 ESD 问题，通过创新的串阻能量衰减设计，以及软件的自动检测恢复措施，实现了通过空气放电 15kV、接触放电 8kV 的高规格等级测试这一目标。主板没有挂任何静电防护元器件，就达到了最低成本、最高性能，该方法在带金属外壳的产品中也得到了应用。对比行业竞品，竞品主板上仍然使用大量的静电防护管，且结构上使用大面积屏蔽材料，但通过测试的等级目前只能达到空气放电 10kV、接触放电 8kV 的等级测试。

1.1.5 技术沉淀

1. 设计规则

（1）ESD 防护设计基本原则

① 减弱 ESD 对保护目标冲击的强度。措施：分割 GND（电线接地端）、串电阻或磁珠、加 ESD 元器件、对地并电容、减少目标元器件的引脚和引线，以及增加 ESD 端子与保护目标的距离等。

② 增强保护目标抗 ESD 的能力。方法：增加被保护目标的参考地完整性，减小供电电源的高频电流环路的面积，降低输入端子对参考地的高频输入阻抗，选择芯片内部集成 TVS 的方案，选择高阻抗芯片。

③ 软件优化。对于产品功能暂时异常，但主控还工作的情况，采用"看门狗"软件对其进行复位操作，或增加状态检测机制，检测寄存器或 I/O 接口状态是否正常，若异常则进行复位操作。

（2）原理图上的 ESD 防护设计

① 尽量保证主 IC 的每个电源引脚附近都有瓷片去耦电容，大小一般为 0.1μF，如果两个电源引脚电压相同，性质相近，则可以考虑共用一个电容，这样可以节省空间。

② 尽量保证主 IC 的每个信号引脚都有串接的限流电阻和电容，具体的值视信号要求而定。

③ 视频端子输入的信号线上尽量给钳位二极管或压敏电阻预留位置，在信号线上串接电阻。

④ I/O 引脚、信号引脚串接的防静电限流电阻要放在 IC 附近。

⑤ 尽量保证主 IC 的每个 ADC（Analog to Digital Converter，模数转换器）引脚附近有预留接地的电容和电阻位置。

⑥ I^2C 上可以串接 100Ω 电阻。

⑦ UART（Universal Asynchronous Receiver/Transmitter，通用异步接收发送设备）的 R_X（接收器）、T_X（发送器）上可以串接 100Ω 电阻来提升抗 ESD 性能。

⑧在 USB 接口（特别是外接 Wi-Fi、蓝牙设备口）处预留 ESD 元器件位置，ESD 的分布电容小于 2pF，在差分信号线上预留电阻位置，如图 1-8 所示。

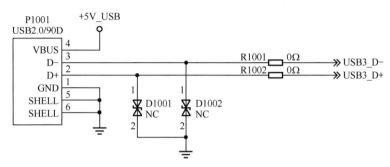

图 1-8　USB 接口的 ESD 防护设计

⑨ 合理地分割 GND 平面。分割 GND 平面有可能会导致 EMI 问题，所以割地要合理，一般要在割开的缝隙之间留一个元器件位，便于重新焊接。

（3）PCB 上的 ESD 防护设计

① PCB 的 GND 回流路径要完整，特别是 SOC（ System on Chip，单片系统 ）底部的地线回路。

② 布局时，要预留好散热片接地位置和导电泡棉接地位置。

③ 高速差分信号线背面的地平面应尽可能完整。

④ ESD 元器件位置就近端子，负端必须可靠接地，不能连接过孔到地，而是要直接连接贴片层的地。

⑤ 按键等缝隙处可以采用露铜及贴片高电阻、电容的方式来提供低阻抗路径。

⑥ MIC（ 传声器 ）如果采用背贴方式，其孔处要采用露铜处理，且露铜要尽量靠近孔中心。

（4）结构上的 ESD 防护设计

① 前后壳。整圈止口的壳体配合面为梯台折面，能有效延长放电路径。主板和 FPC（ Flexible Printed Circuit，柔性电路板 ）尽量远离止口缺口、卡扣及扬声器孔洞。前后壳设计原则：前、后壳体的止口尽量配合，这样放电路径更长且远离结构缝隙，如图 1-9 所示。

② 外露金属件。其内部要预留接地位置，使其通过弹片、导电泡棉、导电胶接地，或者将金属表面做不导电处理，如图 1-10 所示。

③ 塑料电镀件。优先采用 NCVM（ Non Conductive Vacuum Metallization，真空不导电电镀 ）工艺，采用水镀工艺时只镀外观面，热熔孔时需要避开敏感元器件。

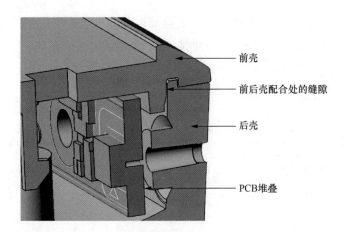

图 1-9　前后壳设计

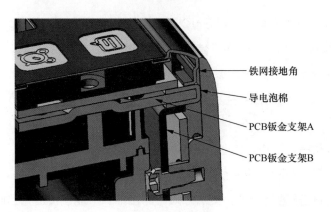

图 1-10　外露金属件

④ 屏幕。TP（Touch Panel，触控面板）背胶接缝路径的长度至少为 4mm，屏幕铁框、FPC 应接地良好。

⑤ 按键。按键裙边应完整，按键缝隙处主板增加露铜。Dome 按键处 Mylar（麦拉片）的面积尽量大，延长放电路径，如图 1-11 所示。

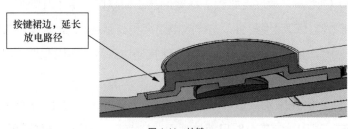

图 1-11　按键

⑥ 摄像头。摄像头背面露铜或者通过摄像头 FPC 露铜接地，如图 1-12 所示。

⑦ 内置金属件接地。优选螺丝与 PCB 锁合紧固多点接地，通常也可以通过弹片、导电泡棉接地，如图 1-13 所示。

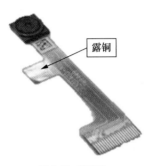

图 1-12 摄像头

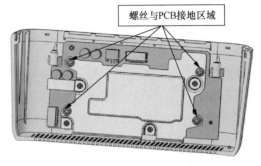

图 1-13 内置金属件接地

⑧ FPC 连接的地方要保证有接地区域。接地焊盘的最小尺寸为 2mm×3mm。FPC 主要包括按键 FPC、摄像头 FPC 及 MIC 板与主板连接的 FPC。

⑨ PCB 上的接地处理如下。

- 凡是在 **PCB** 上的螺丝孔，周围要留有元器件的避空位置，防止静电通过螺丝导到元器件上。
- 螺丝孔处可以通过弹片或者与地直接接触来使螺丝接地，若采用的导通形式不同，则主板上的露铜区域也不同。
- 按键区域的接地。在主板的按键区域处应尽量大地露铜，以保证不同形式按键的接地。

⑩ 结构、ID 工程师针对所有用到金属导电部件的部位，在设计之初就应先和项目相关的硬件工程师一起进行协商。在不影响产品外观的情况下，某些 ESD 敏感处可考虑使用绝缘材料。

2. ESD整改方法

（1）ESD 问题的分析思路

① ESD 测试。当机器某些功能无法正常运行或宕机时，可以先定位损坏的模块，采用万用表二极管挡测量并对比各个引脚，若值有异常，则可以判定该引脚被损坏。可以选择 ESD 防护器件对该线路进行保护或采用低阻抗路径对该线路进行防护。

② 若 ESD 测试没有造成机器永久性损伤，而是使其出现功能暂时性异常或自动重启的情况，则需要考虑寻找敏感元器件及敏感引脚，并针对该引脚进行敏感性保护。可以采取并联 pF 级电容、串联电阻或 ESD 防护元器件等措施。

③ 当无法判断设备损伤的原因是 ESD 还是 EOS（Electrical Overstress，用来表示当电气设备上的电压或电流超过它的限定值时所受到的热损害）时，可以找厂家进行刨片分析，根据刨片分析报告照片可以进行初步判断，如果损伤区域为一个小点，如图 1-14（a）所示，可以判断为 ESD 造成的损伤，而如果损伤区域为大面积，如图 1-14（b）所示，那么可能是 EOS 造成的损伤或 ESD 损伤后二次上电造成的大面积损伤。

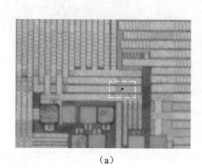 

（a） （b）

图 1-14 刨片分析

（2）ESD 防护元器件的选型

ESD 防护元器件用于对主板系统的静电放电防护，它提供了 ESD 电流泄放路径，以免 ESD 放电时，静电电流流入 IC 造成内部损伤。当 ESD 电压出现在 GPIO（General Purpose Input and Output，通用输入输出）上时，位于 GPIO 旁边的 ESD 防护元器件必须能够尽快导通来排放 ESD 的放电电流。因此 ESD 防护元器件必须要具有如下 6 个特征。

① 较低的瞬态击穿导通电压。

② 极短的过电压响应时间（小于 0.5ns）。

③ 低钳位电压。钳位是指将某点的电压限制在规定电压范围内的措施。

④ 瞬态脉冲消失后，功能材料瞬间恢复高阻态。

⑤ 功能材料具有非线性（在达到导通电压时可以瞬间被开启）特性。

⑥ 极小的漏电流（小于 0.1nA）特性。

常见的 ESD 元器件选型参数要考虑以下 4 个方面。

① 最大工作电压。最大工作电压指在最高温度下使用该元器件时的最大持续直流工作电压，该电压必须低于触发电压及限制电压。

② 触发电压。触发电压即在指定 ESD 波形接触放电条件下，元器件由高阻截止状态瞬间转为低阻导通状态的峰值电压。触发电压要尽量接近我们的使用电压。

③ 限制电压。限制电压是指元器件承受 30ns 指定 ESD 波后的残压，即钳位电压，该电压越低性能越好。

④ RBV（Reverse Breakdown Voltage，反向击穿电压）。RBV 是指将 ESD 元器件瞬态击穿的导通电压，它要大于可能出现的最大反向电压。

（3）软件上的 ESD 整改

在允许产品可自行恢复或由操作员恢复的暂时性功能失效的情况下，可以优先选择使用软件来解决 ESD 测试时出现的问题。其优势有：节省成本，提高产品的竞争力。软件具有一定的通用性和可移植性。

软件的一般防护措施如下。

① 把不使用的 I/O 接口做拉低处理，以降低其对电源芯片的影响。

② 增加对保护目标状态位的检测次数，当检测到异常的模块时对其做复位处理。

③ 使用"看门狗"软件重启系统。

④ 软件重复初始化。

⑤ 重启后一般能恢复重启前的状态。

（4）工厂生产上的 ESD 风险检查

在 SMT 的生产流程中需要重点关注的是人员的防静电问题。

① 多功能贴片机、相关人员的工位等处都要重点关注。需确认 ESD 手环、仪器等设备接地是否到位，以及操作是否符合 SOP 的相关要求。

SMT 生产中，PCBA 的周转过程也是 ESD 问题的高发时段，要重点关注工作人员是否做好 ESD 防护，如用防静电的泡棉和周转箱等转运 PCBA。

② 主板顶针测试一般可以从以下 4 个方面检查。

- 加长地针长度，当 PCB 被压下触碰顶针时，先碰地针使其安全放电，如图 1-15 所示。

图 1-15　加长地针长度

- 检查测试治具是否接好地线，若接触不良则会导致产品间歇性不良。先关闭电源，压下 PCB 后再将电源打开。测试完成后须先关闭电源，再将顶针移开 PCB，否则易产生过冲电压，造成 EOS 等问题。

- 定期检查治具的顶针，以防其歪倒而易触碰其他不正确的探针点。

- 检查电源是否在 PCB 压下瞬间有过冲波形。

③ 工厂常见的 ESD 风险项及控制方法。

工厂常见的 ESD 风险项是撕贴胶带。撕贴胶带会产生很多的静电荷，由于胶带是绝缘材料，所以其产生的静电荷可以被保留较长时间。不是生产工艺必要的胶带不要放在工作台上，严禁使用胶带来固定物体或进行电气维修。

胶带的使用量必须控制到最少，如果必须使用胶带，则应使用 ESD 安全胶带。

在撕贴非 ESD 安全胶带时，应在离子风机下进行或在距离产品 12 英寸（1 英寸 = 2.54 厘米）以外进行，离子风机如图 1-16 所示。

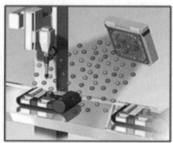

图 1-16　离子风机

接地是针对导体材料进行 ESD 控制的最简单、最有效的方法。

人员接地的要求如下。

● 防静电腕带。

● 太空服、太空鞋、防静电手套。

● 防静电服装、防静电鞋。

防静电腕带和防静电服如图 1-17 所示。

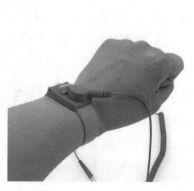

图 1-17　防静电腕带和防静电服

设备接地要求如下。

- 对生产流水线必须进行硬接地，流水线的输送皮带必须是金属或 ESD 材料。
- 工作台应使用金属台面或 ESD 桌垫台面，并对工作台面进行硬接地。
- 贮存 ESD 敏感产品或零部件的架子和手推车必须满足 ESD 软接地要求。
- 设备、工具通过轴承或气缸连接的接触 ESD 敏感产品的部分应考虑另接接地线来接地。
- 设备、工具接触 ESD 敏感产品的部分不得使用绝缘材料，应使用金属或 ESD 材料。

3. ESD防护设计方法论

ESD 防护设计是一个系统性的问题，了解其方法论可以帮助我们更高效地解决 ESD 防护设计中的问题。

① 降低 ESD 对被保护目标的冲击强度。方法：分割 GND 平面、串电阻磁珠、加 ESD 器件、对地并联电容、减少目标器件的引脚引线，以及使放电路径避开敏感区域等。

② 增加被保护目标的抗 ESD 能力。方法：增加目标的参考地的完整性、减小供电电源的高频电流环路面积、降低输入端子对参考地的高频输入阻抗、IC 设计时在内部集成 TVS、外加接地屏蔽罩，以及建立低阻抗通路等。

③ 软件方式。把不使用的 I/O 接口接地或拉低、使用"看门狗"软件、增加状态检测机制，以及增加重启续播功能等。

④ 堵。"堵"就是将静电隔离到整机之外。可以通过设计结构通路来增加静电释放位置与元器件之间的距离，例如在结构上使用迷宫设计。

⑤ 疏。"疏"就是接地处理，就是将外部的静电引入产品内部，通过导电材料将静电直接导入主板的地线上，避开易损元器件。

⑥ 绝。"绝"是在"堵"和"疏"都无法实施或实施效果不明显的情况下才使用的，就是直接将绝缘膜贴到需要进行 ESD 防护的元器件表面，这样元器件就不会承受静电，从而避免损伤元器件。但要注意静电流入的下一个易受点是否有问题。

1.1.6　小结

天猫精灵硬件研发团队在大量的实战下取得了不错的成果，同时也总结了 ESD 防护设计的经验及方法。天猫精灵硬件团队不断迭代，不断创新，从用户的角度思考，真正做到了心中有用户，并借助技术，秉承着工匠精神实现了产品的最低成本和最高品质。

突破行业标准。在不增加成本的情况下，将接触放电设计的水准从行业的 6kV Class B

提升到 8kV Class A，空气放电设计水准从 10kV Class B 提升到 15kV Class A。

极致成本，0 个防护元器件。在空气放电设计上通过一系列的创新，全线产品通过了空气放电 15kV 的测试，超过音箱行业的 10kV 标准，同时在无屏音箱主板上实现了无 TVS 的设计，而同类竞品中，主板上的 TVS 基本在 10 个以上。2019 年天猫精灵音箱产品在 ESD 防护设计上节省的总成本超过 200 万元。

经过 4 年多的沉淀积累，天猫精灵新产品的 ESD 防护设计再没有让研发团队发愁，X5、10 英寸屏等产品的 ESD 防护设计更是一版就成功。天猫精灵硬件研发团队在 ESD 防护设计上不仅提高了等级，提升了产品品质，也将成本降到了最低，给用户带来了更好的体验。

尽管过程艰难，但我们做到了！或许是阿里巴巴"新六脉"价值驱动，以及新业务的现实压力，催生出了硬件研发的质变，相信阿里的同事都能感受到。

1.2　EMI设计

在互联网时代，越来越多的电子产品进入我们的生活，那么电子产品是否会产生辐射？产生的辐射对我们身体有危害吗？

电磁污染对人体造成的潜在危害目前已引起人们的重视。在现代家庭中，电磁波在为人们造福的同时，也给人的身体健康带来了危害。

电子产品只要通电，就一定会产生变化的电流，变化的电流就会产生变化的磁场，变化的磁场会再产生变化的电场，这就是所谓的电磁干扰。这种干扰不仅会让不同电子设备之间相互影响，而且若辐射强度过大，还会对人体产生一定影响。手机、电视、计算机等各种家用电器、输配电线的周围都存在电磁辐射。

那么电子产品如何将其产生的辐射控制在对人体安全的范围内？这就是产品设计中 EMI 设计要考虑的。总之，要严格执行国家标准，保证产品设计的安全性及功能性。

1.2.1　技术解释

EMC（Electromagnetic Compatibility，电磁兼容性）是指某电子设备既不干扰其他设备，同时也不受其他设备的影响，是产品质量的重要指标之一。

由于电子设备的大量使用，以及人们对电子设备的高度依赖，EMC 已经成为电子产品设计者关注的方面之一，其概念已经深入人们的生活。例如，在乘坐飞机时，乘务人员反复提醒乘客关闭手机，就是要防止手机辐射的信号对飞机的通信系统和控制系统产生影响；我们在接听固定电话时，如果同时手机也有来电，则经常会在固定电话听筒中听到滴滴的干扰声，这就是手机对固定电话的电磁干扰。

自 20 世纪 20 年代无线电通信发明以来，科学家就开始研究电磁干扰导致的各种问题。20 世纪 30 年代，人们对电磁干扰有了更多的认识和研究，研究的问题不仅有无线电广播产生的干扰，而且还涉及电动机、电器开关及汽车点火装置对无线电广播产生的干扰。

在 1933 年，针对越来越严重的电磁干扰问题，IEC 成立了 CISPR（International Special Committee on Radio Interference，国际无线电干扰特别委员会）。1934 年，CISPR 召开了第一次会议，主要议题是确定一个合理的无线电干扰限制值，以及如何对电磁干扰进行测量。

第二次世界大战中，远程通信和雷达在军事上的应用，极大地促进了学者们对 EMC 问题的研究，一些军用标准和规范也随之诞生。

今天，电子技术已经应用到各个行业，电磁干扰的问题也愈加突出，如何使设计的电子设备满足 EMC 标准，已成为电子工程师及用户关心的问题。

EMC 包括两个概念：EMI 和 EMS（Electromagnetic Susceptibility，电磁敏感度），如图 1-18 所示。其中，EMI 是指电子设备对外部电磁环境的干扰。EMS 也称电磁抗扰度，是指电子设备抵抗外部电磁环境干扰的能力。

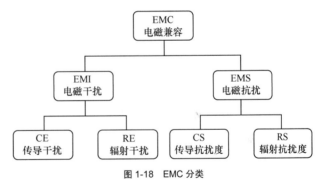

图 1-18　EMC 分类

1.2.2　技术难点

EMI 设计是所有消费类电子产品都会遇到的难题，特别是设计复杂或在新平台上应用的产品。EMI 是产品质量的重要指标之一，涉及电子、射频、结构等领域。天猫精灵研发团队在其生产的多代产品中，积累了大量的 EMI 设计经验，这些经验可以帮助我们提前预防、快速定位及快速分析并解决 EMI 问题。

天猫精灵智能音箱产品 EMI 设计最大的难点在于，不同产品的电磁辐射表现不同，每一款产品，研发团队都会在预防、平衡和解决电磁辐射的环节中花费较多的精力。一台电子设备工作时，能看得到的所有零件都会产生 EMI，如何平衡射频、结构、电子、PCB、工艺等领域的设计，使产品性能达到最优，才是我们的最佳选择。

1.2.3 专业知识简介

1. EMI三要素

电磁干扰由干扰源、耦合路径和敏感源三部分组成，它们通常被称作电磁干扰三要素。其中，干扰源是指产生电磁干扰的电路和设备；耦合路径是指能够将干扰源产生的能量传递到敏感源的路径；敏感源是指受电磁干扰影响的电路或设备。

电磁兼容技术就是围绕这三个要素展开的，通过研究每个要素的特点，我们针对每个要素提出改善的技术方案，以及工程实现的方法。

（1）干扰源

在 EMI 设计时，首先要找到干扰源，然后针对性地采取措施，减小其发射强度。

电磁干扰源的干扰强度用电压或者电流的变化的程度来表示，用数学的方式描述为 du/dt 和 di/dt。电磁干扰必须通过能量的传递对其他电路产生影响，而电磁场往往成为能量传递的形式。根据电磁感应定律，变化的电磁场能在电路中感应出电流或电压，而变化的电磁场是由变化的电流或电压产生的。

电磁干扰源的能量传递形式如下。

① 传导：以电流的形式在导线上传输，被其他电路接收后，产生干扰效应，即传导骚扰或传导发射。

② 辐射：以电磁波形式在空间传输，被其他电路接收后，产生干扰效应。

这两种模式之间会相互转换。导线上传输的电流也会产生电磁辐射，形成电磁波；空间辐射的电磁波也会在导线上产生感应电流，形成传导电流。实际上，这两种模式常常同时存在。

（2）耦合路径

电磁干扰源产生的干扰能量必须传递到电磁敏感源，才能形成电磁干扰，即干扰源和敏感源之间必须有耦合路径。解决电磁干扰问题的关键就是消除耦合路径，或者降低耦合。

干扰源和敏感源之间的耦合路径如下。

① 电源耦合：两个电路共用一个电源，彼此之间形成干扰。

② 地线耦合：由于地线设计不当，两个电路在公共部分发生耦合。

③ 杂散电容耦合：两个电路之间存在杂散电容，杂散电容使电路之间形成耦合。

④ 互感耦合：两个电路之间存在互感，通过互感形成耦合，类似变压器初级和次级之间的耦合。

⑤ 电磁耦合：一个电路的寄生天线辐射的电磁场被另一个电路的寄生天线吸收，并形成干扰。

电磁耦合发生在较高频率范围内，这种耦合很难分清是电场的，还是磁场的，它们都是通过高频电磁场传递能量。在两根电缆之间，一根电缆上有较强的共模电流，形成了较强的电磁场。而另一根电缆处于这个电磁场中，由于寄生天线效应，产生干扰电压，进而对电路产生干扰。电磁耦合的分析往往较复杂，大多与设备接地有关。

（3）敏感源

任何电路都有可能是敏感源，可能对噪声电压、噪声电流及电磁场等敏感。对于数字电路，如果数字逻辑是通过电平来表示的，则电路对噪声相对敏感；如果是靠上升沿或者下降沿触发的，则电路对瞬态的脉冲干扰敏感。对于模拟电路，电磁干扰会导致信噪比下降。对传感器的输出，电磁干扰会导致传感器的分辨率下降。电路对空间电磁波的响应必须通过天线接收，除了以接收无线电信号为目的的天线，大部分天线是电路或者设备中的寄生天线。正是由于这些寄生天线的存在，电路才会对空间电磁波敏感，产生干扰问题。当电缆的长度大于 1/4 信号的波长时，电缆上由电场产生的感应电流可以用式（1-1）来估算。

$$I = 1.5 \, (\text{mA/V/m}) \tag{1-1}$$

式（1-1）的含义：当电缆置于电场中，且方向与电场方向平行时，1V/m 的场强会在电缆上产生 1.5mA 的电流。

2. EMI测试参数说明

（1）准峰值

准峰值用于测量信号能量的大小。准峰值检波器的充电时间要比放电时间快得多，因此信号的重复频率越高，得出的准峰值也就越高（GB/T 9254-2008 中提到，当测量接收机的读数在限值附近波动时，读数的观察时间应不少于 15s，我们需要记录最高读数，但孤立的瞬间高值忽略不计）。根据它们的重复出现频率，信号主要分为两种，一种是窄带信号，另一种是宽带信号。窄带信号是一种可以被光谱分析仪分解的信号，连续波信号就是一种频率固定不变的窄带信号，宽带信号是一种不能被光谱分析仪分解的信号。窄带信号的 PK（峰值），QP（准峰值）及 AV（平均值）在测量中会产生相同的振幅；宽带信号的 QP 小于 PK，信号的增加量（可以通过测量 QP 的电路中具体的充放电时间常量来解释）与被测信号重复出现频率有关，信号重复出现的频率越低，QP 就越小。

因为信号的 QP 总是小于或等于其 PK，所以只有当信号的 PK 接近或超过测试限值时，才有必要测量它的 QP。

准峰值检波器还能以线性方式对不同幅度的信号做出响应。这样，准峰值既可以反映信号的幅度，也能反映信号的时间分布。

采用准峰值检波是民用电磁骚扰发射测试的特点，民用的电磁兼容产品族标准都是从 CISPR 标准转化而来的，这些标准都是为了保证通信和广播的畅通而编制的，因此，电磁骚扰对通信和广播的影响最终由人的主观听觉或视觉效果来判断，平均值检波和峰值检波都不足以描述脉冲的幅度、宽度和频度对听觉或视觉造成的影响。

信号 EMI 测试时，准峰值测试用时较长，实验室一般先采用峰值测试快速扫描，如果信号通过峰值测试，则通过 EMI 测试。如果信号没有通过峰值测试，再针对没有通过测试的频点采用准峰值读点的方法，以确认信号是否通过 EMI 测试，这样可以提高效率。

准峰值测试特点如下。

① 反映信号的幅度及时间分布。

② 检波器充电时间常数约为 1ms，放电时间常数约为 160ms。

③ 测试周期为 1s，步长为 50kHz，测试 30 ～ 1000MHz 的信号需要 5h，测试效率低。

（2）峰值

① 检波器充电时间很短，仅 100ns，能检测很窄的频谱，军用装备优先采用。

② 实际常用峰值检波的测试周期为 1ms，步长为 50kHz。如果测试所得数据小于 AV 或者小于 QP 限制，则仅测试 PK 即可。如果测试所得数据大于等于 AV 或者大于等于 QP 限制，再做读点测试，则能提高效率。

③ BV 实验室高频 EMI 测试时，仅测试 PK，对未通过的频点采用 AV 读点。

④ ITS(工业与消费产品检验公司) 高频测试需同时测试 AV 和 PK。

（3）平均值

① 检波器充放电时间相同，达到秒级。

② 时间常数比准峰值大很多。

③ 检波器的输出为输入信号的包络平均线。

④ 比准峰值测试效率高。

同一产品的同一测试条件下强度对比：PK ≥ QP ≥ AV。

（4）RBW（Resolution Bandwidth，分辨带宽）

分辨带宽也被称为参考带宽，它代表频谱仪能够将两个不同频率的信号分辨出来的能力。它的设置对测试结果是有影响的。只有当它大于等于工作带宽时，读数才准确。但是如果信号太弱，频谱仪则无法分辨信号，此时即使 RBW 大于工作带宽，读数也不准确。

（5）VBW（Video Bandwidth，视频带宽）

VBW 表示测试的精度，其越小精度越高，如将 VBW 设为 100kHz，则表示每隔 100kHz 对信号进行取样测试其电平。因此，VBW 设置得越小其测试曲线越光滑，能看到的频率范围越大。如果要观测的信号更精细，就要减小 VBW。

EMI 测试具体参数设置如表 1-2 所示。

表 1-2　EMI 测试具体参数设置

扫图	RBW	VBW	时间
30～1000MHz（PK）	100kHz	300kHz	10ms
1～6GHz（PK/AV）	1MHz	3MHz	1000ms
读点	RBW	VBW	时间
30～1000MHz（QP）	120kHz	300kHz	10ms
1～6GHz（AV）	1MHz	3MHz	1000ms

1.2.4　案例详解

案例1　方糖R项目EMI测试时多频点超标

【问题描述】

2019 年，方糖 R 智能音箱在天猫精灵方糖系列的基础上又做了一次突破——主板从原来的至少需要使用 4 层 PCB，到使用 2 层 PCB，其外观如图 1-19 所示。从 4 层板到 2 层板，方糖 R 智能音箱的体积大大减小，很多高速信号线无法良好的进行包地屏蔽，这样，EMI 问题就凸显出来，在项目第一版 EVT 阶段 EMI 测试时发现多频点超标，超标及余量不足的频点有 44MHz、192MHz、400MHz 及 450MHz 等，EMI 测试报告如图 1-20 所示。由于这款产品的销售目标是千万台销量，所以即使采用 2 层 PCB，我们也希望该产品在 EMI 余量上能够超越行业平均水平（3dB），做到 6dB 的 EMI 余量。

图 1-19　方糖 R 智能音箱

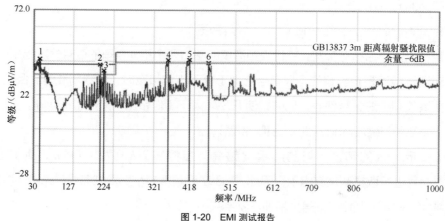

图 1-20　EMI 测试报告

【问题分析】

当测试发现产品多频点超标时，首先要找倍频点，一定有一些频点超标是某个频率的 n 次倍频规律的出现造成的，从图 1-20 的测试结果中可以看出，间隔 50MHz 的倍频点出现超标，只要将该倍频点的源头找到，并针对源头的频点采取措施，那么就可以解决一系列的频点问题；其次对主板上的总线进行梳理，发现 SDIO 的 CLK（时钟）信号为 50MHz，有很大疑点；最后针对 SDIO 的 CLK 信号线采用并联 pF 级电容和串联电阻的方式，发现 400MHz 和 450MHz 超标频点及倍频点有明显衰减，因此，增加电容电阻等元器件确实可以将该系列频点进行衰减，说明 2 层板的情况下，CLK 信号线的包地屏蔽无法做到很完整。针对 SDIO 的辐射，我们与芯片原厂沟通，找到有降低 CLK 信号线驱动能力的软件措施，驱动电流共 4 挡位，从 0 到 3，默认为 3。软件将挡位调整到 1 后，余量有 6dB，达到了我们对低成本的要求，而 CLK 信号线驱动能力降低带来的影响就是信号的完整性有风险，对此，还需要复测 SDIO 信号的完整性，测试结果为通过。

对于 PCB 上的频点精确定位，需要确定该频点是哪个元器件、哪根线或铜皮产生的。EMI 与 RF（Radio Frequency，射频）类似，RF 即将频率信号辐射出去，而 EMI 测试能得到需要抑制的某些频率，基于此，我们给读者介绍一种排查方法，可以一招定位！

先使用频谱仪近场探头进行区域确定，即确认造成 EMI 频点超标的区域，再到半波暗室进行进一步定位。

暗室内进行 EMI 扫描测试时，将万用表的表笔作为一根天线，用作"自制探头"，用表笔来点触主板上该区域可疑的信号线，当发现该频点的能量变得很高时，那么恭喜你，你找到了干扰信号是从哪根线辐射出去的。

40MHz 频点用"自制探头"定位到了，是功放辐射的，我们使用 2 层板，同时将功放的输出电感换成了磁珠来降成本。经实验验证将磁珠改为电感可以通过测试，但是为了进一步降低成本，我们对磁珠方案进行优化，将原始配置设为"300R+1nF"。优化后，软件展频有所改善，但还无法达到 6dB 的余量，因此，需要对输出磁珠及电容参数进行调整，这是一个权衡的过程，每个参数的修改会同时影响 EMI 和声学的频响与失真性能。我们与声学团队进行沟通，经过多次参数测试，发现"600R+2.2nF"的配置可以让 EMI 余量达到 6dB，且参数的修改也让频响和失真性能达到了标准要求。所以在 EMI 的整改过程中，要时刻关注所使用的方案对射频、声学、结构、工艺等团队的影响。及时沟通，同步验证，才能保证项目的最终成功。

192MHz 频点最初定位到是功放 I2S（Inter-IC Sound，集成电路音频总线）和 USB辐射的，因为这两处的辐射频率与 I2S 辐射的频率对应。降低 I2S 驱动，增加高频电容，辐射程度有微小改善，而 USB 的辐射依然很高，虽然 I2S 驱动已经拉到最低，但还是没有足够余量，出现该问题是因为主芯片的内部发生故障，在 USB 上并联共模电感后可以解决该问题。但是一个共模电感价格不菲，考虑到成本，我们尝试将 USB 的地和主板的地分开，但是需要做一次改板验证。采用分地来解决，不用增加任何成本，且项目进度及交付时间也可以保证。对于产品的任何一个决定，都要从质量、成本、进度、交付及用户满意度去考虑。

【收获】

方糖 R 智能音箱是天猫精灵第一次在智能音箱上将 2 层板的方案落地，降低成本的同时产品性能依然与 4 层板保持一致，这在智能音箱行业中也是首次尝试，直至 2020 年，行业竞品采用的依然绝大多数是 4 层板的设计。在 EMI 设计方面天猫精灵硬件团队通过思考将原本需要增加成本才能达成的性能，用技术攻克！

案例2　CC项目EMI测试时36MHz及其倍频超标

【问题描述】

2018 年，CC 项目在 EVT 阶段实验室摸底测试时发现概率性 36MHz 及其倍频 EMIRE（Radiated Emission，辐射发射）超标 10dB 以上，如图 1-21 所示。

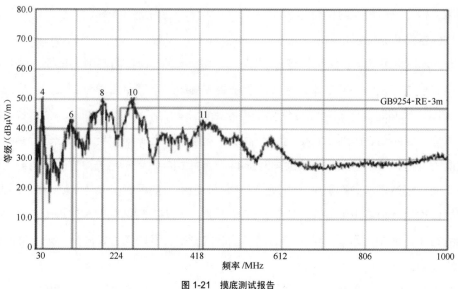

图 1-21　摸底测试报告

【问题分析】

测试中会出现概率性的超标问题，2 台测试样机，一台超标，另一台不超标，而超标的一台，在多次测试后又会变好。这种测试现象确实很奇怪。

将样机拿到另一家实验室去测试，发现 2 台测试样机都可以通过测试。

这就有一个疑问，这到底算不算通过测试？从技术的角度，在研发阶段必须谨慎，任何一个可疑的点都应该排查到底。对此我们增加 10 台样机继续测试。

验证发现 10 台样机中有 2 台样机有 36MHz 及其倍频点超标的现象。寻找这些样机的特点，发现这 2 台样机的电池电量都很低，因此，可以定性分析，在低电量大电流充电的时候样机会出现超标现象。将另外几台样机放电，在低电量大电流充电下也会出现超标现象。

用"自制探头"定位法，可以确定辐射源头是充电芯片的 DC（ Direct Current，直流电源 ），我们做了以下尝试。

- 尝试对路径进行优化，将 DC 线改短，并飞线到主板上，虽然这样可以通过测试，但是考虑到结构设计时该措施无法实施，我们决定放弃该方案。
- 尝试使用双屏蔽层及 FPC 线材，结果依然超标 1.5dB。
- 将 PCB 上的充电芯片部分加金属屏蔽罩，屏蔽源端，样机依然无法通过测试。
- 在充电芯片处增加铜箔覆盖可以通过测试，但考虑到量产的可操作性及可靠性，放弃该方案。

- 在 DC 线上增加磁环可以通过测试，但磁环的价格非常昂贵，放弃该方案。
- 尝试在 12V DC 线和充电芯片输入端各增加 300Ω 磁珠，效果很明显，样机余量可以达到 6dB 以上。

从该分析过程可以看出，解决问题的方法一定不止一个，而我们要做的是找到最符合产品量产的方式，同时还要考虑可靠性、可量产性及成本等因素。最后的磁珠方案就一定是最优的吗？不一定，当时该项目的进度非常紧张，如果进行更多的验证，就需要花费更多的时间，那么 DVT 试产这个关键节点的进度就无法保证，甚至会影响交付的时间。经判断后，我们认为该方案是最适合的。

【收获】

此案例中，我们提供了带电池产品设计的低成本 EMI 解决方案。带电池的产品在大电流充电期间，很容易出现低频的 EMI 辐射超标现象，因此，在设计时，电源输入段的走线要尽量短，且在电源输入部分要预留出磁珠位置。

1.2.5　技术沉淀

1. 设计规则

（1）布局走线及叠层设计的基本要求

① 地线和电源线上的设计。

图 1-22 所示是一个典型门电路输出级，当输出为高时，VT$_3$ 导通，VT$_4$ 截止；当输出为低时，VT$_3$ 截止，VT$_4$ 导通。在开、关的过程中，电源线口会产生尖峰电流。由于电源线上总是有不同程度的电感，因此当发生电流突变时，会产生感应电压，这就是电源线上的噪声。电源线阻抗的存在，也会造成电压的暂时跌落。

在电源线产生上述尖峰电流的同时，地线上必然也流过这个电流，特别是当输出从高变为低时，寄生电容要放电，地线上的峰值电流更大（这与电源线上的情况正好相反，

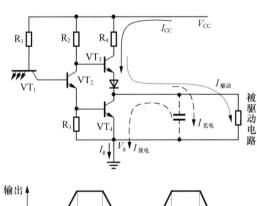

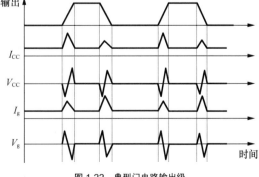

图 1-22　典型门电路输出级

电源线上的峰值电流在输出从低变为高时更大）。地线总是有不同程度的电感，因此能够感应电压，这就是地线噪声。

地线和电源线上的噪声电压不仅会造成电路工作异常，而且会产生较强的电磁辐射。

线路板电源输入口的滤波电路应靠近接口放置，避免已经滤波的线路被再次耦合。

② 局部电源和 IC 去耦。

局部的去耦可以减少沿电源线传播的干扰。每个 IC 的电源和地之间要加上去耦电容，且尽可能靠近 IC 引脚，这样有助于过滤从 IC 出来的开关噪声。

电源走线附近必须有地线与其紧邻且平行走线，以减小电源电流回路面积。

③ 基准面的 RF 电流回路。

不管是多层板还是单层板，电流的回路总是从负载回到电源。PCB 的回路阻抗越低，其电磁兼容性越好。因为从负载到电源的射频电流的影响，长的回路会产生互耦，回路越长，影响越大。特别是高频信号和敏感信号的回路，其面积越小越好。

布线层的投影平面应该在其回流平面层区域内，否则会导致边缘辐射问题，并且还会导致信号回路面积增大，差模辐射增大。

④ 多层板中的电源层和地线层。

在多层板中，最好将电源层和地线层邻近布置，因为这会在电源层上产生一个大的 PCB 电容。高速信号和关键信号最好布置在邻近地层的信号层，非关键信号布置在靠近电源层的信号层。

电源平面相对其相邻地平面应内缩（建议值在 5 ~ 20H，H 指板厚）。电源平面相对其回流地平面内缩可以有效抑制边缘辐射问题。

（2）元器件布局设计

① 按照元器件的功能和类型来进行布局。

对于功能相同或相近的元器件，将其放置在一个区域则有利于减小它们之间的布线长度，便于参考回流的优化处理和得到最小的环路面积，而且还能防止不同功能的元器件之间相互干扰。

② 按照电源类型进行布局。

这是布局中最重要的一点，电源类型包括数字电路和模拟电路。按照不同电压、不同电路类型，将他们分开布局，这样有利于最后地平面的分割。数字地平面紧贴在数字电路下方，模拟地平面紧贴在模拟电路下方，这样有利于信号的回流和两种地平面之间的稳定，信号线跨越分割地，同时走线下要有地桥以减小回流。

③ 关于共地点和转换器的放置。

电路中很可能存在跨地信号，如果不采取措施，就很可能导致信号无法回流，产生大量的共模和差模 EMI。所以，布局时要尽量减少这种情况的发生，而对于非走不可的线路，可以考虑给模拟地平面和数字地平面选择一个共地点，提供跨地信号的回流路径。电路中有时还存在 ADC（Analog to Digital Converter，模拟数字转换器）或 DAC（Digital to Analog Converter，数字模拟转换器），这些转换器件同时由模拟电源和数字电源供电，因此要将转换器放置在模拟电源和数字电源之间。

（3）走线设计

保证所有的信号尤其是高频信号，尽可能靠近 GND 平面（或其他参考平面）。一般超过 25MHz 的 PCB 在设计时要考虑两层或多层地层。

细节要求如下。

① 将时钟信号尽量布置在两层参考平面之间的信号层，良好屏蔽干扰信号。

② 保证地平面上不要有人为产生的隔断及回流的断槽，否则容易产生空间辐射场强。

③ 在高频器件周围，多放置旁路电容来去耦合。

④ 信号走线时尽量不要换层，即使换层，也要保证其回路的参考平面一样。

⑤ 在信号换层的过孔附近放置一定的连接地平面的过孔或旁路电容。

⑥ 在一些重要的信号线周围可以加上保护的地线，以起到隔离和屏蔽的作用。

⑦ 保证跨地信号的回流面积最小。

⑧ PCB 上的地线不要形成一个大环，否则容易增强不必要的辐射。

⑨ 有些零散的地平面要用多个过孔将其与其他的大面积地平面连接起来。

⑩ 不同层的地平面每隔一定距离要用过孔连接。

⑪ 地平面尽量完整，元器件尽量放置在同一层，增大地平面的面积。

⑫ 对于高速信号，参考层如果有跳跃，则不能保证信号完整性，需要在信号层两边做包地处理，并尽量使地线和信号线平行进入 IC。

⑬ 多层 PCB 的电源线尽量不要走表层，特别是在空间比较拥挤、高速信号集中的板中。

⑭ 以上细节如果没有做好，则有可能使 EMI 问题恶化。

（4）屏蔽设计

主板主控平台芯片、Wi-Fi 芯片等处应增加屏蔽罩屏蔽，主 IC 位置开口尺寸、开口位置是否需要增加导电泡棉屏蔽需与射频工程师确认，屏蔽罩拆件设计如图 1-23 所示。

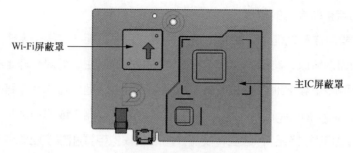

图 1-23　屏蔽罩拆件设计

屏蔽罩有一件式和两件式两种设计方案。

① 一件式设计是指直接将一个屏蔽盖焊接到 PCB 上，为了确保焊接效果，材料一般采用洋白铜（型号 C7521R-H）。消费电子行业内，低端产品在降低成本时，有时将屏蔽罩材料改用马口铁，但马口铁的抗氧化性差，无法通过盐雾试验，天猫精灵产品未采用。

② 两件式设计如图 1-24 所示。屏蔽罩下方是屏蔽框，它贴片焊接在 PCB 上，材料采用洋白铜（型号 C7521R-H）；屏蔽罩上方是屏蔽盖，它与屏蔽框配合在一起，材料采用不锈钢板材（型号 SUS304，1/2H；常选用厚度为 0.1mm 的不锈钢板材）。

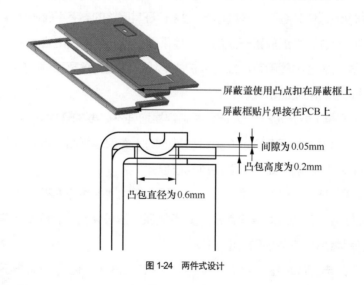

图 1-24　两件式设计

屏蔽罩一件式与两件式方案对比如表 1-3 所示。

表 1-3　屏蔽罩一件式与两件式方案对比

方案	屏蔽盖+屏蔽框 （两件式）	屏蔽盖 （一件式）

续表

优点	遮蔽率优 此方案为目前业界常用形式	成本低于两件式 遮蔽率优
缺点	成本高 重量重 屏蔽框有平整度（共面度）问题 贴片效率及良率受限于屏蔽盖的大小	如遇到维修需解焊，会有维修费产生 贴片效率及良率受限于屏蔽盖的大小

屏蔽罩配合设计要点如下。

① 屏蔽框和屏蔽盖四周的间隙均为 0.05mm；上、下需要预留 0.03 ～ 0.05mm 的间隙，避免屏蔽框孔位下移而导致屏蔽盖扣不到位。

② 屏蔽框上的装配通孔直径一般为 0.6mm，屏蔽盖凸点内侧壁直径为 0.7mm，凸出内侧壁高度为 0.15mm。

③ 屏蔽框和屏蔽盖必须设计扣点，单边至少设计一处扣点，相邻扣点建议在 5 ～ 8mm，扣点必须为通孔。

天猫精灵出于科技普惠的理念，大部分采用一件式设计。

2. EMI整改方法

（1）EMI 整改思路

首先分析频点。观察哪些频点是已知器件发出的，例如 DDR（Double Data Rate，双倍数据速率）同步动态随机存储器的频率，MIPI 的频率，以及电源的开关频率等，与已知的器件频率相匹配。

其次精确定位。确定是辐射从哪个器件及哪根线或铜皮上发出去的，先使用频谱仪近场探头进行区域确定，将造成 EMI 频点超标的大致频率区域确定出来后，再到半波暗室中进一步定位。

最后在已定位的频率点对信号进行处理，包括降驱动、展频、增加 EMI 器件等措施。

（2）常见超标 EMI 频点

电源：小于 100MHz 宽带噪声。

DDR：基频及其倍频。

LVDS（Low-Voltage Differential Signaling，低电压差分信号）/V-BY-1：148.5MHz 及其倍频。

HDMI（High Definition Multimedia Interface，高清多媒体接口）：148.5MHz/297MHz

及其倍频。

USB2.0：480MHz 及倍频。

USB3.0：2.4GHz 及倍频。

（3）常用整改措施

① 频谱分析仪诊断。

频谱分析仪用于 EMI 诊断和分析，它可根据 EMI 测试结果校正测试数据，从而使频域结果可视化，配合近场探头就容易找到故障出现的位置。

如果没有找到明确的干扰源头，则使用环形探头较容易在单板找到该干扰源头所在的区域。如果要明确的定位干扰源头，则可以使用针式探头直接对该区域进行精确分析，找到该频点的发射源头，并且记录该频点的幅度。

为什么不用示波器？ EMI 测试标准中的极限值都是在频域中定义的，用频谱分析仪可以直接反应结果。示波器显示的是时域的波形，测试的结果无法直接与标准比较。EMI 干扰信号相对于工作信号幅度小，干扰频率较高，而一些幅度较小的高频信号叠加幅度较大的高频信号时，示波器无法测量。因为示波器的灵敏度在毫伏级，而由天线接收到的电磁干扰的幅度通常为微伏级。

环形近场探头如图 1-25 所示。如果使用自制探头，可以用普通电缆绕 2 ~ 3 圈，尺寸可取 1 元硬币大小，也可以根据实际需要调整。使用时注意，如果探头圆环太大，则不容易精准地找到干扰源，圆环稍小可以更好定位，但是不能太小，否则会影响探测灵敏度，遗漏干扰信号。

探头

图 1-25　环形近场探头

② SSC（ Spread Spectrum Clock，展频 ）。

SSC 是一种常用的降低 EMI 的简单有效的方法，其效果如图 1-26 所示，将 CLK 信号中的能量以受控的方式分布在更宽的频带，可以降低峰值振幅频谱的主频和时钟的谐波辐射。若正弦信号频率 FC 被另一个正弦信号频率 FM（ 调制频偏 ）以最大频偏率差 Δf 来进行频率调制，那么被调制信号的频谱就会由载波频率和频带范围内以 FM 为间隔的边带组成。

扩频率是最大偏频率差（ Δf ）与原始 CLK 频率（ FC ）的比值。

扩频类型包括向上扩频、中心扩频及向下扩频。当采用向上扩频或中心扩频时，有可能产生超频现象，在 DDR 展频时需要注意最大频率不能超过规格。

调制率用于确定 CLK 频率扩展周期率，在该周期内 CLK 频率变化并返回到初始频率。调制波形代表 CLK 频率随时间的变化曲线。一般频率在 30 ～ 60kHz，太低会有音频噪声，太高可能会造成信号时序与跟踪问题，影响系统运行的可靠性。

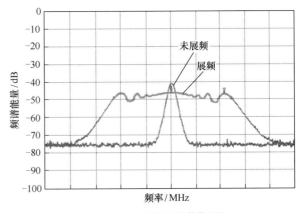

图 1-26　展频与未展频的效果对比

③ 接地。

接地为电流流回其源提供一条低阻抗通路。一般有单点接地、多点接地、混合接地三种接地方式。

单点接地。工作频率低（小于 1MHz）的电路采用单点接地式（即把整个电路系统中的一个结构点看作接地参考点，所有对地连接都接到这一点上，并设置一个安全接地螺栓）。多个电路的单点接地方式又分为串联和并联两种，由于串联接地会产生共地阻抗的电路性耦合，因此低频电路最好采用并联的单点接地式。

多点接地。工作频率高（大于 30MHz）的电路采用多点接地式（即在该电路系统中，用一块接地平板代替电路中每部分各自的地回路）。因为接地引线的感抗与频率和引线长度成正比，工作频率高时共地阻抗就会增大，共地阻抗产生的电磁干扰也将增大，所以要求地线的长度尽量短。采用多点接地时，尽量使距离接地点最近的低阻值通路接地。

混合接地。工作频率在 1 ～ 30MHz 的电路采用混合接地式。当接地线的长度小于工作信号波长的 1/20 时，采用单点接地式，否则采用多点接地式。

接地电阻越小越好，因为当有电流流过接地电阻时，其上将产生电压。该电压除产生共地阻抗的电磁干扰外，还会使设备受到反击过电压的影响，并使人员受到电击伤害的威胁。一般要求接地电阻小于 4Ω。

散热片接地。散热片可以成为效能良好的辐射天线，耦合到散热片上的辐射能量会使 EMI 变差。散热片直接连在 PCB GND 上能有效抑制 EMI。另外要注意，接地点数、接地阻抗、接地位置不同，抑制 EMI 的能力也不同。

④ 屏蔽。

屏蔽是指通过由金属制成的壳、盒、板等屏蔽体来有效地控制电磁波从某一区域辐射，其原理是采用低电阻的导体材料来减少辐射。导体材料对电磁波具有反射和引导作用，能够在导体内部产生与源电磁场相反的电流和磁激化，从而减弱电磁场的辐射效果，它通常用屏蔽效能来表示。

电磁波传播到屏蔽材料的表面时，通常按 3 种不同的机理进行衰减。

- 入射表面的反射衰减。
- 未被反射而进入屏蔽体的电磁波被材料吸收而衰减。
- 在屏蔽体内部的多次反射衰减。

频率在 30 ～ 1000MHz 的电磁波传播到屏蔽材料表面，若该屏蔽材料的屏蔽效能达到 35dB，才算是有效的屏蔽。常见的 EMI/RFI（Radio-Frequency Interference，射频干扰）材料如下。

- 金属箔胶带。相对容易制造。使用带铝箔和铜箔衬背的胶带时，无须对外壳进行昂贵的金属电镀就能提供优良的屏蔽性能。
- 金属填充橡胶。这些材料适合缝隙填充和减震的屏蔽。
- 金属丝网。主要用于 EMI 衬垫。金属丝网的散热效果要好于金属箔，但重量更重，并且占用了更多的空间。

电屏蔽的实质是减小两个设备（或两个电路、组件、元件）间电场感应的影响。电屏蔽的原理是在保证良好接地的条件下，将干扰源产生的干扰屏蔽。因此，接地良好和选择良导体作为屏蔽体是电屏蔽能否起作用的两个关键因素。

磁屏蔽的原理是由屏蔽体对干扰磁场提供低磁阻的磁通路，从而对干扰磁场进行分流，因而选择钢、铁、坡莫合金（铁镍合金）等高磁导率的材料和设计盒、壳等封闭壳体是磁屏蔽的两个关键因素。

电磁屏蔽的原理是金属屏蔽体通过对电磁波的反射和吸收来屏蔽辐射干扰源的远区场，即同时屏蔽场源所产生的电场和磁场分量。随着频率的增高，波长变得与屏蔽体孔缝的尺寸相当，因此，屏蔽体的孔缝是否泄漏成为电磁屏蔽最关键的控制要素。

屏蔽体的泄漏耦合结构与所需抑制的电磁波频率密切相关，3 类屏蔽所涉及的频率范围及控制要素如表 1-4 所示。

表 1-4　3 类屏蔽所涉及的频率范围及控制要素

屏蔽类型	磁屏蔽	电屏蔽	电磁屏蔽
频率范围	10～500kHz	1～500MHz	500MHz～40GHz
泄漏耦合结构	屏蔽体壳体	屏蔽体壳体及接地	孔缝及接地
控制要素	合理选择壳体材料	合理选择壳体材料，良好接地	抑制孔缝泄漏，良好接地

⑤ 滤波。

电磁干扰滤波与电磁屏蔽是两个互补的电磁兼容措施。电磁屏蔽切断电磁干扰的空间传播路径，而滤波则切断电磁干扰沿导体传播的路径。滤波是电路中的一项基本技术，但是一般电路滤波与电磁兼容设计所要求的滤波有些不同。

与一般的滤波电路相比，EMI 滤波的特点如下。

- EMI 滤波电路所连接的电路往往没有确定的阻抗，而传统的滤波技术都是基于阻抗特定的场合。
- EMI 滤波要衰减的频率范围很宽，一般达到数百兆赫兹，不像传统的滤波电路仅对一个较窄的频率范围内的信号进行衰减，这种宽频滤波实现起来难度较大。
- EMI 滤波往往面对频率很高的噪声，这时，滤波电路的各种杂散参数是不能忽视的。

EMI 滤波器主要是低通滤波器，允许低频信号通过，高频信号通过 EMI 滤波器会产生很大的衰减。EMI 滤波器的滤波信号之所以以高频信号为主，是因为导致 EMI 问题的信号大多频率较高。干扰源具有较大的电压变化率或者电源变化率的特性，这意味着较高频率的电压和电流会产生电磁干扰，这些高频的电压和电流更容易通过导体产生辐射，也更容易与空间的杂散参数（电容、电感）发生耦合。因此，要设法消除这些高频电压和电流，阻止它们进入导体。

互连电感往往是系统中尺寸最大的导体，它最容易吸收和辐射电磁波，因此，干扰滤波器安装的位置一般在导线的端口处。如果导线连接的是干扰源电路，那么它阻止高频干扰信号进入导线；如果导线连接的是敏感电路，那么它阻止高频干扰信号进入敏感电路。

1.2.6　小结

在 EMI 性能部分，智能音箱目前的行业竞品标准为 3dB 设计余量。天猫精灵硬件研发团队不断创新，将音箱产品全线做到了 6dB 以上的余量水准，个别产品的余量甚至在 10dB 以上，突破行业余量标准。同时，EMI 的设计成本并没有增加。天猫精灵不仅要做更加安全可靠的产品，还要做高性价比的产品！作为天猫精灵的硬件工程师，我们感到很骄傲。

1.3　热设计

天冷穿棉袄，天热扇扇子，冬天喝热水，夏天吃冰棍……我们在生活中无时无刻不在和热打交道。热是一种能量，热量的累积会导致温度的上升，而温度的上升则会带来物理变化，如热胀冷缩，温度的上升同样会加剧一些化学反应，如老化、硫化等。人体通过自我调节和外部措施使体温保持相对恒定，维持正常的生理机能，同样，电子器件也需要在一定的温度条件下才能维持正常、稳定的运行。

随着电子技术不断发展，IC 集成度越来越高，功耗越来越大，热密度不断增加，良好的散热设计对产品的可靠性有着至关重要的影响。"天猫精灵好热，是不是出了故障""天猫精灵摸起来好烫"……用户的担忧和质疑，让天猫精灵的研发团队有了更高的目标和要求。

天猫精灵在设计中遇到过哪些"热"的问题？工程师们又是如何为天猫精灵"降温"的？本节将分享天猫精灵研发过程中关于热的故事，希望能给大家带来一些思考和启发。

1.3.1　技术解释

热设计是指设计一种将电能产生的热能向外部转移的机构，使产品核心区域的温度控制在一定温度以内，如图 1-27 所示。

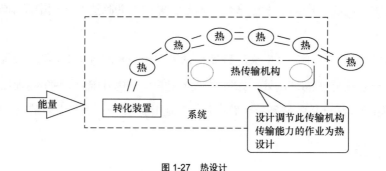

图 1-27　热设计

热设计的出发点又是什么呢？

一是降低产品内部电子元器件的温度，提升电子元器件性能，延长产品使用寿命。CPU、充电 IC、DC-DC 等电子元器件均是高功耗元器件，单体发热量较大，在高温情况下转换功率降低，使用寿命明显下降。

LCD、摄像头、电池、扬声器等外围电子元器件，在高温情况下，基本性能会受到影响，甚至会造成永久损坏。例如，一些扬声器磁铁温度若高于 80℃ 或 120℃，其磁铁会消磁；电池温度若高于 60℃，会停止充放电，若温度进一步上升，产品甚至会存在安全隐患。

二是产品的用户体验。人的身体若长时间接触高于 43℃的低热物体，则会引起慢性烫伤。接触各种材料不同时长下对应的灼伤阈值如表 1-5 所示。

表 1-5　接触各种材料不同时长下对应的灼伤阈值

材料	接触时长下的灼伤阈值/℃		
	1min	10min	大于等于8h
裸金属材料	51	48	43
陶瓷、玻璃和石质材料	56	48	43
塑料材料	60	48	43
木质材料	60	48	43

在环境温度为 25℃的情况下，塑料外壳的温度在 43℃以上或金属外表面的温度在 40℃以上时，用户会感到产品发烫，体感反馈差，会担忧产品的整体性能及安全性。

1.3.2　技术难点

天猫精灵的 PCB 由于架构设计，很少能竖直放置（理论上散热的最优放置方案）或在部分场景下元器件面朝下放置（即热面朝下），这不利于散热。天猫精灵产品外壳因为 ID 需求仅能预留极少量的孔，并在开孔处黏合防尘网，所以它与外界空气交换热量较小，内部气流扰动较弱，且 PCB 也没有通过连接的壳体与外界环境直接进行热交换，这属于受限空间对流换热场景。此外，由于空间和成本的限制，散热器的设计及表面处理工艺均无法做到最优化散热设计。随着天猫精灵产品功能场景的多元化，其功耗也逐步上升，但部分产品还采用之前的模具，这给热设计带来了极大的挑战。

1.3.3　相关概念简介

热设计中的一些概念如下。

温升：设备内任一点温度与环境温度之间的差值，一般将其作为温度是否满足规格的评判标准。

热耗：元器件正常运行时产生的热量，一般将其作为热设计的输入条件。

温度场：系统内各个点上温度的集合，一般将其作为热分析优化的参考。

热量总是从高温区传向低温区，且高温区发出的热量必定等于低温区吸收的热量。热量传递的动力是温差，热量的传递过程可分为稳定过程和不稳定过程两类：凡是物体中各点温度不随时间变化而变化的热传递过程称为稳定过程，反之则称为不稳定过程。

热量的传递有三种基本方式：传导、对流和辐射。天猫精灵产品的散热设计，一般需要同时考虑这三种传热方式，比如 CC10 中的芯片将热量通过传导转移到散热器上，散热器与空气之间通过热对流进行热量交换，产品表面通过热辐射与环境进行热交换，如图 1-28 所示。

1. 热传导

热传导是温度差引起的热传递现象，在固体、液体和气体中均可发生。芯片向外壳传递热量主要就是通过热传导的方式，其过程传递的热量遵从的宏观规律是傅里叶定律，如式（1-2）所示。

$$Q=-kA\left(T_\mathrm{L}-T_\mathrm{H}\right)/L \tag{1-2}$$

k：热导率。

A：垂直于热流方向的截面积。

T_L、T_H：低温、高温面的温度。

L：两个面之间的距离。

负号说明热量总是沿着温度降低的方向进行，热传导示意图如图 1-29 所示。

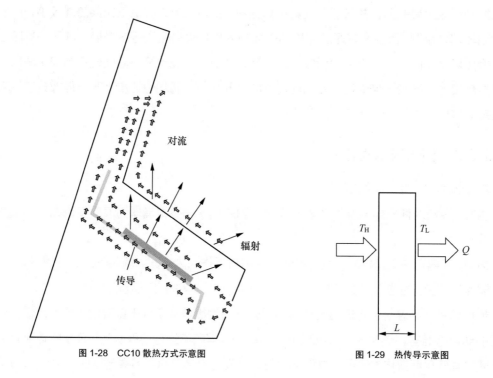

图 1-28　CC10 散热方式示意图　　　　　图 1-29　热传导示意图

一般情况下，金属固体的导热系数大于液体的导热系数，液体的导热系数大于气体的导热系数。例如常温下纯铜的导热系数为 380W/(m · K)，纯铝的导热系数为 210W/(m · K)，水的导热系数为 0.6W/(m · K)，空气的导热系数为 0.023W/(m · K)。

2. 热对流

夏天的一阵风会给我们送来阵阵凉意，这便是热对流的作用。

热对流是流体（包括液体和气体）流动过程中从温度较高处向温度较低处放热的现象。对流又分为强迫对流和自由对流，前者是流体在外界动力，如泵、风扇、压强差等驱动下的运动；后者是流体的温度分布不均匀诱发密度不均匀而产生的浮力作用下的运动。

热对流的热量按照牛顿冷却定律计算，如式（1-3）所示。

$$Q=hA(T_w-T)\tag{1-3}$$

h：表面传热系数。

A：物体的表面积。

T_w 和 T：物体表面的温度和流体的平均温度。

温度为 T 的流体流过一个温度为 T_w（大于 t_0）的物体时，流体的温度从物体表面温度 T_w 变化到 T 的过程发生在物体表面的薄层内，热对流示意图如图 1-30 所示。薄层的厚度取决于流体的性质及其运动特征，流体运动越急，此温度边界层越薄。对流传热过程中物体从流体获得（或放出）的热量 Q 与物体的表面积 A、时间 T 及它与流体之间的平均温度差 Δt

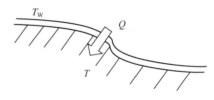

图 1-30　热对流示意图

（$\Delta t = T_w - T$）成正比。计算对流传热问题的困难在于确定表面传热系数 h，应用实验和理论确定不同情况下的表面传热系数构成了热交换理论的主要内容。

3. 热辐射

我们在夏季和冬季设置相同的室内温度，为什么依然能感受到明显的冷热差异？其原因在于我们经常容易忽视的热辐射。

热辐射是通过电磁波传递热量的过程。太阳就是通过热辐射给地球传递热能的。任何物体都以电磁波的形式向周围环境辐射能量，电磁波具有连续的辐射能谱，波长自远红外区延伸至紫外区，但主要依靠波长较长的红外线。辐射源表面在单位时间内、单位面积上所发射（或吸收）的能量与该表面的性质及温度有关，表面颜色越深、质地越粗糙，发射（吸收）能量的能力就越强。辐射电磁波在其传播过程中遇到物体时，将激励组成该物体的微观粒子热运动，使物体加热升温。物体的温度在 400 ~ 500℃就会发出可见光（可见光波长为 0.4 ~ 0.8μm），同时以热的形式辐射能量。

热辐射遵循的宏观规律是建立在普朗克平衡辐射场能量密度公式基础上的斯特藩 – 玻尔兹曼定律。该定律认为黑体的总辐射度 E_0（单位时间内单位面积发射的能量）与其绝对温度的四次方 T^4 成正比，如式（1-4）所示。

$$E_0(T) = \sigma T^4 \tag{1-4}$$

其中，$\sigma = 5.67 \times 10^{-8} W/(m^2 \cdot K^4)$ 称为斯特藩 – 玻尔兹曼常数。

两个物体表面之间的辐射与热量的关系如式（1-5）所示。

$$Q = \frac{\sigma A_1 (T_1^4 - T_2^4)}{(1/\varepsilon_1) + (A_1/A_2)(1/\varepsilon_2 - 1)} \tag{1-5}$$

其中，ε 表示表面黑度或发射率，该值取决于物质种类、表面温度和表面状况，与外界条件无关，也和颜色无关。

磨光的铝表面黑度为 0.04；氧化铝表面黑度为 0.3；油漆表面黑度为 0.8；PCB 表面涂绿油，表面黑度可达 0.8。对于金属外壳，可以通过表面处理提高黑度，改善散热。

常见散热片表面绝大多数做黑色处理，不要误解为黑色处理能强化热辐射。当物体温度低于 1800℃时，有意义的热辐射波长在 0.38 ~ 100μm，且大部分为 0.76 ~ 20μm 的红外波段，在可见光波段内，热辐射能量比重并不大。颜色只与可见光吸收有关，与红外辐射无关。因此终端内部可以涂任意颜色。

1.3.4　案例详解

天猫精灵 X1 是 2017 年推出的天猫精灵第一款智能音箱产品。从天猫精灵 X1 开始，热的问题便开始伴随天猫精灵了。

天猫精灵团队成立之初，对智能音箱类产品的研发还缺乏经验，团队也没有能够对热风险进行评估的具备热专业知识的同事，而这就为后面的热问题埋下了隐患。

团队在天猫精灵 X1 设计阶段是依靠合作伙伴的资源进行热仿真评估的。热仿真是一把双刃剑，准确的热仿真能提前识别散热风险、缩短产品开发周期，但失真的热仿真则会误导相关的设计人员，可能给产品开发带来不可逆转的后果，甚至可能要推翻整个产品重新设计。天猫精灵 X1 热仿真的失真使大家没有提前识别该产品的热问题，导致该产品在 40℃时因 CPU 的过温保护而宕机。

天猫精灵研发团队在热设计阶段摸着石头过河，找到了天猫精灵 X1 的热问题解决方案，但是第一款天猫精灵开发中暴露的热问题在后续天猫精灵的产品开发中持续地困扰我们。天猫精灵 X1 的热设计如图 1-31 所示。

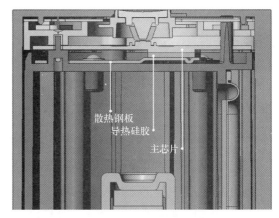

图 1-31　天猫精灵 X1 的热设计

案例1　CC智能音箱的教训

2019 年，我们推出了 CC 7 英寸屏智能音箱。CC 作为一款追求极致成本的有屏智能音箱，设计中采用了 Wi-Fi 天线内置方案，但在 DVT 阶段出现 CPU 超温重启的问题。

为解决 CC 智能音箱的散热问题，我们进行了长达一个半月 200 次以上的测试验证，最后通过导热材料优化、芯片筛选，以及限用部分功能场景等方案才保证了交付。因为散热问题，CC 产品的开发进度滞后，希望本案例能给大家一些思考和启发。

CC 智能音箱的散热问题，从技术方面来看主要原因如下。

① 芯片方案选型。Wi-Fi 天线内置的设计，可以节省约 1 元的成本，但是 CPU 功耗会增加 10% 左右。此外，内置 Wi-Fi 天线主芯片的选型，对屏蔽罩提出了更严格的要求。内置 Wi-Fi 的一侧需要完全露出来，以满足天线要求，对应的散热器区域设计需要采用"半开窗"模式设计，如图 1-32 所示。这相当于芯片只有一半接触散热器进行散热，增大了芯片和散热器之间的热阻，散热器和芯片之间的温差增大，散热效果并不好。

② 边界芯片。在解释边界芯片之前，需要科普一下漏电流的概念。漏电流是在芯片

图 1-32　"半开窗"模式设计

生产中工艺的差异造成的，漏电流意味着芯片除了正常工作，还会额外产生一部分热量，因此漏电流越大的芯片功耗越大。不仅如此，漏电流还不是固有属性，它随着温度的上升而增大，如图 1-33 所示。边界芯片是指某款芯片对应的最大漏电流的芯片，我们对边界芯片的认识甚少，因此，在 CC 智能音箱的开发过程中，我们遇到了极大的困难，比如某厂商 M 芯片对应的 103mA 漏电流芯片工作在 90℃时比 50mA 漏电流芯片温度高 6 ~ 8℃。

③ 应用场景更新。软件的应用场景更新，对CPU 占用增大，整机功耗上升，而热设计没有根据新场景进行更新。

④ 架构设计限制。CC 智能音箱对极致成本的要求，使其尺寸和散热器面积大幅度减小，已无其他设计空间，这导致我们很难找到有效的散热解决方案。

除了技术层面的问题，项目中各团队在热设计的配合上也出现了失误，没有人来主导 CC 智能音箱的热设计，也没有形成系统的方案，而热设计与电子、结构、射频等领域又是强关联的，这是 CC 智能音箱出现散热问题的根本原因。

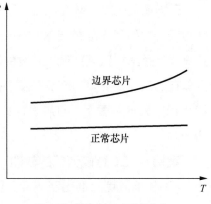

图 1-33　芯片功耗和温度的关系

吸取了 CC 智能音箱的惨痛教训之后，团队对项目进行了复盘，对边界芯片的功耗进行了梳理，并形成了边界芯片选型方案。同时也意识到了团队需要一名更加专业的热设计工程师，来应对天猫精灵系列产品的散热问题对我们提出的越来越严峻的挑战。

案例2　CC7智能音箱的热设计

CC7 智能音箱是天猫精灵在 2020 年开发的一款 7 英寸屏带电池产品，它增加了新的功能需求，即 CPU 过温保护重启。我们需要在现有架构基础上进行优化，完成散热目标，保证交付时间。

CC7 智能音箱散热问题发生在散热器开模后。CC7 智能音箱需要在支持播放视频的同时能开启精灵看护（监控）功能，新的需求场景意味着更高的 CPU 占用、更大的功耗。CC7 智能音箱在运行 30min 后 CPU 过温保护，实测 CPU 超温 10℃。

在自然散热体系中，完成降低 10℃ 的设计优化，谈何容易！而且产品架构设计已完成，结构上没有太大的优化空间。在完全成型的架构上去完成大幅度的降温，是一个巨大的挑战。但我们团队已经有了专业的热设计工程师，热测试和热分析不再是盲目地试错，新成立的热设计小分队开始有条不紊地解决这个难题。

通过功耗测试，再结合之前积累的经验，我们很快就找到造成 CPU 严重超温的罪魁祸首：充电 IC。充电 IC 的热耗高达 1.5W，这给我们提供了一种解决问题的思路：降低充电电流，通过降低热耗从源头上优化散热。

① 降低热耗。充电电流由 1.3A 降低至 1.0A，降低充电 IC 热耗能够优化散热，同时不影响充电时长。

② 强化对流。将散热片与 PCB 之间的间隙抬高 4mm,强化 PCB 和散热器之间的对流换热,同时散热器更靠近壳体,增强了散热器与壳体间的换热。

③ 增强辐射。整机热分析中,我们发现了壳温温升较低。在通过对散热器进行检查,对散热器表面进行发射率粗测后,我们发现散热器表面发射率较低。通过热仿真分析,我们对散热器表面进行处理,提高辐射率至 0.9,这时 CPU 的温度能降低 7℃。根据理论分析和仿真计算,我们提出在散热器表面喷涂碳纳米涂层以提升 PCB 和壳体之间的换热量,如图 1-34 所示。

旧版方案　　　　　　　　改进方案

图 1-34　散热器表面喷涂碳纳米涂层

我们通过散热器优化设计及充电电流优化耦合方案,在成本适当增加的条件下为 CPU 有效降温 10℃以上,满足了产品端的新场景需求。

在后续的产品开发中,我们以理论为指导,热仿真、热测试及热分析流程形成闭环,仿真精度基本控制在 10% 以内,通常在架构设计阶段就能识别出项目风险,并在 EVT 阶段确定解决方案。

从 X1 项目对热的认知度较弱,到 CC 项目对热的考虑还不够专业,再到 CC7 项目散热难题的成功解决,我们团队在热设计领域不断地成长。目前我们团队已具备完全独立的散热方案解决能力,并对内发布了天猫精灵热设计开发流程和天猫精灵热设计规范。2021 年年底,我们的热学实验室已完成搭建,我们也形成了独立自主的热设计体系。而热设计技术体系及软、硬件设施的完善,不仅能支撑天猫精灵更广阔的应用场景,还提升了用户体验。

1.3.5　技术沉淀

1. 设计规则

① 明确天猫精灵在用户侧的工作环境,以此来制订产品的工作温度规格。

② 明确天猫精灵热设计目标,一般包括产品表面温度规格及元器件降额温度规格等。

③ 明确天猫精灵的应用场景及对应功耗,热评估需要覆盖各类应用场景及边界芯片,避免遗漏。

④ 天猫精灵热设计需要重点关注成本,优选常规低成本方案,尽量从架构上解决散热问题。

⑤ 天猫精灵热设计需要兼顾 PCB 设计、结构设计及射频设计等，权衡考虑，折中设计。

⑥ 产品采用单板设计方案时，需要对其进行合理的器件布局，在走线允许的前提下尽可能将功耗器件分散布置。

⑦ 在工艺成本无显著增加的条件下，应在器件底部进行热过孔设计用于辅助散热，尽可能铺大片的铜层连接过孔，减小 PCB 内部的热阻。元器件的正面和背面在条件允许的情况下做露铜处理，推荐露铜面积为器件面积的 4 倍。

⑧ 需要重点关注热敏感元器件（如晶体、电池）在 PCB 或天猫精灵内部的位置，尽可能避开热区，PCB 设计时可做一些隔热处理，如切割铜层等。

⑨ 开孔设计时，需要考虑热流通过开孔处对壳体的加热是否会引起局部壳温超标。

⑩ 检查是否有效地利用了热辐射的散热路径。

⑪ 天猫精灵热设计需要考虑软件温控策略的方案设计。

2. 散热改进方法

EVT 阶段，若我们发现热测试不满足指标，则需要对其进行优化处理。一般会分为以下两种场景。

① 评估有风险的问题点，测试结果符合预期的，需根据前期提出的方案进行优化并测试。

- 散热器优化：材质、厚度、表面处理方式、散热器设计方案等。
- 导热材料选型：更换高热导率材料、设计更小的界面间隙、设计更小的界面热阻等。
- PCB 散热优化：增加过孔数量、过孔塞铜、PCB 露铜等。
- 壳体散热优化：隔热、均热、增加表面发射率、用高导热塑料等。

② 对测试结果与预期差异较大的问题点，需进行原因分析、改进并归纳总结。

- 增加测试温度点，获取更多的数据进行热分析。
- 可能的原因：输入条件不准确（功耗、热阻）、建模方法错误、装配不良、测试方法错误等。

3. 热设计方法论

（1）热设计概述

天猫精灵的散热路径如图 1-35 所示。我们热设计需要达到两个目标：一是芯片结温 T_j 满足器件降额规格，保证产品长期工作的稳定性和可靠性；二是天猫精灵表面温度满足规格，保证用户体验的安全性和舒适性。

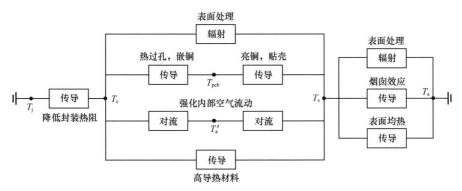

图 1-35 天猫精灵的散热路径

天猫精灵的热设计，可以用疏、拓、均这三个接地气的词来概括。

① 疏。当元器件的热阻太大时，换热的路径会被严重阻塞，需要采取一定的措施疏通热路径，降低热阻。常见方案如下。

- 选用热阻较小的元器件。IC 元器件选型时，同等条件下优先选择热阻更小的元器件，因为热阻小的元器件结温更低。

- PCB 采用过孔、嵌铜等方案强化热量在 PCB 内部的传导。自然散热场景中，PCB 是元器件热量的有效载体，PCB 内部导热性能的优化能有效改善元器件的散热。

- 散热器的设计有效地对元器件进行热延展。例如，增大散热器的面积，或抬高散热器以增加散热器和 PCB 之间的热对流。

- 选用高导热材料以降低元器件到散热器的热阻。高导热系数界面材料能有效减小芯片表面到散热器之间的热阻，达到降低芯片结温的目的，这里需要说明的是，高导热系数不等于低热阻。

② 拓。当现有散热路径不满足元器件散热要求时，我们需要增加新的散热路径强化散热，有效提升系统散热能力。常见方案如下。

- 通过开孔设计增加对流换热。合理的开孔设计，如"烟囱效应"的合理利用能有效强化天猫精灵内部的自然对流散热。

- 通过元器件或 PCB 贴壳的方式建立"热源–壳体–外界"的导热路径。例如，棱镜项目散热器和外壳一体化设计能有效降低表面温度 8℃。

- 将原本光亮的散热器进行表面处理，提高其发射率，建立辐射换热路径。例如，对散热器表面做碳纳米涂层处理能有效降低芯片温度 5℃。

③ 均。对于天猫精灵表面出现的局部热点问题，需要采取一些均热措施消除局部热点。避免局部热点、提升用户体验的常见方案如下。

- 产品内表面贴铜箔，有效均热。利用该方案可解决全贴合 LED 区域局部热点的问题。

- 若局部热点处存在热短路，采用气凝胶等隔热材料增加该处热阻，同样可以起到均热的作用。隔热材料的热导率接近空气的导热系数 [0.023W/(m·K)]，能够有效增大两端的温差，棱镜项目采用该方案，壳温降低了 2℃。需要说明的是，隔热材料只能降低局部区域的热流密度，不能降低外表面平均温度。

- 导热塑料的应用，能够实现有效均热。天猫精灵产品外表面多采用塑料，导热系数多在 0.2～0.3W/(m·K)。使用导热塑料可以将塑料导热系数提升一个数量级，但考虑到成本和外观，天猫精灵尚未采用导热塑料方案。

（2）点链面原理

天猫精灵产品中，不同芯片、LED 灯等电子器件在工作时，会有一部分电能转换为热能，形成点热源。故在产品架构设计中，需要规划出每个热点的散热路径，使其热量可以高效地散发到产品的外部环境中，这种路径即为热设计中的散热链路。不同热点与链路一起组成了产品整体的散热架构，即为面。下面分别对点、链、面进行详细说明。

① 点——芯片端。散热架构如图 1-36 所示。

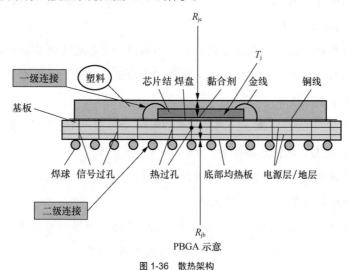

图 1-36　散热架构

热阻参数如下。

R_{jc}: 结（芯片）到封装外壳的热阻，$R_{jc}=(T_j-T_c)/P$。

R_{jb}: 结到 PCB 的热阻，$R_{jb}=(T_j-T_b)/P$。

T_j: 芯片结温。

芯片特性: 芯片满负荷运行状态下，能效低，发热量大；结温 T_j 温度越高，能效越低，发热量成倍增加。

问题: 某 H 芯片（满负荷 3W）无散热措施的时候，满频运行，多久温度会达到 125℃？H 芯片是十核芯片（四核低频 A53+ 四核高频 A53+ 双核 A72）。

答案: 1 ～ 2s 内，CPU 发热量集中，且随着温度升高，能量成指数级快速叠加。

PBGA(Plastic Ball Grid Array，塑料焊球阵列封装）和 SOP 芯片的散热路径如下。

- 向上通过封装塑料往外传导。
- 向下通过金线、基板、焊球传导到 PCB。
- 通过框架材料传递到 PCB。

PBGA 芯片散热路径延伸设计如下。

- 向上: Die(晶粒) → 芯片背部 → 散热片。
- 向下: Die → 芯片底部 → PCB → 散热片。

② 链——热链路。

热设计中，先核对热源的热功耗，确定主要热源，再对每个热源器件的电子特性进行分析，确定其芯片内核到器件外部的主要散热路径是往上还是往下。在 PCB 设计布局中重点进行热设计，对每个热源进行合理的均热布局，同时在 PCB 布局走线及板材选型中进行重点设计，使主要热源均匀分布，达到快速均热的效果。热链路在特性上与电路有一定的一一对应关系，具体可参考表 1-6。

表 1-6　热链路电路对比

热链路	电路
热耗 P（W）	电流 I（A）
温差 $\Delta T=T_2-T_1$（℃）	电压 $U_{ab}=U_b-U_a$（V）
热阻 $R_{th}=\Delta T/P$（℃/W）	电阻 $R=U_{ab}/I$（Ω）
热阻的串联 $R_{th}=R_{th1}+R_{th2}+\cdots$	电阻的串联 $R=R_1+R_2+\cdots$
热阻的并联 $1/R_{th}=1/R_{th1}+1/R_{th2}+\cdots$	电阻的并联 $1/R=1/R_1+1/R_2+\cdots$

③ 面——产品热架构。

在热源明确、各热源链路设计清晰的情况下，针对整机架构布局，需要充分考虑热源、热链路之间的关系，避免热源与热链路重叠，同时也需要避开电池、金属按键等热敏器件。

在整体的热架构设计中，热链路应遵循热路径最短、热阻最小等原则。同时充分利用散热孔，考虑强迫对流及自然对流，确保产品整体的热设计最优化。

（3）热设计蓄水池原理

在针对小体积、大热源的热设计中，我们提炼出一套设计原理，既满足热链路的最短路径、最小热阻及最大接触面积的原则，达到最佳快速散热效果，又避免了在产品表面形成热点。该套设计方案称为热设计蓄水池原理，即将大热源的热量通过低热阻、高导热系数的路径，快速导热到一个大的散热体上。该散热体一般为铝、铜等材料的散热片或支架，且其与热源之间具备高温差，以达到快速导热的目的。同时大的散热体具备快速、大量储热和均热的能力，在此基础上，可以创造出较多的散热路径和较大的散热面积，以达到更高性能的散热和快速热平衡的效果。蓄水池原理示意图如图 1-37 所示。

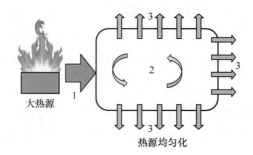

低热阻、高导热系数路径 ➡ 高温差、高导热性能储热材料 ➡ 多路径、大面积的散热（高效能的
（确保快速导热）　　　　　（可快速储热、均热）　　　　　散热、快速达到热平衡）

图 1-37　蓄水池原理示意图

（4）PR 振膜增强对流热设计原理

在产品架构设计中，我们利用产品内部空间，使产品内部形成顺畅的风流道，同时将散热片正对 PR（Passive Radiator，无源辐射器）振膜，并保持大于 7mm 的距离，充分利用振膜的振动带动空间内空气的流动，形成强迫对流换热，如图 1-38 所示。

（5）重点关注事项

① 主要元器件的温度门限。关注 CPU、单片机、充电 IC、PA（Power Amplifier，功放）等元器件。

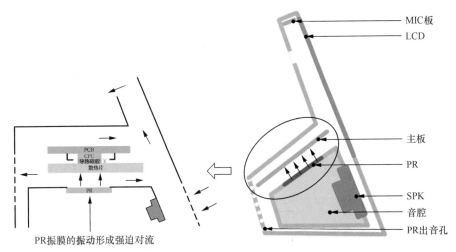

图 1-38　PR 振膜增强对流热设计原理示意图

- CPU 温度越高，发热功耗越高，甚至成倍增加。
- PA、充电 IC 温度升高，发热增加，能效降低。

② 散热路径的短板。关注热阻大、热点区域。

- 局部热点：避免过快的将热量导入外壳，需充分的缓冲均热。
- 高热阻点：在两个零件热导面之间、空气层、阻热材料等处。

③ 合理选择热材料，均衡成本和空间。

- 充分利用热材料，增大导热面积，降低导热距离。
- 增加导热量，降低对导热材料的性能和用量依赖。
- 有效利用对流，在非密闭环境中创造良好对流环境。

④ 硬件性能与软件需求匹配，避免小马拉大车。

- 器件端严控热耗。
- 软件端合理配置使用场景，分优先级调度。
- 云、端算力相结合，降低端负载。

1.3.6　热设计流程规范

产品、品质、ID、HW（Hardware，硬件）、PCB、MD（Mechanic Desigh，机构设计）、热仿真、SW（Software，软件）等天猫精灵内部部门加强沟通，并与合作生产供应商进行资源匹配，逐步形成天猫精灵产品开发流程。在热设计阶段，我们进行热相关的评估和输入，通过热仿真输出热方案，并在 EVT 和 DVT 阶段进行实测验收，最后更新热参数输入，进行仿真数据回归，形成热设计的闭环，如图 1-39 所示。

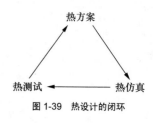

图 1-39　热设计的闭环

天猫精灵产品热设计流程规范如图 1-40 所示，该流程在多个项目中得到验证，能够产出较好的结果。

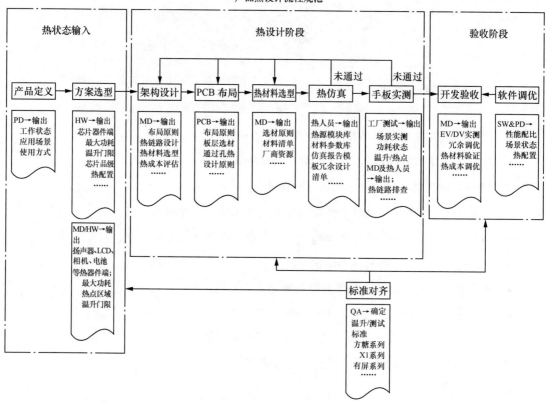

图 1-40　热设计流程规范

1.3.7　热仿真常用软件

1. FloTHERM

FloTHERM是一款专门针对电子器件和设备热设计而开发的商业CFD（Computational Fluid Dynamics，计算流体动力学）软件，可以实现从元器件级、PCB 和模块级、系统整机级到环境级的热分析，在行业内应用较为普遍，其仿真示意图如图 1-41 所示。相较于其他 CFD 软件，FloTHERM 比较简单，非常适合刚入门的热设计工程师。FloTHERM 广泛应用于芯片封装、通信和电源设备，以及终端电子产品和家电等领域。

2. ICEPAK

ICEPAK 软件是计算流体力学软件提供商 Fluent 公司专门为电子产品工程师定制开发的专业的电子热分析软件，其仿真示意图如图 1-42 所示。与 FloTHERM 相比，它的突出优势是能够很好地处理曲面几何，采用 Fluent 求解器，集成在 ANSYS 中，能与 ANSYS 其他模块进行耦合分析。ICEPAK 软件广泛应用于通信、汽车、航空航天及电子设备等领域。

图 1-41　FloTHERM 仿真示意图

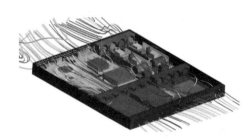

图 1-42　ICEPAK 仿真示意图

1.3.8　热设计常用工具

1. 功率计

功耗是热的源头，因此功率测试是热测试中的一个重要项目。功率测试能判断功耗的输入是否符合预期，同时也可以精确地分解产品各支路器件的功耗，为解决散热问题提供方向性指导。功率计用于测量待测产品的功率，确认设备的工作状态，如图 1-43 所示。

2. 热电偶

热电偶的工作原理是将两种不同成分的材质导体组成闭合回路，当两端存在温度梯度时，回路中就会有电

图 1-43　功率计

流通过，此时两端之间就存在电动势——热电动势，这就是所谓的塞贝克效应。在温度测量中，热电偶的应用极为广泛，它具有结构简单、制造方便、测量范围广、精度高、惯性小和输出信号传播远等优点。热电偶如图 1-44 所示。

3. 红外成像仪

红外成像仪用于非接触式测温，能够获得连续的二维温度场分布，且不干扰被测温度场，能够清晰地观察温度场中热耦合的情况，然后加以分析，从而高效、准确地确认问题所在。红外成像仪如图 1-45 所示。

4. 温度采集仪

温度采集仪用于采集记录各个热电偶线端在连续时间段内的温度，记录产品实际工作中的热稳态和瞬态特性，如图 1-46 所示。

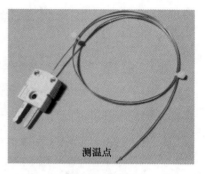

测温点

图 1-44　热电偶

图 1-45　红外成像仪

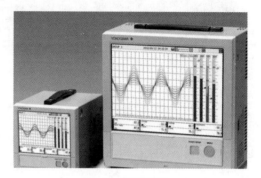

图 1-46　温度采集仪

1.3.9　小结

优秀的热设计能以最小的成本维护产品的可靠性，为软、硬件设计创造更大的空间，为客户带来更好的体验。

天猫精灵一直以"客户第一"作为产品设计的导向，在温度体验上致力于做到行业最优。天猫精灵的主流有屏产品可以将表面温升控制在 15℃ 以内，相较于同类产品有 3℃ 以上的优势。每 1℃ 的背后，是天猫精灵团队对技术的探索和创新，也是天猫精灵团队的辛勤和汗水。没有一种方案可以一劳永逸地解决产品中的热问题，我们能做的就是在实践中成长，不断提高对热设计的要求，不忘初心，为客户带来更好的温度体验。

通过在热设计上的积累和沉淀，天猫精灵团队已具备终端类电子产品系统散热方案解决的能力，能够在产品开发中完成热方案、热仿真、热测试及热分析的闭环工作，不仅能保障天猫精灵产品开发，同时也能应对新场景、新业务所带来的挑战。

第 2 章

硬件开发之电子篇

2.1 电子团队介绍

电子行业名人如图 2-1 所示，没有他们，就没有我们今天的便利生活。法拉第在 1831 年发明了发电机，人类进入了电气时代。1877—1879 年，爱迪生试验并改进了白炽灯，改变了人类的生活方式，同时人类进入各种电力应用的时代。1947 年肖克利发明了晶体管，开启了微电子革命。这时模拟电路开始得到广泛应用，它可以将自然界的物理量转换为电子信号。1958 年基尔比制成了集成电路，为微型计算机的发展奠定了基础；1976 年，沃兹尼亚克与乔布斯共同创立的苹果公司，开创了个人电脑历史新篇章。计算机算力逐渐提升，推动了自动化电子设计软件的诞生，大大提升了人们设计的效率和质量，从此人类正式进入电子化高速发展的时代。

法拉第　　　　爱迪生　　　　肖克利　　　　基尔比　　　　沃兹尼亚克

图 2-1　电子行业名人

经过 4 年多的摸索，电子设计团队在阿里的大船中，找到了自己的使命和价值。电子设计团队就是要让天猫精灵系列产品为大众提供最好的软、硬件一体化服务，使其真正成为人们的生活助手。天猫精灵电子设计团队通过项目不断积累沉淀，在硬件上找到行业内性价比最优解，让项目的质量和成本达到最大程度上的平衡，并通过技术上的不断创新，为客户、为业务、为团队提供更好的全套场景解决方案。

在天猫精灵的产品中，电子团队负责的是架构设计和电路原理设计，再通过布局布线设计，将产品整机堆叠，工艺、基带和射频的需求都在 PCB 设计中实现。PCBA 的诞生流程如图 2-2 所示。

在一款硬件产品从无到有的过程中，数据传输方式有串行也有并行，设计从内部到外部，产品中有软件也有硬件，工作环境有高大上也有脏累差，随时面对变化，每天面对取舍。虽然每个流程都有管控但也有力所不及的时候，一个小问题或者一个疏忽大意，就有可能造成不可预知的后果。为了规避人为的疏忽，我们梳理了一系列电子开发流程，如图 2-3 所示。

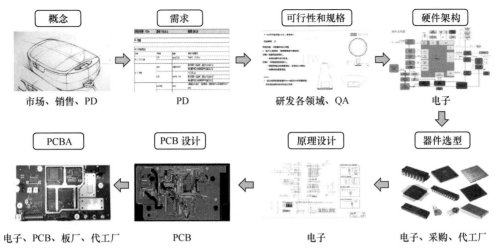

图 2-2　PCBA 的诞生流程

▶ 产品定义和架构设计阶段：

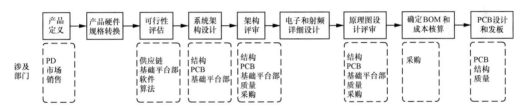

▶ 产品测试和生产阶段：

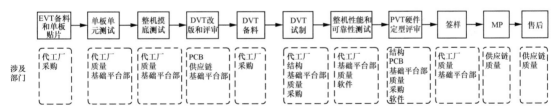

图 2-3　电子开发流程

2.2　电源设计

如果将硬件比喻成人体，则电源就相当于这个人的心脏。只有心脏稳定工作，整个人体系统才能正常运转。电子设备要完成许多高级的功能，因此，对其供电电源的精度、纹波、环境、动态响应能力等指标都有非常高的要求。而对于智能硬件产品，电源的设计需要有更高的要求，成本、供应、极限性能、封装兼容性、芯片工艺、不良率及设计余量等都要一并进行考虑，只有这样，才能设计出好的电源系统。

在电源的设计中，不仅要懂得其中的工作原理，还要对每一处细节进行把控，这样才能设计出高性价比、满足负载需求的电源。

2.2.1 案例详解

案例1 CC项目电池系统优化设计

【问题描述】

CC 项目是天猫精灵首款带电池、摄像头及 LCD，具备视觉能力的产品，它肩负着天猫精灵从仅支持语音向可支持视频通话业务拓展的重任，因此，对其整机待机及工作时长均有较高的要求。我们希望支持 ASR(Automatic Speech Recognition，自动语音识别）的音箱能够待机 11 ～ 15h，最大功率下播放 2 ～ 3h。业界带电池音箱的电池平均电压在 3.5V 时会关机，这虽然可以满足产品规格需求，但从电池特性上看，电池电压 3.5V 到 3.3V 还有约 20% 的电量没有被释放，挖掘此部分电池电量可以增加 25% 的时长，提升用户的使用体验。

【问题分析】

CC 项目为 5W 双扬声器设计，在最大音量工作时，电池输出峰值功率可以达到 100W以上，对应的峰值电流可以达到 25A 以上，特别是电池电量低时（电池电压平均低于 3.5V时），电池电流瞬间可以达到 28A，此时电路中会产生一个很大的电压降，电池实际输出到充电 IC 的电压只有 2.8V，这导致充电 IC 电池输入的电压接近 2.6V 的最低门限，如果电池电压继续降低，则会低于充电 IC 的输入的最小值，此时后级系统会产生断电风险，电池平均电压在 3.3V 时，即在最大功率工作时，电池电压会拉低到 2.2V 左右。因此，若希望电池平均电压能工作在 3.3V 时关机，则需要寻找一款能够工作在 2V 及以下的充电 IC，同时，后级系统 Boost 电源 IC 也需要达到 2V 以下。

【解决方案】

因产品待机时整机功耗较低，电池电压可以平稳工作在 3.3V 以下，待机状态下的产品不涉及电池电压跌落，这里重点解决低电量大功率音视频播放时，电池电压跌落造成的系统异常断电的问题。

为达成在大功率音视频播放时，电池电压能够工作在 2.2V 以下的目标，我们梳理了硬件电路系统电源树所有相关的器件，对关键瓶颈物料进行规格分析，确定需要进行规格升级的充电 IC 及后端 Boost 芯片，保证充电 IC 和 Boost 在电池电压为 2V 时正常工作，系统正常运转。

梳理充电 IC 各个供应商资源，发现现有充电 IC 的最低工作电压都超过了 2.6V，无法满足现在项目的需求。常规充电芯片电池最低工作电压范围如表 2-1 所示。

表 2-1　常规充电芯片电池最低工作电压范围

电池UVLO	电压上升	2.4V	2.6V	2.8V
	电压下降	2.2V	2.4V	2.6V

因此，我们通过梳理智能音箱电池场景需求规格，并与行业主流供应商进行技术交流，大胆决定采用芯片定制的方案来解决这个问题。最终评估，通过定制修改充电 IC 低电压门限，降低芯片内部 MOS 管（Metal-Oxide-Semiconductor Field-Effect Transistor，金属 - 氧化物半导体场效应晶体管，是 MOSFET 的缩写）关断电压门限，充电 IC 电池最低工作电压达到了 2V 以下，实现了我们的需求，同时相对原有充电 IC 方案，还降低了成本。供应商单独开芯片分支型号专供天猫精灵，将该芯片用在 CC 项目上，最终在 DVT 阶段完成了各项功能的验收。

增加定制规格后，电池最低工作电压范围发生变化，芯片规格书部分内容如表 2-2 所示。

表 2-2　芯片规格书部分内容

参数	测试条件	最小	标准	最大
VBAT_DPL_FALL	VBAT电压下降		2V	

Boost 电源的选择较多，且电池电压工作范围较宽，为了保证后端硬件电源系统的稳定性，结合项目需求，我们选择某公司的 Buck-Boost 芯片，将 PMU(Power Management Unit，电源管理单元) 输入电压固定在 3.6V，提升了系统稳定性及电源效率。

另外，在待机功耗场景方面，我们也做了部分优化。尽量使用 PMU 自带的 LDO(Low Dropout Regulator，低压差线性稳压器) 供电，将不同外设进行分类，常用外设与非常用外设挂在不同的电源树分支上，做到尽可能独立控制关闭，在某个外设不使用时及时关闭，以降低功耗，减少电池耗电。对 I^2C 总线上的设备也进行分类，将只读设备、只写设备及读写设备进行合理搭配，减少总线拥塞，提高总线读取速度，减少软件等待时间，降低总体功耗。

经过对电源供电和电池充电电路系统化的优化后，产品功耗大幅降低，ASR 时待机可以达到22h，静音时待机至少可以达到40h，视频播放时待机可以达到4.5h左右，远远超出规格需求。

【 意外插曲 】

CC市场反馈定制充电IC的烧毁概率较高，从供应商的分析和代工厂做的相关实验来看，这种情况是输入过压冲击导致的IC损坏，而原DC向小板电路输入时电路本来是有抗浪涌设计的，但由于种种原因，浪涌管被代工厂删减了，实际测试没有浪涌管的机器，最大只能抗140V电压，当电压达到150V时IC就被烧毁了。而加了浪涌管的机器电压可以达到280V。

然而代工厂增加浪涌管之后，发现充电IC烧毁比例仍没有有效降低，说明增加的浪涌管对充电IC的损坏情况并没有改善。通过供应商与研发人员多次分析及验证，确认造成这种情况的原因是部分偏上限适配器在插入器件时，有瞬时33μs时长、18V以上的电压产生，浪涌管无法快速吸收这个电压，器件高压损坏。

模拟适配器电压设定为13.2V，开机状态下插入DC电源，VBUS引脚概率性出现超过18V的超规格电压尖峰，且时间间隔为33μs。

最终可得到如下结论。

- DC板的浪涌管对瞬间直流噪声（尖峰高压）的抑制几乎没效果。
- 适配器plug（插头）的插入抖动（电压尖峰）在所难免（无吸收电路时）。
- 如果在DC接口浸水时被接入已带电的适配器，则瞬间会给VBUS带来较大过冲能量。

改善措施如下。

- 更换DC板的浪涌管规格型号，改善瞬间直流噪声（尖峰高压）抑制效果。
- 在充电芯片输入前端增加稳压管，吸收适配器plug的插入抖动（电压尖峰）。
- 以上措施在研发阶段验证后，还需要对器件进行批量验证，我们已在CC项目中采用这些措施，在未确认结论有效前，暂时禁用定制物料。新项目整机峰值功率较低，经评估，可使用B公司新替代型号物料来进行验证。

【 收获 】

攻克业界带电池音箱使用难题。CC项目采用低工作电压元器件，通过与供应商进行技术交流，我们采用定制充电IC的方案，虽然因浪涌管规格不匹配，以及适配器的插入抖动（电压尖峰）电压过高，带来充电IC损坏问题，但为了提升用户的体验，我们打破硬件边界设计局限，解决业界难题。CC项目在电池电量低（1%～20%）时，使用最大音量播放音视频，调整屏幕亮度为最大，可以做到整机不断音、不掉电，且在同等使用场景下，待机时长能够增加 25%，用户体验时间优于主流带电池音箱体验，同时也作为一次技术创新，为后续带电池产品积累了宝贵的设计经验。

案例2　方糖R项目使用某型号DC-DC，3.3V输出纹波过大

【问题描述】

2019 年初，方糖 R 项目带着普惠的使命，在设计之初就对电源做了精简设计。EVT 第一版设计时，使用 A 芯片使 12V 转 3.3V 静态纹波符合标准，但当负载工作时，纹波超过标准的 3%，纹波测试如图 2-4 所示。

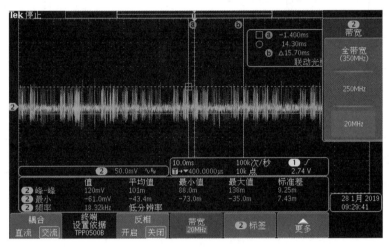

图 2-4　纹波测试

【问题分析】

造成纹波超标现象的原因主要有 3 点：一是滤波电路设计问题；二是环路稳定性问题；三是动态响应问题，我们可以一步一步进行排查。

硬件问题的排查思路很重要，不是想到哪里排查哪里，而是要有方法，否则实验效率低。排查要遵循的原则就是定性分析和定量测试。先将问题定性，明确是哪一种原因造成的问题，再去进行参数调整，在参数调整的过程中，要记得定量测试，不要引入过多的变量，否则会很难做判断。最关键的是要找到根本原因，如果整改问题的最后措施毫无逻辑，以及没有充分的证据支持，那么说明还没找到根本原因。电源电路原理图如图 2-5 所示。

首先检测滤波电路的设计，我们在输出端增加了不同容值大小的电容，发现纹波只有微小改善，说明纹波超标并不是滤波电路设计造成的。

其次检测环路的稳定性，将 DC-DC 输出端断开，并将 DC 端口与电子负载相接，进行

瞬态开关测试，测试得出环路是稳定的，当有负载变化时，并没有出现振铃等不稳定的情况。所以纹波超标也不是环路不稳定造成的。

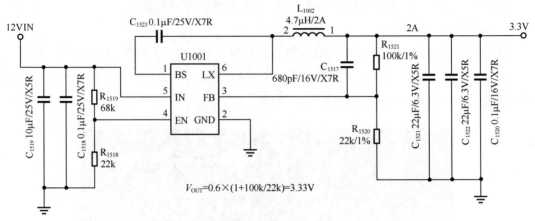

图 2-5　电源电路原理图

最后检测电路的瞬态响应。瞬态测试结果如图 2-6 所示。为了验证纹波超标是否是瞬态响应引起的，我们采用 ACOT（ Advanced Constant On Time，改进的固定导通时间）架构的 DC-DC 接到负载（ ACOT 架构的 DC-DC 瞬态响应更好），发现纹波瞬间变得很小，在 50mV 以下。至此，定性分析完成，可以确定纹波超标是瞬态响应过慢造成的。接下来进行定量测试。

该 DC-DC 可以调整电感和前馈电容。固定前馈电容不变，电感减小能提升瞬态响应性能，我们发现重载时纹波确实降到了要求以内，但是轻载时纹波变

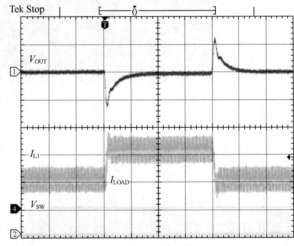

图 2-6　瞬态测试结果

大。这种情况符合电感特性，电感阻交流通直流，感值变小时虽然瞬态响应好，但是纹波电流一定增大，因此可以在输出端增加电容来降低此时的纹波，当输出端贴两个 22μF 的电容后，轻载与重载情况下的纹波都可以满足要求，这时问题解决了吗？对于追求极致成本的项目，显然这不是最优解，两个 22μF 的电容成本是不被我们接受的。

调整瞬态响应还可以固定电感大小不变，只调整前馈电容。规格书建议的前馈电容为

22pF，通常这个电容是在 20pF 左右，但在该容值附近进行调试时并没有改善纹波。为了定量测试，将该电容增大，当该电容增大到 680pF 时，重载和轻载的纹波都变得很小，符合标准要求。

至此，我们找到了解决方案，但是这结束了吗？并没有，修改前馈电容会影响环路稳定性，那么容值改为 680pF 是否有风险呢？于是需要原厂使用网络分析仪对其进行环路测试，最终测试结果通过。至此，该问题得到完美解决。

【收获】

问题解决思路得到提升。从上面的排查过程中，我们可以看到，定性分析及定量测试是非常重要的，定性分析可以找到导致纹波过大的原因，当找到这个原因后我们再去做定量测试，问题就很快并清晰地得到了解决。对于规格书中的建议值，其实不是一定要选择和它一样的，而是要懂得其中的原理，这样才能有更多的优化措施。

大部分高性能的电子设备对于瞬态响应是有一定要求的，特别是 Linux 或安卓平台的电源设计，瞬态响应设计尤为关键，在经过大量的实践与沉淀后，电子团队总结了一套设计方法论。

硬件设计必须将理论和实践相结合，每走一步都要进行闭环验证，避免方向上是正确的，但最终没得到想要的结果。

2.2.2　技术沉淀

1. 电源的选型

（1）LDO 的选型

LDO 的主要参数如下。

① 输出电压。

输出电压是低压差线性稳压器最重要的参数，也是电子设备设计者选用稳压器时首先应考虑的参数。低压差线性稳压器有固定输出电压和可调输出电压两种类型。使用固定输出电压稳压器比较方便，且输出电压是经过厂家精密调整的，所以稳压器的精度很高。但是其设定的输出电压数值均为常用电压值，不可能满足所有的应用要求，且外接元件数值的变化将影响稳定精度。

② 最大输出电流。

用电设备的功率不同，要求稳压器输出的最大电流也不相同。通常，输出电流越大的稳压器，它的成本越高。为了降低成本，在多只稳压器组成的供电系统中，应根据各部分所需的电流值选择适当的稳压器。

③ 输入输出电压差。

输入输出电压差是低压差线性稳压器最重要的参数。在保证输出电压稳定的条件下，该电压压差越低，线性稳压器的性能就越好。比如，5V 的低压差线性稳压器，只要输入 5.5V 电压，其输出电压稳定在 5V。

④ 接地电流。

接地电流（IGND）是指串联调整管输出电流为零时，输入电源提供的稳压器工作电流。该电流有时也被称为静态电流。通常较理想的低压差稳压器的接地电流很小。

⑤ 负载调整率。

负载调整率是指负载电流变化对输出电压变化的影响程度。其定义为输入电压不变时，负载电流的变化引起输出电压的变化与输出电流变化的比值。

负载调整率与误差放大器的放大倍数及调整管的跨导有关，为了减小负载调整率，可以提高输出电压变化和输出电流变化两个参数，如式（2-1）所示。

$$SL = \frac{\Delta V_{OUT}}{\Delta I_{OUT}} \times 100\% \qquad\qquad (2\text{-}1)$$

⑥ 线性调整率。

线性调整率是指输入电压变化对输出电压变化的影响程度。该值越小，LDO 的稳压能力越强。线性调整率定义为在恒定负载电流、温度等条件下，改变输入电压，输出电压的变化量与输入电压的变化量的比值。

线性调整率与功率调整管的跨导和导通电阻、反馈电阻、负载及误差放大器的增益有关。如式（2-2）所示。

$$SV = \frac{\Delta V_{OUT}}{\Delta V_{IN}} \times 100\% \qquad\qquad (2\text{-}2)$$

⑦ 电源抑制比。

LDO 的输入源往往有许多干扰信号，PSRR（Power Supply Rejection Ratio，电源纹波抑制比）反映了 LDO 对于这些干扰信号的抑制能力。

选型考虑因素如下。

① 电路应用时要确保 SOT-223 封装的 LDO 插入功耗小于 0.7W $[P=UI=(V_{IN}-V_{OUT}) \times I_{LOAD}]$。

② 3.3V 转 1.5V 电路，若负载电流小于 390mA，则可以用一个 SOT-223 LDO 供电，

若负载电流大于 390mA，考虑到散热，则需要换成 DC-DC 供电；5V 转 1.5V 电路，若负载电流小于 200mA，可以用一个 SOT-223 LDO 供电，若负载电流大于 200mA，考虑到散热，则需要换成 DC-DC 供电。

③ LDO 输入电压要小于 LDO 规格标注的最高输入电压。

④ 选择 IQ（Quiescent Current，静态电流）小的 LDO，建议 IQ 不大于 1mA。

⑤ 选择带有 OCP（Over Current Protection，过流保护）和 OTP（Over Temp Protection，过温保护）功能的 LDO。

⑥ 反向泄漏保护。在某些 LDO 输出端上的电压高于输入端电压的特殊应用中，反向泄漏保护可以有效防止电流从 LDO 的输出端流向输入端。如果忽视这点，这种反向泄漏则会损坏输入电源，特别是当输入电源为电池的时候。

⑦ PSRR：PSRR=20log$^{\{[Ripple(in)/Ripple(out)]\}}$，建议大于 40dB。

（2）DC-DC 的选型

① DC-DC Buck（降压）转换器的几种基本控制架构如下。

在一个完整的 Buck 电路（降压电路）中，检测反馈信号的方法多种多样，所以控制开关占空比的方法也有很多种，对 Buck 转换器的特性要求也不一样，这就导致了各种不同控制架构的出现。

● CM（Current Mode，电流控制）模式示意图如图 2-7 所示，其波形图如图 2-8 所示。

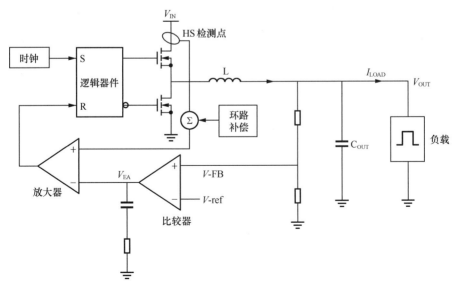

图 2-7　电流控制模式示意图

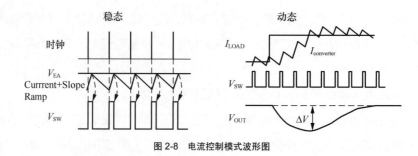

图 2-8 电流控制模式波形图

工作过程：通过对 MOSFET（Metal-Oxide-Semiconductor Field-Effect Transistor，金属－氧化物半导体场效应晶体管）功率开关的导通时间进行控制以实现对输出电压的调节，它有一个固定频率的内部时钟控制着其导通与关断，导通时间取决于电感峰值电流检测信号和误差放大器的比较结果。受较窄的系统带宽的限制，电流控制模式 Buck 转换器对瞬态负载的响应速度比较慢，所以它的输出电压跌落和上冲就会比较大，恢复过程也需要比较长的时间。

- CMCOT（Current Mode Constant on Time，电流模式固定导通时间）电路示意图如图 2-9 所示。

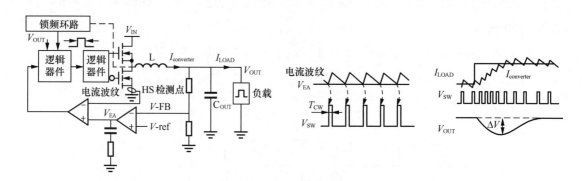

图 2-9 CMCOT 电路示意图

工作过程：CMCOT 型 Buck 转换器的 MOS 开关拥有固定的导通时间，通过对 MOS 开关关断时间的控制，调整输出电压（变相的调整频率）。这种架构中包含了误差放大器和电流检测电路，但关断时间取决于电感谷值电流的检测信号和误差放大器的比较结果。与电流控制模式相比，这种模式的转换器具有更宽的带宽，响应速度也更快。

- ACOT（Advanced Constant-On-Time，改进的固定导通时间）电路示意图如图 2-10 所示。

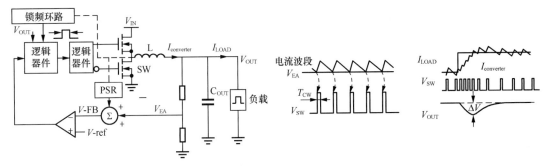

图 2-10　ACOT 电路示意图

工作过程：ACOT 的控制逻辑非常简单易懂，反馈电压和虚拟电感电流脉动信号相加以后与参考电压进行比较，当前者的幅度低于后者时，一次单稳态导通过程即被触发（触发信号在经过一个与最短截止时间相等的时间以后即被自动复位），上桥开关打开后，输入电压进入开关节点加到电感上，电感电流即线性增加；经过预设的固定导通时间以后，上桥开关关闭，续流开关打开，电感电流从最高点开始线性降低。与此同时，一个最短截止时间单稳态过程被触发，以防止在开关噪声持续期间另一次导通过程发生，并使反馈电压和电流感应信号可以被正确地获取。最短截止时间被保持在极短的状态，这样可以保证另一次导通过程可以在需要时被及时启动，以便满足负载的需要。

ACOT 型 Buck 转换器的特性：极快的瞬态响应速度；可以使用低 ESR（Equivalent Series Resistance，等效串联电阻）的 MLCC（Multi-layer Ceramic Capacitors，片式多层陶瓷电容器）作为输出电容；稳定的平均工作频率。请注意，它不使用电流检测电路和误差放大器，而是直接将检测到的输出电压和虚拟的电感电流脉动信号与参考电压进行比较，以决定何时需要唤醒下一次导通过程。

② FPWM（Force Pulse Width Modulation，强制脉冲宽度调制）和 PSM（Pulse Skip Modulation，脉冲跨周期调制）两种模式的差异如下。

FPWM 就是固定开关频率调制，调整脉冲宽度来实现不同电压和不同负载的调节。

优点：频率固定，对 EMI 控制有好处。相位补偿电路计算相对简单。

缺点：轻载时，开关频率不变，效率低；负载快速变化时，响应速度慢，输出纹波会比较大；需要增加斜坡补偿电路来提高稳定性，成本增加。

适用场景：适用于负载变化不大的场景。系统对特定频率干扰敏感，可以选择此固定频率的器件以避开特定频率。

PSM 就是固定脉冲宽度调制，调整开关频率来实现不同电压和不同负载的调节。

优点：轻载时，开关频率低，效率高；当负载电流快速变化时，响应速度快，电压跌落小，纹波抑制能力好。

缺点：因为开关频率的变化，有可能会带来 EMI 问题。

适用场景：适用于负载变化大的场景。

③ 自举电容的作用。

为什么需要自举电路？

由于 NMOS（N-Metal-Oxide-Semiconductor，N 型金属 – 氧化物 – 半导体晶体管）比 PMOS（Positive channel Metal Oxide Semiconductor，P 沟道 MOS 晶体管）的导通损耗更小，且 NMOS 的面积可以做得更小，因此大多数 DC-DC 采用的都是开关管 NMOS。而想要导通 NMOS，栅极电压必须要大于漏极电压，而漏极电压已经是整个系统中最大的输入电压了，因此栅极电压需要一个更高的电压，这时，就需要一个自举电路，让电荷泵得到更高的电压，自举电容即电荷泵的重要组成部分。自举电路示意图如图 2-11 所示。

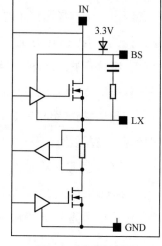

图 2-11　自举电路示意图

自举电路的工作原理为：在电路内部，一个 LDO 产生 3.3V 的电压，并通过一个二极管将其接到自举电容的一端，而自举电容的另一端接到 LX 端。控制器上电瞬间，其低位同步整流 MOS 管导通，LX 端被接到地，这时自举电容通过二极管和低位 MOS 管充电至 3.3V。当驱动器工作瞬间，驱动器的正公共端电压保持 3.3V，负公共端电压保持 0V。接着开关管被导通，V_{LX} 开始升高，此时驱动器的正公共端电压也被抬高，而 V_{LX} 越大，驱动器的正、负公共端的电压都会加大，其输出电位就越高，直到开关管完全导通，此时自举电容一端的电压为（$3.3+V_{IN}$）V，另外一端电压为 V_{IN}。接着，导通时间结束，低位 MOS 管开始续流，此时自举电容的 LX 端电压突变为 0V，这时 3.3V 内部电源又通过二极管给电容充电，整个过程就完成了一个控制周期。

④ DC-DC 选型需要考虑因素如下。

- DC-DC 的最大输入电压要高于实际输入电压的 20%，$V_{IN} \times 1.2 < V_{IN}\_rating < V_{IN} \times 2$。
- 输出最大电流 I_{MAX}：$I_{LOAD} \leqslant I_{MAX}(60℃) < I_{LOAD}+0.5$，保证 60℃ 环温下 DC-DC 持续输出有效电流大于等于负载的最大有效电流值 I_{LOAD}。

- OCP：OCP 保护点的电流要大于负载的最大峰值电流。
- 效率要求：选择轻载高效型 DC-DC。电路设计尽量选择低压差转换，提高 DC-DC 转换效率。
- 控制方式选择：动态响应性能 ACOT>CMCOT>FPWM，建议选择 CMCOT、ACOT 等以上的反馈控制方式。

2. 电源设计要求和注意事项

（1）原理图设计要求和注意事项

① DC-DC 在选型自举电容时，电容大小请参考产品规格书建议，同时要注意这个电容的耐压值不仅要大于输入电压，还要大于两倍的输入电压，这样才比较保险。其他位置的电容选型也要注意耐压值。

② 在选择反馈电阻时，要注意不能选择过小或过大的阻值，过小会产生不必要的损耗，过大会引入噪声且引起环路不稳，要按照产品规格书中的建议选取，同时要选择常用的阻值物料。

③ 有时序要求的电源注意预留 EN（Enable，使能）的时序调整电路。

（2）LDO 布局设计要求和注意事项

① LDO 电路元件布局设计要求如下。

- 常用两层板 FR-4，35μm 铜厚，承受电流至少需要满足每 1A 电流对应 40mil（1mil=25.4μm）线宽。电源走线如有换层，在换层连接处要放置多个过孔，保证连接与过流性能，过流能力按照 0.3mm 过孔通 600mA 计算。
- 在 LDO 输出的网络的附近放置容值为 2.2μF 以上的退耦电容。在多个 LDO 供电输入相同时，网络上多个电解电容的可以考虑共用。
- 为了保证调整电路有足够好的瞬态响应特性，LDO 调整器的带宽都比较高，这使得 LDO 容易发生振荡，除外围元器件对 LDO 产生影响外，实际电路的寄生参数也会对电路的频率响应特性产生影响，如 PCB 走线产生的寄生电感。所以在电路设计时，旁路电容应该尽量靠近元器件引脚，即引线长度尽量短粗。

② LDO 热设计注意事项。

LDO 插入功耗（ΔV×I）大于 0.3W 时，需要对其加背面散热铜皮，插入功耗（ΔV×I）大于 1W 时，如果压差大于 2V，则可以加插件功率电阻分摊功率；如果压差小于 2V，则需考虑更换散热更好的封装，如 TO252、TO263。

（3）DC-DC 布局设计要求和注意事项

① 走线宽度原则如下。

- 保证常用 2 层板至少需要满足的承受电流。保证连接与过流性能。

- 根据不同的 IC，相关电源走线要做相应的调整。

② 环路设计。

以 Buck 电路为例，开关管打开或闭合的瞬间，电流都会发生瞬变，开关管闭合时电源电路主要的电流路径如图 2-12 所示，开关管打开时电源电路主要的电流路径如图 2-13 所示，电流发生瞬变的迹线如图 2-14 所示（粗线条部分表示电流路径或迹线），迹线中会产生非常丰富的谐波分量的上升沿或下降沿。通俗地讲，迹线中产生瞬变的电流，就是所谓的"交流"，其余部分是"直流"。当然这里交、直流的区别不是传统教科书上定义的，而是指开关管的 PWM 频率，且只是"交流"FFT（Fast Fourier Transform，快速傅里叶变换）里的一个分量，而在"直流"里这样的谐波分量很低，可忽略不计。所以储能电感属于"直流"也就不奇怪了，毕竟电感具有阻止电流发生瞬变的特性。因此，在开关电源布局时，"交流"迹线是最重要和最需要仔细考虑的地方。

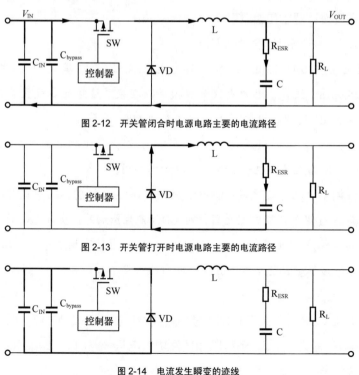

图 2-12 开关管闭合时电源电路主要的电流路径

图 2-13 开关管打开时电源电路主要的电流路径

图 2-14 电流发生瞬变的迹线

③ DC IC 封装说明。

DC IC 的封装有很多种类型，如果 DC 架构复杂并且 DC IC 本身封装复杂，会给电路带来更多干扰，导致布线难度增加，因此优先选择本身封装比较小型且简单化的 DC IC，如图 2-15（左）所示，这种封装 VIN 和 PGND 回路大，绕得远，IC 内部 GND 上的噪声多，并且会带来严重的 EMI 问题。图 2-15（右）所示的这种封装（UQFN）引脚短，且规划合理，输入回路最近，GND 上噪声低并且 EMI 抑制性能更好。

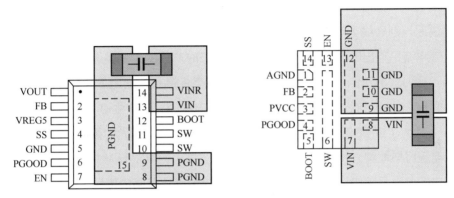

图 2-15　DC IC 的封装

④ DC-DC 模块布局的基本原则如下。

- 多个 DC-DC 模块间距离不要太近，太近会导致模块间散热较差，发热严重，输出能力下降，同时也会使模块间相邻开关频率的 EMI 增强。

- DC-DC 模块距离 SOC 端要尽量近，这样电源走线衰减小，并且引入的干扰也少，电源更干净，同时能确保 SOC 瞬时电流响应更加及时有效；但距离也不能太近，否则 SOC 的散热会导致 DC 发热严重。

- DC-DC 模块要稍微远离音频、视频、功放（包括模拟功放和数字功放）等模拟信号，避免其对模拟信号产生干扰。

- DC-DC 模块应尽可能地把所有外围元器件都紧密地放在 DC IC 的旁边，减少走线的长度，这是最理想的布局方式。

⑤ DC-DC 模块布线的基本原则如下。

串扰。平行走线距离过长时，导线间的互容、互感会将能量耦合至相邻的传输线上，造成线间串扰。对策如下。

- 加入防护布线或使用 3W 准则。为了减少线间串扰，应保证线间距足够大，当线中心距至少是线宽的 3 倍时，则可保持 70% 的电场不互相干扰，称为 3W 规则。如要达到 98% 的电场不互相干扰，则使用 10W 规则。

- 每走一段距离的平行线，增大两者间的间距，走线示意图如图 2-16 所示。

图 2-16　走线示意图

20nH 规则。25.4mm 长、50mm 宽、35μm 厚的铜导线在室温下的电阻为 2.5mΩ，若流过电流为 1A，则产生的压降是 2.5mV，不会对绝大部分 IC 产生不利影响。然而，这样的导线的寄生电感为 20nH，由 $V=L \times dI/dt$ 可知，若电流变化快速，则导线上可能产生很大的压降。典型的 Buck 电源在开关管打开 – 闭合时产生的瞬变电流是输出电流的 1.2 倍，闭合 – 打开时产生的瞬变电流是输出电流的 0.8 倍。FET（Field Effect Transistor，场效应管）型开关管的转换时间是 30ns，Bipolar 型开关管的转换时间是 75ns，这样的导线在流过 1A 瞬变电流时，会产生 0.7V 的压降。0.7V 相比于 2.5mV，增大了近 300 倍，所以高速开关部分的布局就显得尤为重要。

由于电源层与地层之间的电场是变化的，在板的边缘会向外辐射电磁干扰，这称为边沿效应。解决的办法是将电源层内缩，使电场只在接地层的范围内传导。以一个 H（电源和地之间的介质厚度）为单位，若内缩 20H 则可以将 70% 的电场限制在接地层边沿内；若内缩 100H 则可以限制 98% 的电场。

接地。

- 电源与地线层的完整性规则。对于导通孔密集的区域，要注意避免孔在电源和地层的挖空区域相互连接，形成对平面层的分割，从而破坏平面层的完整性，进而导致信号线在地层的回路面积增大。

- 重叠电源与地线层规则。不同电源层在空间上要避免重叠。主要是为了减少不同电源之间的干扰，特别是一些电压相差很大的电源之间，电源平面的重叠问题一定要设法避免，难以避免时可考虑中间隔地层。

器件去耦规则。

- 必要的去耦电容，可以滤除电源上的干扰信号，使电源信号稳定。去耦电容的布局及电源的布线方式将直接影响整个系统的稳定性。

- IC 去耦电容的布局要尽量靠近 IC 的电源引脚，并使之与电源和地之间形成的回路最短。

- 电源输入：路径为先经输入电容，再接内部电路。

- 电源输出：路径为先经过输出电容，再到输出端。

- 电源至 IC: 路径为先经旁路电容，再到 IC。

⑥ DC-DC 输入端布局与走线。

- 输入端不同大小的输入电容尽可能靠近 VIN 和 GND，最小的电容器最接近节点。一般的 DC 输入电容的容值为 10μF、0.1μF。

- 输入开关回路中有很高的瞬变的电流迹线，因此输入开关回路长度要尽可能小。

- 走线方式用铜皮设计，走线布置为多边形并尽可能用粗线铜皮，这样能有更好的折角设计和边沿设计。

- 要尽量多打过孔到地上，减少寄生电感，增强耦合。

⑦ DC-DC 电感布局与走线。

在开关稳压器的布局中，考虑交流路径是非常必要的，而直流路径则显得不是很重要，这是基本原则。降压转换器的交流变化部分，在开关关断过程中，大约有 1.2 倍的负载电流，而在开关导通的过程中约有 0.8 倍的负载电流。

- 非屏蔽电感会产生大量杂散磁场，可辐射到其他环路或滤波元器件中。在噪声敏感的应用中，要尽量使用全屏蔽电感器，避免电感上的强辐射干扰到开关信号或其他控制信号，敏感信号和线圈应远离感应器。

- LX/SW 是高频率的节点，其辐射强度最大，电感要尽可能靠近 DC 的 LX/SW 开关引脚，功率回路、驱动回路应具有最短路径及最小环路面积，LX 端在满足散热要求的条件下，尽量保持最小环路面积，DC-DC 连接到电感的走线要尽可能短，并用适当的宽度。

- 要让模拟元件等敏感元件远离这段走线，防止相邻导线间的干扰，防止杂散电容拾取噪声。

- 输出电感，输出储能电容尽量靠近 DC-DC 放置，尽可能保证输出环路小。

⑧ DC-DC 输出电容布局与走线。

- 为了获得更高的转换效率及抗干扰能力，输入电容、电感、输出电容要尽可能靠近 DC-DC IC 摆放。

- 在高频电路中，旁路电容或去耦电容很小，且放置在离 IC 的 VIN 和 GND 管脚越近越好。

- 当使用平面层地层时，尽量使输入开关回路的地与平面层的地连接可靠，用大过孔。

- 任一走线把 DC IC 的铺地隔断、隔开，都会导致地连接性不好，对 DC-DC 的稳定性产生影响。

输出电感、输出储能电容尽量靠近 DC-DC 放置，尽可能保证输出环路小。

⑨ DC-DC 反馈环路设计。

- 如果是近端反馈，则反馈点从输出电容后端取；如果是远端反馈，则反馈点从远端电容处取。

- 反馈信号走线应该尽量短。芯片核电压的 DC-DC 要尽可能地靠近主 IC。如果有条件，反馈走线尽可能包地，并从 IC 的正下方 VDDC 处取。

- 反馈电压的地与系统的地尽量靠近，保持在一个电位上。

- 阻抗越高的地方，越容易被干扰。反馈元件靠近 DC 端摆放，并且反馈电阻的线尽量远离电感，可以减少反馈环路噪声的吸收。

⑩ 小信号环路设计。

- 小信号区的走线要远离电源输入输出大功率开关、强干扰开关信号网络。

- 从 BS（自升压脚）到 LX/SW 之间的走线有很高的瞬间交流电压，可能给电路带来较强的 EMI 辐射，因此这个走线需要非常短并且需要用细线，同时要远离 FB（电压反馈）等敏感信号。

- 小信号的接地点要远离功率开关的地，比如 VIN、VOUT 的地，且最好是干净的低噪声地面点。

- 信号线要少打过孔，任何过孔都会导致信号线阻抗增加，DC-DC 本体下面的顶层不要走线。

⑪ VIA（过孔）设计。

- 信号线要少打过孔，任何过孔都会导致信号线阻抗增加。

- 用几个并行的过孔比使用一个过孔的效果要好，并且大的过孔直径还可以进一步增大。

- 过孔可用于将去耦电容和 IC 接地连接到接地平面上。

- 过孔电感的范围在 $0.1 \sim 0.5$nH。

⑫ 散热设计。

为最大限度发挥 DC 的输出带载能力和稳定性，做好散热设计非常重要，相关注意点如下。

- PGND（电源接地）引脚周围的地应在表层尽量铺大并打过孔连接至其他地层，助于散热。

- 4 层板散热优于 2 层板，中间层接地，地层之间多打过孔助于散热。

- DC-DC 本体下面的顶层不要走线，顶层用大面积铜皮并开阻焊窗口时，对应的底层也一并开阻焊窗口，加强散热。

- IC 的 GND ball(BGA 封装芯片的引脚，为球形) 都尽量拉出，并和外部的 GND 相连，IC 正下方尽可能多打 GND 过孔，利于散热。

- 不要在关键回路的元件布局中使用热泄放，它们会产生额外的电感。

（4）主板电源电容的选择与放置参考

① 供电网络有用到 LDO 的，输入端放置 1 个 0.1μF 的电容。

② SPI(Serial Peripheral Interface，串行外设接口)Flash 的 DC-DC 为 3.3V，输出端选用 1 个 10μF 和 1 个 0.1μF 的电容，Flash 下放置 1 个 2.2μF 和 2 个 0.1μF 的电容，SOC 端放置 1 个 0.1μF 的电容。

③ DDR 供电，DC-DC 输出选用 1 个 4.7μF 的电容，DDR 和 SOC 下 2 个相邻的 ball 选用 1 个 0.1μF 的电容，非相邻的 ball 中每颗 ball 下放置 1 个 0.1μF 的电容。

④ DC-DC 供电输入选用 1 个 10μF 和 1 个 0.1μF 的电容。

⑤ DC-DC 输出端每 1A 的电流用 1 个 10μF 的大电容搭配 1 个 0.1μF 的小电容，输出端到 IC 端每 2 颗相邻的 ball 选用 1 个 0.1μF 的电容，非相邻的 ball 中每颗 ball 放置 1 个 0.1μF 的电容，电流较大线路上，DC-DC 输出端建议放置 1 个 22μF 的电容，并且在 IC 下放置 2 个 10μF 的电容。

⑥ DDR 电源线路的瞬态电流比较大，纹波较大，在 IC 的下方放置 1 个 10μF 的电容，每相连的 2 颗 ball 放置 1 个 0.1μF 的电容，非相邻的 ball 中每颗 ball 下放置 1 个 0.1μF 的电容；在靠近 DDR 的入口，每个 DRAM 放置 1 个 10μF 的电容。

⑦ QFP(Quad Flat Package，方型扁平封装) 封装的芯片，在靠近 IC 电源总入口，建议放 1 个 10μF 的电容，每个靠近 IC 的引脚放 1 个 0.1μF 的电容。

⑧ IC 电源入口靠近 IC(包括 SOC，DDR，EMMC，nand) 处，预留 1 个 2.2μF 的电容作为纹波调试位置。

（5）减小电源纹波设计方法

① 输出端搭配不同容量的瓷片电容，大容量电容稳定输出，小容量电容滤掉高频纹波。

② Layout 上注意 DC-DC 尽量靠近负载端，如果两者距离较远，走线上的寄生电感的影响则不容被忽视，负载动态变化时，纹波就会变大。

③ 原理图：为了补偿走线上的寄生电感、电容带来的相位时延影响，在靠近功率电感输

出端，加入前馈电容做环路补偿，以提升响应速度，达到降低输出纹波的目的。

④ 控制架构的选择。在设计初期，就要选择好合适的 DC-DC 控制架构。DC-DC 控制架构应用在 CPU 或 DDR 供电上，若负载瞬态变化快，则需要选用 ACOT 控制架构的 DC-DC，因为它的响应速度快，对改善纹波非常有帮助。

（6）提高瞬态响应设计方法

影响瞬态响应的因素包括：控制模式、前馈电容、输出电容、输出电感。

① 控制模式。

低压系列的 DC-DC，CMCOT 瞬态响应明显好于 COT，有更优的瞬态性能。

中压系列的 DC-DC，ACOT 瞬态响应明显好于 PSM，有更优的瞬态性能。

② 前馈电容。

3.3V 转 1.5V 情况下，前馈电容对瞬态响应有所提升，但不会提高很多。

12V 转 1.1V 情况下，前馈电容对瞬态响应基本没有影响。

12V 转 5V 情况下，前馈电容对瞬态响应改善明显。

因此，前馈电容对高电压、高电流这种占空比较大的输出情况，瞬态响应改善明显，而对于 12V 转 1.1V 这种情况，基本没有任何改善，此时，如果使用 ACOT 架构，那么前馈电容可以省掉。

③ 输出电容。

电容不仅可以减小纹波，也可以提高瞬态响应，但是代价较高。在相同的纹波要求下，更好的控制模式可以节省电容，从而节省成本。

④ 输出电感。

电感越大，电流纹波和电压纹波就会越小，但是动态响应变得较差，在瞬态较高的负载下，纹波可能更大。建议选取电感时，不要过多大于通过式（2-3）得到的值。

$$L=V_{OUT} \times (1-V_{OUT}/V_{IN\_MAX})/F_{SW} \times I_{LOAD\_MAX} \times 30\% \qquad （2-3）$$

2.2.3 小结

天猫精灵在电源设计方面同样积累了大量的宝贵经验，稳定的电源给系统提供了稳定的性能，在该阶段主要从极限环境稳定性能和极致成本这两方面来综合考量。

极限环境稳定性。对电源在温度为 60℃ 的环境下的输出能力进行评估，总结出了一套准确评估的方法论，让产品在极限环境下也能稳定工作。

极致成本。主板上电容放置规则的制订，让主板上每一个电容的放置都有理有据，拒绝冗余，达到极致成本，在相同方案下主板电容数量比竞品降低了 10%。

2.3　LED设计

一个 LED 的应用简单吗？如果只让一个 LED 亮起来那很简单，在 LED 两端加上电压，用电流驱动即可。然而当一款产品拥有上百个LED组成显示矩阵屏，24h点亮显示时间及动画，持续 3 年，还能保持它最初的亮度，并且还能做到亲民的价格，这件事情就变得没那么容易了。

在 LED 组成的矩阵屏当中，整块屏幕的亮度一致性、色温、温升、静电防护、长时间点亮的可靠性、寿命、亮度衰减控制，以及成本控制等，这一系列的问题都要经过严谨设计及验证，任何一项出了问题都会导致产品的失败。

2.3.1　案例详解

案例　IN糖智能音箱点阵屏设计

【问题描述】

IN 糖智能音箱在方糖基础上增加一个信息显示功能，如图 2-17 所示。它给用户带来更好的交互体验，从日活数据上来看，这块屏确实做到了。2019 年初天猫精灵 IN 糖项目开始立项研发，经过多轮的评估及采购的报价后发现，点阵屏的价格最接近产品经理对这块屏的期望成本，但是也超过期望成本很多。如果产品经理的期望能达成，那么产品不仅可以实现盈利、提升议价能力，同时也能给用户带来普惠的价值，但这块屏既要考虑亮度一致性，又要保证在三年的常亮使用下，

图 2-17　IN 糖智能音箱

也不会有明显的亮度衰减，这如何做到？

【问题分析】

电子团队对 LED 的每项参数进行了一系列的深入研究。

第一步，确定灯的数量。这个取决于我们要显示哪些内容，综合显示效果和数量，最终确定 85 个白色灯作为显示，1 个红色灯作为静音提示。显示的内容包括表情符号、音乐律动、提示符号等。显示内容仿真如图 2-18 所示。

	1	2	3	4	5	6	7	8	9	10	11	12	13	14	15	16	17
1		■		■		■	■	■	■			■		■			■
2		■		■		■			■			■	■		■		
3	■			■		■			■			■			■		■
4		■		■		■		■	■			■		■			■
5																	

	1	2	3	4	5	6	7	8	9	10	11	12	13	14	15	16	17
1	■	■		■		■	■	■	■	■	■		■		■	■	■
2		■				■		■		■		■		■		■	
3		■		■		■		■		■	■			■		■	
4			■			■		■		■		■		■		■	
5																	

图 2-18　显示内容仿真

第二步，确定 LED 的封装。通过跟多家供应商沟通，我们了解到目前价格占优势的封装为 0603。

第三步，确定 LED 的色温。这时需要与 ID 和结构团队沟通。色温不同，显示效果也是截然不同的，使用太冷的光用户会感觉到刺眼，使用太暖的光用户会感觉发黄，而且不同的结构设计对色温影响很大。

拿到不同色温样品后，与 ID 和结构团队一起评估，确定色温的中心，最终将其设置到 4500K。而色温的范围也与成本有关，通常需要供应商先试产一批后，才能得到合适成本的色温范围，同时要求在这个色温范围内，两边的边界样品不能有明显的视觉差异，否则在点阵屏中就能看到色温差异，色温选择如图 2-19 所示。结合效果和成本，我们规定了 4200 ～ 4800K 的一个色温总范围，但将 4200K 和 4800K 的 LED 放到一起，还是能够看到差异，这时就需要分 bin 区。将 4200 ～ 4800K 平均分成 3 个 bin 区，每个 bin 区只有 200K 的色温差异，一块 LED 屏幕上面只贴一种 bin 区的 LED。这样就在一块屏幕上解决了色温差异问题，同时兼顾了成本。

图 2-19　色温选择

第四步，确定驱动电流。驱动电流的确定需要考虑对 LED 亮度、温升、寿命的影响。电流增大，亮度提高，温升提高，寿命就下降，温升和寿命就有可能不满足需求；而电流减小，亮度降低，温升下降，寿命提高，亮度就有可能不满足需求。因此，需要对整机进行多次综合测试，得到最合适的电流，这个电流参数要兼顾亮度、温升、寿命。当我们提供给供应商电流及引脚的温升数据后，供应商就可以预估寿命的函数曲线，如图 2-20 所示，当然，这个只是前期的粗略预估，后面还有 LED 老化实测。

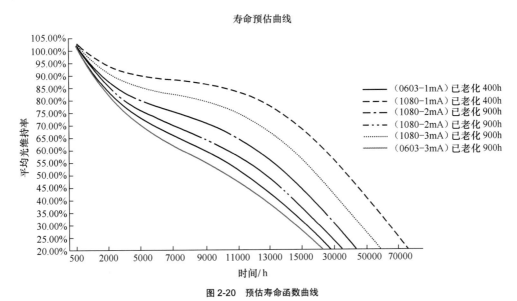

图 2-20　预估寿命函数曲线

第五步，确定 LED 灯的亮度范围。当整个 bin 区亮度的范围过宽时，LED 贴到同一块板上会出现显示不均匀现象，用户甚至认为是显示出了问题，而亮度范围过窄成本又会升高。我们需要让厂家先做一批料来确定这个亮度范围，拿到亮度范围的边界样品后将其贴到同一块板上对比并确认，不能有明显的视觉差异。根据对亮度、温升、寿命的权衡，初步得到的电流结果是 5mA（因为采用占空比形式，平均电流为 1mA，瞬间方波为 5mA），最终亮度范围确定为 300 ～ 420mcd。亮度范围分两个 bin 区，分光代码的划分如表 2-3 所示，与从供应商处拿到的边界样品贴到一块板子上进行对比，确认 LED 的亮度没有明显视觉差异。至此亮度确认完成。

表 2-3　分光代码的划分

分光代码	亮度		单位	正向电流
	最小	最大		
K	300	360	mcd	5mA
L	360	420		

第六步，确定 VF（LED 的工作电压），当使用较低电压驱动 LED 时，需要严格考虑

VF，要使 LED 两侧的电压达到规格书的最大要求。

第七步，确定可回流焊次数至少要达到两次。

第八步，测试 LED 抗 ESD 性能，竞品选择 8kV 高抗 ESD 的 LED，我们选择的是 2kV 的 LED，之所以我们可以选择仅有 2kV 的产品，是因为我们对于 ESD 的设计有足够的经验，通过结构及硬件系统设计，我们可以保证整机的性能达到空气放电 15kV，接触放电 8kV 的标准。

最后，光衰寿命对于需要长时间点亮的产品来说是一项很重要的评估，IN 糖智能音箱有 24h 点亮的时间显示屏，它的光衰要求为一年衰减 25% 以下，三年衰减 50% 以下。可以通过提供给供应商电流数据和温升数据来进行光衰曲线预估，并且在方案评估时就要开始老化实验，预估光衰测试时长要达到 1000h 以上，也就是需要 42 天，预估数据才较准确。对于快速迭代的互联网硬件产品，这个时间产品其实已经进入 DVT 阶段。

什么会影响 LED 的光衰寿命呢？这与外壳材质，Die 的面积（封装前的面积）、板材、Bonding 线（将芯片内部电路板与封装引脚连接的引线）材质有关。IN 糖智能音箱的外壳材质主要是环氧树脂，在这种材质中可以掺入硅胶，增加硅胶量可以优化光衰寿命，因为硅胶可以降低荧光粉的老化速度，但是硅胶过多会影响 LED 的硬度，外壳容易被损坏。Die 如果选择美系，则成本较高，如果选择国产，则可以降低成本，IN 糖智能音箱选择国产。板材分成金板和银板，银板的亮度大，价格也便宜，但散热没有金板好，如图 2-21 所示。Bonding 线材有铜线和合金线，通常选择合金线，通过与厂家沟通，定制上述参数，

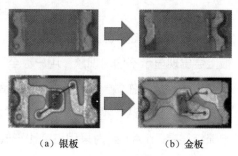

（a）银板　　　　　（b）金板

图 2-21　LED 板材

产品达到性能和成本的平衡。最终单个 LED 成本做到了竞品的 1/3。

一个 LED 的选型已经结束了，但 LED 点阵屏是一个系统性的设计，特别是对于光衰寿命的设计，LED 的选材和电流确认，只保证了性能刚好能满足品质的要求，但是对于产品设计而言，光衰寿命是需要有 20% 余量的，这 20% 余量从何而来？这就要靠系统性设计。

系统性设计第一步。调整灯板结构均光片的透光率。均光片会使亮度大幅度衰减，但会让光更加均匀，为了只用 1mA 的平均电流就能使产品达到满意的亮度，我们需要调整均光片的透光率。灯板结构均光片如图 2-22 所示。

系统性设计第二步。使用 14 阶的调光，软件通过读取光感参数，来调节 LED 的电流。

这不仅提升了用户体验，而且在使用中，LED 电流也不会一直处于最大状态，大大地增加了 LED 的亮度寿命。光感联动调光如图 2-23 所示。

图 2-22 灯板结构均光片

图 2-23 光感联动调光

可以看出，长时间点亮的 LED 设计并不是一件简单的事情，这不仅需要硬件团队对技术参数了如指掌，还需要准确的实验评估，以及系统性的设计，这样才能达到期望的性能和成本。有些人说，为什么不直接选择较好的 LED，这样不就省了很多事情吗，成本有那么重要吗？没错，成本是一个因素，更重要的，这是研发人的一个态度，天猫精灵硬件研发团队喜欢挑战，勇于挑战！

【收获】

目标成本达成。通过对 LED 的降规格定制及采用系统性设计，我们最终达成了预期的成本目标，同时保证了品质及用户体验。最终单个 LED 成本做到了竞品及采购第一轮报价的 1/3！而节省的成本，也直接反馈到给用户的普惠价格上。

2.3.2 技术沉淀

1. LED的选型

（1）LED 的颜色

LED 的颜色是很重要的一项指标，是每一个 LED 相关产品必须标明的，目前 LED 的颜色主要有红、绿、蓝、青、黄、白、琥珀等颜色，白色 LED 在选型时要注意色温的确定。

（2）LED 的电流

绝大多数 LED 的 IF（正向电流）为 20mA。LED 的发光强度仅在一定范围内与 IF 成正比，当 IF 大于 20mA 时，亮度的增强已经无法用肉眼分辨。因此，LED 的最大工作电流一般选在 17 ～ 19mA 比较合理，这是对普通小功率的 LED（0.04 ～ 0.08W）来说的，有些高亮的 LED 除外（额定值在 40mA 左右）。随着技术的不断发展，大功率的 LED 也不断出现，如 0.5W 的 LED（IF=150mA）、1W 的 LED（IF=350mA）、3W 的 LED（IF=750mA）等。

（3）LED 的电压

我们通常所说的 LED 的电压是 LED 的正向电压，就是 LED 的正极接电源正极、负极接电源负极时的电压。电压与颜色有关，红、黄、绿的 LED 电压在 1.8 ～ 2.4V，白、蓝、绿的 LED 电压在 3.0 ～ 3.6V，同样一批 LED 的电压也会有一些差异，要根据厂家提供的规格书为准。当外界温度升高时，VF（Forward Voltage，正向电压）会下降。

（4）LED 的反向电压

LED 所允许加的最大反向电压。超过此值，发光二极管可能因被击穿而损坏。

（5）LED 的色温

LED 的色温以绝对温度 K 来表示，即将一标准黑体加热，当温度升高到一定程度时，颜色开始由深红向浅红、橙黄、白、蓝逐渐改变，当某光源与黑体的颜色相同时，我们将黑体此时的绝对温度称为该光源的色温。相关色温实际上是以黑体辐射接近光源光色时，对该光源光色表现的评价值，并非一种精确的颜色对比，故有相同色温值的两个光源，可能在光色上仍有些许差异，仅凭色温无法了解光源对物体的显色能力。不同环境下的色温如表 2-4 所示。

表 2-4　不同环境下的色温

光源	色温
北方晴空	8000～8500K
阴天	6500～7500K
夏日正午阳光	5500K
下午日光	4000K
冷色荧光灯	4000～5000K
高压汞灯	3400～3700K
卤素灯	3000K
钨丝灯	1950～2250K
蜡烛光	2000K

光源色温不同，光色也不同，色温在 3000K 以下有温暖的感觉，色温在 3000 ～ 5000K 为中间色温，色温在 5000K 以上有冷的感觉。

（6）LED 的使用寿命

LED 在一般说明中，都是可以使用 50000h 以上的，还有一些生产商宣称其 LED 可以工作 100000h 左右。这方面主要的问题是，LED 并不是简单的不再工作，它的额定使用寿命不能用传统灯的衡量方法来计算。实际上，在测试 LED 使用寿命时，不会有人一直待在旁边等着它停止工作。

LED 之所以持久，是因为它不会产生灯丝熔断的问题。LED 不会直接停止工作，但它会随着时间的流逝而逐渐退化，平均光维持率变化曲线如图 2-24 所示。有预测表明，高质量的 LED 在持续工作 50000 h 后，还能维持初始灯光亮度的 60% 以上。假定 LED 已达到其额定的使用寿命，实际上它可能还在发光，只不过灯光非常微弱罢了。要想延长 LED 的使用寿命，就必须降低或完全驱散 LED 芯片产生的热能，因为热能是 LED 停止工作的主要原因。LED 的寿命与 LED 的芯片、LED 的驱动、外壳材质、温度等因素有关，选型时要预估工作温度和实际应用场景需求。

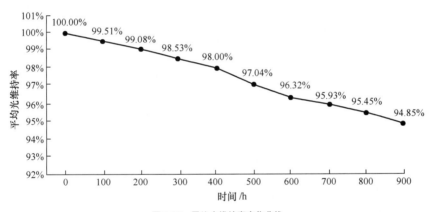

图 2-24　平均光维持率变化曲线

（7）LED 发光角度

二极管发光角度就是其光线散射角度，主要靠二极管生产时加散射剂来控制，有以下三大类。

① 高指向性。高指向性 LED 一般为尖头环氧封装，或是带金属反射腔封装，且不加散射剂。发光角度不超过 20°，具有很高的指向性，可作局部照明光源用。

② 标准型。通常作指示灯用，其发光角度为 20° ～ 45°。

③ 散射型。这是视角较大的指示灯，发光角度为 45° 以上，散射剂的量较大。LED 的发光角度是 LED 应用产品的重要参数，请务必重视这个参数。

（8）LED 抗静电能力

消费类产品使用的 LED 抗静电等级一般要求 2kV HBM，如果外围及结构设计抗静电能力不足，则需要使用高抗静电的 LED 产品。

2. LED使用注意事项

LED 有着独特的优势，但 LED 是一种脆弱的半导体产品，所以我们在应用 LED 产品的时候要做好设计。

（1）应使用直流电源供电

应采用直流电源给 LED 供电，切记采用交流方式，驱动方式优先采用恒流方式，以保证亮度的一致性。

（2）做好防静电措施

LED 产品在加工生产的过程中要采用一定的防静电措施，如工作台要接地，工人要穿防静电服装，戴防静电环，以及戴防静电手套等，有条件的可以安装防静电离子风机，同时也要保证车间的湿度在 65% 左右，以免空气过于干燥产生静电，尤其是绿色的 LED，相对而言它更容易被静电损坏。另外，不同档次的 LED 抗静电能力也不一样，高抗 LED 抗静电能力要强一些。

（3）LED 的工作温度

要注意温度的升高会使 LED 内阻变小，若使用稳压电源供电会造成 LED 工作电流升高，当超过其额定工作电流后，会影响 LED 产品的使用寿命，严重的将使 LED 光源烧坏，因此，最好选用恒流源供电，以保证 LED 的工作电流不受外界温度的影响。LED 的工作温度是影响 LED 寿命的最重要的因素，请重视。

（4）LED 的电流不能超过最大的 IF 电流

过流工作会使 LED 寿命下降，如果超出过多，就会瞬间将 LED 烧坏。

（5）焊接温度

焊接温度在 260℃ 左右，时间控制在 5s 以内。

3. LED光衰寿命评估

在有长时间点亮需求的应用下，例如点阵屏，要严格进行 LED 的光衰寿命评估。评估流程如下。

（1）确认应用需求

与 PD 确认清楚实际使用场景，根据器件规格参数、成本、推荐使用场景等综合选型。如有小夜灯和时间显示常亮需求，则要提高对光衰寿命、不良率的要求，阿里的标准是 10000h 持续点亮时，光衰在 25% 以内，3 年光衰在 50% 以内。

（2）亮度和色温的 bin code（分光代码）确认

① 与 ID 初步确认亮度和色温。

② 索取 LED 厂家最优成本允许内的 bin code 边界样品，并提供各 bin code 分布比例（包括不同亮度，不同色温的边界样品）。

③ 将 LED 调整到满足 ID 需求亮度的电流，用边界芯片与 ID、PD 一同确认效果，保留样品。

（3）实际工作温度评估

在整机中，实际测试 LED 引脚在最大功耗工作场景下的温升，室温按 40℃ 计算，得到工作老化温度。

（4）提供温度和电流值给 LED 厂家做老化测试和寿命预估计算

实际测试引脚温度为 60℃，与 ID、PD 确定效果，对应的 LED 电流为 2mA。若场景时钟常亮，则需满足 60℃ 环境温度、2mA，10000h 光衰在 25% 以内，3 年光衰在 50% 以内。

（5）不良率保证

长时间点亮 LED，1 年内不能有不亮的不良情况，这需要与厂家签订品质协议。

（6）保证亮度一致性的最低电流

在需要调节亮度的产品里，要注意该项的确认，保证亮度一致性的最低电流，要与厂家确认并写到规格书里，规定好该电流下亮度的范围，同时申请边界样品并进行确认。如果实际的需求小于厂商的最小数值，则可以让厂商增加出厂筛选条件。

2.3.3　小结

成本极致，品质不打折。对于 LED 的研究，电子团队深入每一项参数、特性及工艺。IN 糖智能音箱单个灯的成本做到了行业竞品的 1/3，而效果和品质丝毫没有打折，在上百个灯的应用需求下，成本大幅度降低，最终产品的成本达到了预期目标，为产品的普惠贡献了力量。在产品研发中，我们会继续发扬这种工匠精神，将天猫精灵的每一个细节做到极致。

2.4　触控按键设计

科技发展不断推陈出新，触控按键以其美观、可靠、简洁等特性进入了各式各样的电子产品中，受到越来越多的消费者的青睐。在冰箱、燃气罩、电磁炉、音箱等这些家庭消费类产品中，触控按键的应用已十分普遍。但触控按键在设计上有很多难点，误触、失灵等问题时有发生。针对触控按键，通常使用 FR4 硬板来设计，同时要求外观平整、非曲面、ID 不能超出模型范围，但天猫精灵就有所不同。

天猫精灵美妆镜项目周期短，ID 外观有大曲面，触控按键彼此距离近，扬声器腔体小，是天猫精灵第一个采用曲面触摸按键设计的项目。一系列难点摆在面前，按键的触控距离最小能做到多少？单个按键的触控面积要做到多大？触控按键结构如何做？如何测试触控按键？面对这些未知的问题我们没有退缩，为了做出让用户体验极佳的产品，我们一直在努力！

2.4.1　案例详解

案例　美妆镜项目触控按键自动误触MUTE（静音）键

【 **问题描述** 】

美妆镜定义了 4 个触控按键，如图 2-25 所示，有加、减亮度键，以及开关和静音键。项目前期硬件评估风险时，ID 已经封版，不可再更改，此时距离量产交付时间不足 5 个月。该产品在 EVT 阶段出现了 MUTE 键在播放音乐时低概率误触，导致音乐暂停的现象。

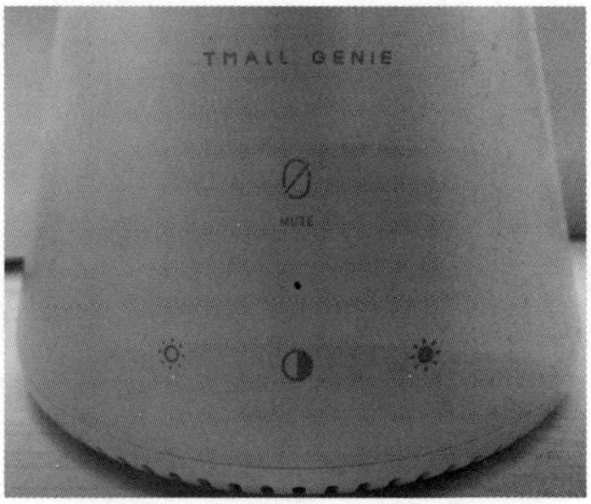

【 **问题分析** 】

出现误触现象，我们最开始怀疑是结构设计问题，

图 2-25　美妆镜触控按键展示图

因为触控采用 FPC，而 FPC 与外壳接触紧密度会存在一致性问题。

拆机试验后，误触问题仍有发生。于是我们开始从硬件的角度去分析问题。

误触说明系统检测到有触摸的动作，也就是在按键处产品感应到有电容的变化，且变化量超过判定门限。优化前底噪测试图如图 2-26 所示，通过监控软件可以看到按键的底噪最大有 100，而判定触摸的门限设定为 140，余量很小，所以我们怀疑是底噪的问题。

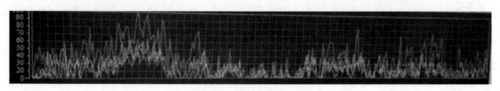

图 2-26　优化前底噪测试图

那该如何解此问题？

思路一：抬高门限，并将底噪的余量拉大，过滤掉误触点。

思路二：降低整体底噪，然后加大余量，避免误触。

在尝试抬高门限时发现，当快速触摸或小面积触摸按键时，按键反应迟钝，客户体验差，于是我们便开始尝试思路二。

通过查看 FPC 走线，对比几个按键后发现 MUTE 键在这几个按键的中间，触摸面积比其他几个键要小，同时走线和 GND 距离触控区域很近。根据电容触控原理和电路基础知识我们了解到，GND 对触控电容的影响较大，于是我们先采用裁剪的方式，把 MUTE 键附近的 GND 和走线减掉，减掉后发现 MUTE 键的底噪神奇地降了一大截，只有 45，而且 MUTE 键本身的灵敏度也有很大提升，如图 2-27 所示。

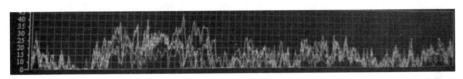

图 2-27　优化后的底噪测试

经分析，底噪偏大的原因是检测焊盘离 GND 过近，于是我们开始修改 FPC，把 MUTE 键周围的 GND 拉远后重新打样，经验证，结果良好。PCB 线路优化示意图如图 2-28 所示。

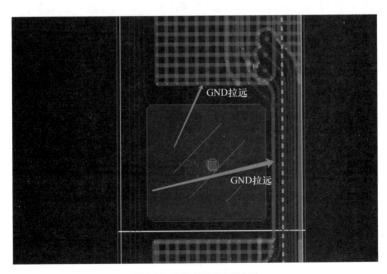

图 2-28　PCB 线路优化示意图

新修改的 FPC 样品回来后，经验证，效果良好，MUTE 键误触的问题解决了。项目交付的时间点有了基本保证，大家都松了一口气。可问题就这样结束了吗？并没有。

由于装配的一致性存在差异，如何保证出货时所有机器触控按键的灵敏度在一个水平，让用户的体验最优？一个更难的问题摆在了面前。

保证一致性，就需要生产时对触控按键的灵敏度做测试，然后做筛查和整改。而这需要触控厂家、生产工厂和阿里天猫精灵研发三方不断沟通。面对困难，电子团队没有退缩，经过 10 天的紧急技术攻关，顺利地在新试产阶段中导入了触控按键的灵敏度测试工序，出厂机器全部测试，保证每一个用户买到的天猫精灵美妆镜的触控手感都是一样的。

【收获】

① 解决问题不能只考虑眼前，要从全局和用户体验出发，保证做到用户第一。

② 第一次导入的新功能时要做到对技术深入研究，从而把握难点，把风险降到最低。

③ 群策群力可以发挥更大的能量，不要单兵作战，提前暴露问题，多部门参与就可高效解决。

2.4.2　技术沉淀

1.　触控按键的选型

① 触控按键因为实现的功能简单，如单击、双击或长按等动作，基本采用的都是自容式的芯片。

② 触控按键芯片选择时要首先考虑触控按键的数量，以便选择通道数合理的芯片，避免成本浪费。

③ 因受结构和使用环境等因素影响，触控按键的灵敏度可能需要调整，所以要选择固件可以在线升级的芯片。

④ 触控按键的逻辑控制电路电平要和主控匹配。

2.　触摸按键设计要求和注意事项

（1）基本原则

减小 PCB 的基准电容，同时增加手指电容。

建议如下。

① 触控模块单独做成一块 PCB。

② 抑制干扰。

③ 减少触摸 PCB 的基准电容。

为了使基准电容尽量小，我们可以控制基板面积和基板距离。基板面积主要与触摸盘大小、铺地的比例、感应走线长度和宽度有关。基板距离主要与触控盘和外壳的距离有关。

触摸按键的形状：尽量选择正方形、长方形、圆形等比较规则的形状。

（2）单个按键

单个按键焊盘设计示意图如图 2-29 所示。

① 顶层铺地形式：可以铺实地或网格地，地需离感应盘 1mm 以上。

② 底层铺地形式：可参考图 2-34。

③ 感应盘尺寸：推荐直径在 10mm 以上。

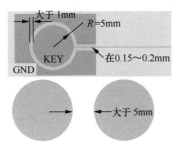

触摸按键尺寸	地与按键间距d_1
10mm×10mm及以下	1mm
10mm×10mm～15mm×15mm	1.2mm
15mm×15mm～20mm×20mm	1.7mm

图 2-29　单个按键焊盘设计示意图

④ 感应盘间距：多个感应盘之间间距大于 5mm（非中心距）。

（3）复合按键

复合按键焊盘设计示意图如图 2-30 所示。

① 顶层铺地形式：可以铺实地或网格地，地需离感应盘 1mm 以上。

② 底层铺地形式：可参考图 2-34。

③ 感应盘尺寸：推荐直径在 10mm 以上。

④ 感应盘间距：0.5mm 以上。

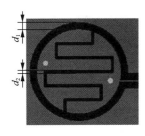

触摸盘尺寸	按键与地间距d_1	按键间距d_2
10mm×10mm以下	1mm	0.5mm
10mm×10mm～15mm×15mm	1.2mm以上	0.5～0.7mm
15mm×15mm～20mm×20mm	1.7mm以上	0.7～0.9mm

图 2-30　复合按键焊盘设计示意图

（4）组合按键——滑条

组合按键焊盘设计示意图如图 2-31 所示。

① 顶层铺地形式：可以铺实地或网格地，地需离感应盘 1.2mm 以上。

② 底层铺地形式：一般禁止铺地。

③ 感应盘尺寸：推荐直径在 10mm 以上。

④ 感应盘间距：滑条之间间距为 1mm。

⑤ 感应盘数量：4 ～ 6 个。

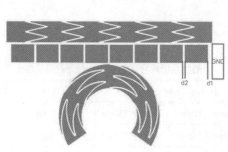

触摸盘尺寸	按键与地间距d_1	按键间距d_2
10mm×10mm以下	1.2mm	1mm
10mm×10mm～15mm×15mm	1.3～1.8mm	1～1.2mm
15mm×15mm～20mm×20mm	1.8～2.4mm	1.2～1.4mm

图 2-31　组合按键焊盘设计示意图

（5）组合按键——滚轮

组合滚轮焊盘设计示意图如图 2-32 所示。

① 顶层铺地形式：可以铺实地或网格地，地需离感应盘 1.2mm 以上。

② 底层铺地形式：一般禁止铺地。

③ 感应盘尺寸：推荐直径在 10mm 以上。

④ 感应盘间距：滑条之间间距在 0.5 ～ 1mm。

⑤ 感应盘数量：一般 6 个以上。若想要定位稳定，则要增加到 12 个左右。

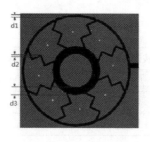

触摸盘尺寸	按键与地间距d_1	按键间距d_2	中心间距d_3
10mm×10mm以上	1.2mm	0.6mm	1.0mm

图 2-32　组合滚轮焊盘设计示意图

（6）铺地形式及铺地间距

① 双面板。

顶层铺地形式：可以铺实地或网格地，地需离触摸盘 1mm 以上，如图 2-33 所示。

底层铺地形式如图 2-34 所示。

图 2-33　按键焊盘设计顶层铺地示意图

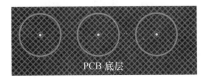

图 2-34　按键焊盘设计底层铺地示意图

- 一般使用网格地，网格中铜的面积不能超过网格总面积的 30%，网格线宽为 0.25mm，网格大小为 1mm × 1mm。
- 底层不铺地会提高灵敏度，但容易被干扰，所以要确保按键下面没有金属。
- 建议板厚为 1mm 以上。

② 单面板。

铺地形式：空白处全部铺实铜。

铺地间距：需离感应盘或触摸感应连线 1mm 以上。

其他铺地技巧：不要在信号线附近保留实铜，避免意外的干扰。PCB 铺铜示意图如图 2-35 所示。

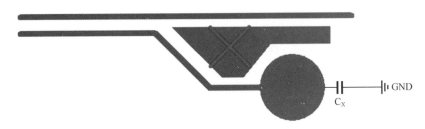

图 2-35　PCB 铺铜示意图

（7）布局

① 触摸芯片和触摸盘应放在同一块 PCB 上，在布局空间允许的情况下，应尽量将触摸芯片放置在触摸板中间，使触摸芯片每个通道的引脚到感应盘距离最小。按键和触摸芯片相对位置示意图如图 2-36 所示。

② 稳压电路和滤波电容与芯片放置在同一块 PCB 上，并尽量靠近芯片。

③ 在触摸芯片，触摸盘，触摸感应走线 1cm 之内不能放置大电流器件，比如充电 IC，PMU（Power Management Unit，电源管理单元）等。

④ 触摸盘背面不能放置其他芯片。

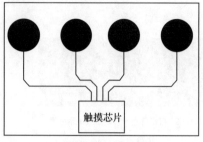 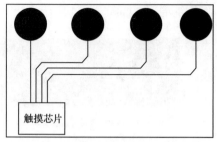

最好的按键和触摸芯片位置　　　　　　　　　不好的按键和触摸芯片位置

图 2-36　按键和芯片相对位置示意图

⑤ 感应通道匹配电阻尽量靠近 IC 放置，灵敏度调节电容靠近 IC 放置。

（8）走线

① 基本走线原则：保证走线尽量细、短。

② 感应走线与铺地之间距离在 1mm 以上。

③ 感应走线之间距离保持在 0.75mm 以上。

④ 感应走线尽量避免与其他走线平行，以防止干扰。

⑤ 感应走线 1mm 内不要走其他信号线。

⑥ 当附近有大电流（大于 10mA）时，感应走线应保持在 3mm 以上。

⑦ 感应走线中有强干扰，高频信号时，间距至少为 1cm，并铺地隔开。

⑧ 感应盘到触摸芯片的连线不要跨越强干扰线，不要和其他的强干扰信号线并行，避免干扰和互感。

⑨ 采用单板或弹簧做感应盘时，感应盘到 IC 尽量不走或少走条形线。

⑩ 感应线和感应盘的连接过孔不宜放在感应盘中间，尽量靠近边沿。按键焊盘打孔位置示意图如图 2-37 所示。

图 2-37　按键焊盘打孔位置示意图

⑪ 感应走线与 I^2C/SPI 控制线要尽量隔离开，同层感应线向两个方向走，不相交。不同感应线层有相交垂直走线。走线方式示意图如图 2-38 所示。

（9）装配

① 感应盘应与触摸面板贴近，无缝隙，不能有空气。

② 感应盘上的介质不能有金属（或具有导电介质），否则触摸无法感应或引起误动作。

③ 感应盘的灵敏度与按键感应盘的有效面积有关，面积越大，灵敏度越高；面积越小，灵敏度越低。

④ 感应盘的灵敏度与绝缘面板的厚度有关，同一介质的绝缘面板，厚度越薄，灵敏度越高。

⑤ 感应盘的灵敏度与绝缘面板的材质有关，绝缘面板介电常数越大，灵敏度越高。

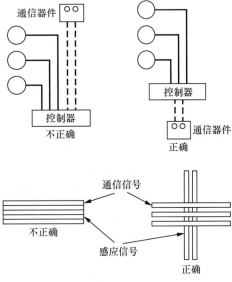

图 2-38　走线方式示意图

2.4.3　小结

通过天猫精灵美妆镜项目实练和经验沉淀，我们更好地了解触控按键设计指导在产品设计前期的作用。它可以避免我们凭空定义或随意设计产品，还可以帮助我们修正结构的设计，从而指导硬件选型和开发，使设计的产品更合理，更符合用户需求，解决用户痛点，实现最佳的用户体验。

2.5　电子设计相关工具简介

电子设计离不开仪器仪表及设计工具，下面简单介绍电子设计常用的工具，让刚接触电子行业的同学对其有一个快速的认识。

1. 数字万用表

图 2-39 所示的数字万用表是一种多用途电子测量仪器。也称为万用计、多用计、多用电表或三用电表，是在电气测量中经常要用到的电子仪器，它有很多功能，但主要功能就是对电压、电阻和电流进行测量，高级的万用表还可以测量温度、频率等。

2. 数字示波器

数字示波器如图 2-40 所示。它是一种用途十分广泛的电子测量仪器，

图 2-39　数字万用表

能把肉眼看不见的电信号变换成看得见的图像，便于人们研究各种电现象的变化过程。数字示波器是设计、制造和维修电子设备不可或缺的工具，是工程师的眼睛。数字示波器具有波形触发、存储、显示、测量、波形数据分析处理等实用功能。

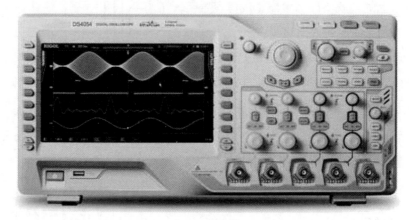

图 2-40　数字示波器

3. 直流稳压电源

直流稳压电源如图 2-41 所示。它能为负载提供稳定直流电源，直流稳压电源的供电电源大都是交流电源，当交流供电电源的电压或负载电阻变化时，稳压器的直流输出电压会保持稳定。在电子设计中我们通常用直流稳压电源作为标准电源来给负载供电或用它来排查问题。

图 2-41　直流稳压电源

第 3 章

硬件开发之 PCB 篇

3.1　PCB团队介绍

在了解 PCB 团队之前我们先来了解什么是 PCB。PCB 是电子元器件电气连接的载体，我们生活中遇到的电子产品基本都需要 PCB 来实现电路的逻辑功能，它是电子产品不可缺少的核心部件。

PCB 发展的 3 个阶段：早期无 PCB，中期是简易的 PCB，如今是高密度复杂 PCB，如图 3-1 所示。

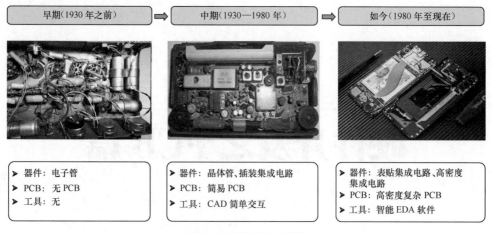

图 3-1　PCB 发展的 3 个阶段

PCB 设计关联领域如图 3-2 所示。如果说结构团队给天猫精灵做了身体，电子、射频、热学、声学等团队为其构造了器官，那么 PCB 就是这些器官的毛细血管，PCB 把这些器官连接在一起并通过工厂制造来实现产品功能，同时还间接关联 PD、ID、软件、芯片厂等其他领域。所以天猫精灵耳朵灵不灵，嗓门大不大，声线美不美，眼睛亮不亮，说话流不流畅都和 PCB 设计息息相关。

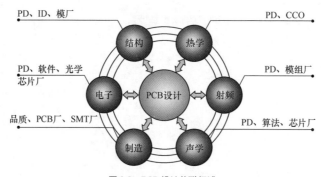

图 3-2　PCB 设计关联领域

PCB 设计工作流程如图 3-3 所示。PCB 设计贯穿整个电子产品研发阶段，其中建库网表环节是 PCB 设计的基础，预布局环节协调平衡各关联领域需求，布线环节决定了电子元器件之间信号连接的好坏。

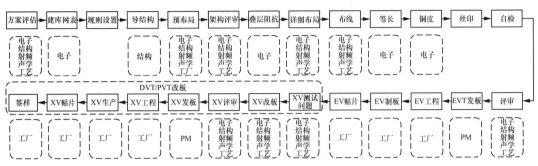

图 3-3　PCB 设计工作流程

3.2　元器件封装设计

元器件封装就是把实际的电子元器件的各种参数（形状、大小、长宽、直插、贴片、焊盘大小、引脚长宽、引脚间距等）用图形方式表现出来，是电子元器件固定在 PCB 上的物理图形符号。元器件封装设计是电子设计中最基础的环节，但元器件封装设计错误引起的问题大多是致命的，就像建房子的建材出了问题，盖起来的房子可能会倒塌，因此，如何保障元器件封装设计的正确性至关重要。由于阿里轻资产、快节奏的硬件研发模式，再加上我们对物料的掌控力度不足，元器件封装设计挑战较多。

挑战 1: 代工厂多且不固定，也可能会根据供应链策略的调整随时增加，且各代工厂的 PCB 和 SMT 均不一样，生产工艺水平差异大。

挑战 2: 除了几个关键物料，其他物料均不固定，各工厂使用的物料均不一致，物理尺寸差异明显。

挑战 3: 通常我们项目设计完成之后才会确定代工厂或新增加代工厂，无提前沟通的机会。

设计刚开始时，我们也吃过不少亏，不是这家工厂反馈封装焊盘设计大了，就是那家工厂反馈封装焊盘设计小了，经过这几年的经验累积，我们总结了一套元器件封装设计的方法论和管理工具，满足了不同工厂的生产需求，当物料替换和选择新代工厂生产时无须修改封装，为项目节省了成本。

3.2.1　案例详解

案例　LED灯封装设计焊接不良

【问题描述】

2017 年，天猫精灵迎来了第一款自研产品——方糖一代，此时硬件自研团队刚组建，很多职能岗位有缺失，元器件封装设计既没有专职人员做，又没有工艺工程师的介入，而且与代工厂也是首次合作，设计过程中出了很多状况。

设计初期工厂未定，只有参考数据手册，无元器件的 3D 数据和实物，因此在生产时，按 LED 灯封装参考元器件厂家推荐的尺寸来设计产品，却导致 A 厂和 B 厂生产的产品均有一半焊接不良，表现为元器件偏位、引脚虚焊、LED 灯不亮。LED 灯封装如图 3-4 所示。

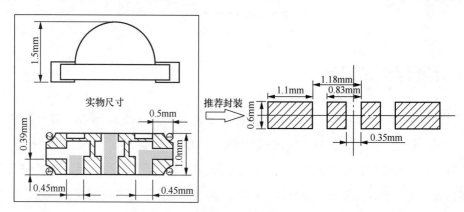

图 3-4　LED 灯封装

【解决过程】

临时措施：手动补焊解决样品需求，但该方法完全不满足批量生产要求。

工厂建议：该类型的封装在他们生产历史上的不良率一直很高，建议更换物料封装类型，但由于 ID 结构限制，我们必须选用侧发光物料，否则易引起灯带的灯光不均，客户体验差。

这个困难必须要克服。经分析，两个工厂反馈的问题均是元器件偏位和引脚虚焊，元器件偏位的主要原因是元器件放置位置不准确及焊盘太大、上锡过多；引脚虚焊的主要原因是焊盘偏小、上锡不足和引脚偏移。结合不良现象，将实物和封装尺寸进行比对，发现厂家的推荐尺寸未考虑中间焊盘的爬锡距离，外面焊盘未考虑另一侧的焊盘，同时无元器件外形框辅助定位。了解了工厂的制程能力后，我们的改良措施如下。

措施 1。如图 3-5 所示，b 和 c 焊盘不改，a 和 d 焊盘长度减少 0.4mm，宽度增加 0.4mm，同时往外移动 0.4mm，增加外形丝印框辅助定位。更改封装后进行生产验证，A 工厂焊盘的不良率有 10%，B 工厂焊盘的不良率有 5%，仍不符合量产要求，需要继续整改，但不良率已大幅下降，说明整改方向是对的。

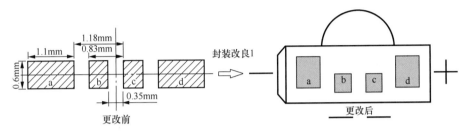

图 3-5　LED 灯封装改良 1

元器件 3D 信息有误？我们首先认为这是使用措施 1 改良 LED 封装后造成的不良数据。我们从 A、B 两家工厂拿到 LED 灯实物样品，测量实物后发现，措施 1 的改良数据还可以再优化，特别是外形丝印框位置的 3D 信息与实物差异较大。

措施 2。如图 3-6 所示，b 和 c 焊盘长度向外增加 0.2mm，a 和 d 焊盘长度减少 0.2mm，宽度增加 0.1mm，同时外形丝印框向内移动 0.6mm，更改后，元器件位置更加精准。

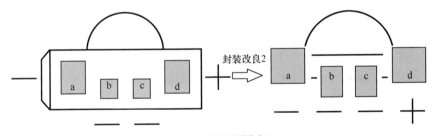

图 3-6　LED 灯封装改良 2

【结果】

经过生产验证，缩小焊盘后 A 工厂和 B 工厂生产的 LED 灯的 SMT 良率均从开始的 50% 提高到 99.5%，满足批量生产的需求。问题解决后我们进行了问题的闭环改进，确保设计的 LED 灯封装能满足不同代工厂的焊接需求。

① 制定生产标准。与各代工厂沟通 SMT 的生产需求，最终该 LED 灯封装的 SMT 良率均达到 99.5%。

② 建立封装库管理系统。明确封装设计规范，建立封装库管理系统，保证封装库标准化

设计和管理。封装设计规范不限于天猫精灵的产品使用，也适用于其他电子产品。

3.2.2　技术沉淀

1．焊盘设计

（1）焊盘设计原则

焊盘的尺寸应参考元器件厂商提供的元器件手册上的推荐值，但又不能完全相同，在设计焊盘时应考虑实际焊接时的可焊性、焊接强度等因素，对焊盘进行适当扩增，得到焊盘CAD制作尺寸。焊盘设计一般有以下4项原则。

① QFP(Quad Flat Package，四面扁平封装)、SOP、PLCC(Plastic Leaded Chip Carrier，带引线的塑料芯片载体，表面贴装型封装之一)、SOJ(Small Out-Line J-Leaded Package，J形引脚小外型封装)等表面贴装型封装的焊盘CAD外形在实际尺寸基础上适当扩增。

② BGA(Ball Grid Array，球阵列封装)的焊盘CAD外形在实际尺寸基础上适当缩小。

③ 焊接式直插元器件的焊盘CAD孔径在实际尺寸基础上扩增。

④ 压接式直插元器件焊盘不扩增。

（2）焊盘分类

焊盘分为表贴焊盘与焊接钻孔焊盘。其中，表贴焊盘可分为表贴矩形焊盘和表贴圆形焊盘，包含：top、solder mask_top、paste mask_top；焊接钻孔焊盘包含：top、bottom、default internal、solder mask_top、solder mask_bottom、paste mask_top(通孔回流焊器件增加，波峰和手焊通孔不需钢网)。

① 表贴矩形焊盘。

贴片元器件焊盘尺寸规范如图3-7所示。

焊盘长度 $B=T+b_1+b_2$；焊盘宽度 $A=W+K$。

焊盘内侧间距 $G=L-2T-2b_1$；焊盘外侧间距 $D=G+2B$。

其中各值表示如下。

L：元器件长度，即元器件引脚外侧之间的距离。

W：元器件（引脚）宽度。

H：元器件（引脚）厚度。

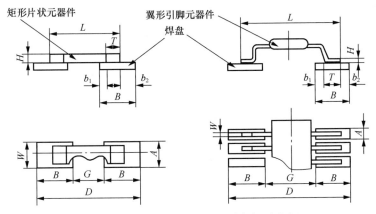

图 3-7　贴片元器件焊盘尺寸规范　（图片参考百度文库）

b_1: 焊端（引脚）内侧延伸长度。

b_2: 焊端（引脚）外侧延伸长度。

K: 焊盘宽度修正量。

常用元器件焊盘延伸长度的典型值如下。

- 矩形片状电阻、电容、电感。

b_1 为 0.05mm、0.1mm、0.15mm、0.2mm、0.3mm 其中之一，元器件越短，b_1 所取的值应越小，b_1 与 L 的对应关系如表 3-1 所示。

表 3-1　b_1 与 L 的对应关系

b_1/mm	0～0.05	0.05～0.1	0.1～0.15	0.15～0.2	0.2～0.3
L/mm	L≤1	1<L≤2	2<L≤3	3<L≤5	L>5

b_2 为 0.25mm、0.35mm、0.5mm、0.6mm、0.9mm、1mm 其中之一，元器件越薄，b_2 所取值应越小，功率电感取焊盘宽度修正量，b_2 与 H 的对应关系如表 3-2 所示。

表 3-2　b_2 与 H 的对应关系

b_2/mm	0.25	0.35	0.5	0.6	0.9	1
H/mm	H≤0.5	0.5<H≤1	1<H≤2	2<H≤3	3<H≤5	H>5

K 为 0mm、0.1mm、0.2mm、0.3mm、0.4mm、0.5mm、0.6mm、0.7mm、0.8mm 其中之一，元器件越窄，K 所取的值应越小，K 与 W 的对应关系如表 3-3 所示，与 A 的对应关系如表 3-4 所示。

- QFN（Quad Flat Non-leaded Package，四面扁平无引脚封装）和 DFN（Dual Flat Non-leaded Package，双面无引脚封装）元器件。

表 3-3 K 与 W 的对应关系

K/mm	0	0.1	0.2	0.3	0.4	0.5
W/mm	$W \leqslant 0.5$	$0.5 < W \leqslant 1$	$1 < W \leqslant 2$	$2 < W \leqslant 3$	$3 < W \leqslant 5$	$W > 5$

表 3-4 K 与 A 的对应关系

K/mm	0.2	0.2～0.4	0.5	0.6	0.7	0.8
A/mm	$A \leqslant 1$	$1 < A \leqslant 2$	$2 < A \leqslant 3$	$3 < A \leqslant 4$	$4 < A \leqslant 5$	$A > 5$

b_1 一般取 0mm，最多不超过 0.1mm。

b_2 一般取 0.2mm 或 0.3mm。

A 为 0.2mm、0.25mm、0.3mm 或其他推荐值，相邻引脚间距中心距小，A 所取的值也应小，A 与焊盘间距的对应关系如表 3-5 所示。

表 3-5 A 与焊盘间距的对应关系

A/mm	0.2	0.25	0.3	推荐值
焊盘间距/mm	0.4	0.5	0.65	其他

- 翼形引脚的 SOIC（Small Outline Integrated Circuit Package，小外形集成电路封装）、QFP 元器件。

b_1 为 0.3mm、0.4mm、0.5mm 其中之一，元器件越厚，b_1 越大，b_1 与 H 的对应关系如表 3-6 所示。

表 3-6 b_1 与 H 的对应关系

b_1/mm	0.3	0.4	0.5
H/mm	$H \leqslant 1$	$1 < H \leqslant 2$	$H > 2$

b_2 一般取 0.2mm 或 0.3mm，引脚越厚，b_2 取值越大。

K 为 0mm、0.03mm、0.05mm、0.1mm、0.2mm 其中之一，相邻引脚间距中心距小，K 所取的值也应小，K 与引脚间距的对应关系如表 3-7 所示。

表 3-7 K 与引脚间距的对应关系

K/mm	0	0.03	0.05	0.1	0.2
引脚间距/mm	$S=0.4$ $A=0.2$	$S=0.5$ $A=0.25$	$S=0.65$ $A=0.3$	$0.65 < S \leqslant 1$	$S > 1$

② 表贴圆形焊盘。

在保持焊盘的中心距等于 BGA 封装元器件引脚的中心距的基础上，BGA 封装焊盘（圆形）的尺寸大小按式（3-1）计算。

$$D = d \times (1-K)\qquad\qquad(3-1)$$

其中，D 为焊盘图形直径（mm）；d 为 BGA 引脚直径（mm）；K 为常数。

BGA 焊盘尺寸关系如表 3-8 所示。

表 3-8　BGA 焊盘尺寸关系

BGA引脚直径/mm	允许变化范围/mm	引脚间距/mm	K
0.75	0.9～0.65	1.5，1.27	±0.2
0.6	0.7～0.5	1.0	±0.2
0.5	0.55～0.45	1.0，0.8	±0.2
0.45	0.5～0.4	1.0，0.8，0.75	±0.2
0.4	0.45～0.35	0.8，0.75，0.65	±0.2
0.3	0.35～0.25	0.8，0.75，0.65，0.5	±0.2
0.25	0.28～0.22	0.4	±0.2
0.2	0.22～0.18	0.3	±0.2
0.15	0.17～0.13	0.25	±0.2

注意：在制作 BGA 焊盘的时候，应该看清楚 BGA 封装图上的注释，且制作焊盘的直径不小于 BGA 引脚直径的 80%。

③ 焊接钻孔焊盘。

插装元器件通常使用这类焊盘，其第一个引脚通常使用矩形焊盘以作标识。制作 CAD 外形时，一方面要选择合适的钻孔（成品孔）尺寸，另一方面要选择合适的焊盘尺寸以便上锡。钻孔尺寸在标称值的基础上一般要适当扩增以保证器件能方便地插入钻孔，又不至于因公差太大而松动；但是对于压接件，钻孔（成品孔）尺寸需与实际尺寸一致，以保证在没有焊接的情况下元器件引脚与钻孔孔壁接触良好。

● 金属化孔的孔径尺寸。

若实物引脚为圆形，则孔径尺寸（直径）比实际引脚直径大 0.2 ～ 0.3mm；若实物引脚为方形或矩形，则孔径尺寸（直径）比实际引脚对角线的尺寸大 0.1 ～ 0.2mm。

a. 金属化孔的焊盘尺寸。

焊盘外径设计主要依据布线密度、安装孔径和金属化状态而定。

对于金属化孔的孔径不大于 1mm 的 PCB，其连接盘外径一般比元器件孔径大 0.45 ～ 0.6mm，具体以布线密度而定（小技巧：对间距非常小的焊盘，可把焊盘设计成椭圆形，既满足间距要求也满足上锡量）。

其他情况下，焊盘外径按孔径的 1.5 ～ 2 倍设计，但要满足最小连接盘环宽不小于 0.225mm 的要求（椭圆孔的外径以最小尺寸为准）。

b. 通孔钢网：钢网大小和焊盘尺寸相等（ToP 面、BoT 面无通孔钢网）。

备注：因生产均采用通孔回流焊，为防止工厂漏开通孔钢网，在设计文件中需添加通孔钢网。

c. 压接器件的孔径：成品孔径与实际引脚直径一致，公差要求：−0.05 ～ 0.05mm。

- 非金属化孔的孔径尺寸。

若实物引脚为圆形，则孔径尺寸（直径）比实际引脚直径大 0.1 ～ 0.2mm；若实物引脚为方形或矩形，则孔径尺寸（直径）比实际引脚对角线的尺寸大 0.1 ～ 0.2mm。

阻焊层需注意问题如图 3-8 所示。对组装元器件焊盘，采用单焊盘式窗口设计；对金手指（黄色导电触片，用于连接器弹片之间的插接），应该开大窗口（类似群焊盘式）。

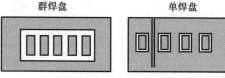

图 3-8　焊盘开窗

2. 封装设计

（1）放置焊盘

焊盘的类型和间距及引脚顺序必须与实物或者手册保持一致，不能有偏差，要特别注意手册上的正反面的角度。

（2）丝印框

① 外形丝印框。

- 所在层为 Class/Subclass: Package Geometry/Silkscreen_Top。
- 常规线宽为 5mil（1mil=0.0254mm），不能小于 4mil。
- 大小在原则上与本体一致，如与焊盘重叠可适当增减。
- 普通元器件的第一个引脚、最后一个引脚、5 的整倍数引脚需要标识。
- BGA 封装元器件引脚标识：行号（大写字母首尾标识）、列号（数字首尾标识）。
- 通过一个小圆圈或者小三角形来标识元器件第一引脚。
- 有极性的元器件需标识，通常用 "+" 号表示正极，"−" 号表示负极。
- 无极性和引脚顺序标识要求的元器件，通常不画外形丝印框。

② 装配层丝印框。

- 所在层为 Class/Subclass: Package Geometry/Assembly_Top。
- 线宽为 0mil。
- 大小与实体或 Place Bound 一致。
- 通过一个小圆圈或者小三角形来标识元器件第一引脚。
- 有极性的元器件需标识，通常用 "+" 号表示正极，"-" 号表示负极。
- PCB 封装中包含两个子类：位号（丝印层）和标号（装配层）。
- 位号所在层: Ref Des/Silkscreen_Top。
- 标号所在层: Ref Des/Assembly_Top。
- 字体方向: Top 面，水平方向从左往右，垂直方向从下往上；Bot 面，水平方向从右往左，垂直方向从下往上。
- 字体位置：位号在元器件丝印框外附近，标号在元器件中心。
- 标号通过 skill 函数可自适应丝印框的调整。位号字体如 3-9 所示。

表 3-9　位号字体

适应PCB类型	宽/mil	高/mil	线宽/mil	字符间距/mil
高密（1号）	20	25	5	0
推荐（2号）	25	30	6	0
常规（3号）	30	35	6	0

（3）Place Bound（3D 高度信息）

Place_Bound 是指元器件在 PCB 上所占用的区域，常在 PCB 和结构设计中用于 3D 元器件干涉检验，放置在 Package Geometry/Place_Bound_Top 层，其尺寸如表 3-10 所示。

① 有丝印框封装: Place_Bound_Top 边框与实体大小一致。

② 无丝印框封装: Place_Bound_Top 边框单边比实体大。

表 3-10　Place_Bound 尺寸

封装类型	外扩/mil
0201	5
0603	10（电阻7.5）
1206	15
0402	7.5
0805	11.5
1210	15

续表

封装类型	外扩/mil
其他类型器件（高度≤1mm）	10
其他类型器件（1mm＜高度≤2mm）	15
其他类型器件（高度＞2mm）	20

注意：需填写元器件高度，即填写手册上面的最大值，统一不加锡膏厚度。

（4）原点/中心点

统一以元器件实体中心为原点/中心点，以便旋转元器件和放置元器件（对齐）。

3.2.3 基础知识

一个完整的封装，由 Silkscreen、Pin、Ref Des、Place_Bound 等部分构成，BGA封装还应包括 Pin_Number。为了便于设计及调试，IC 封装的元器件要求用文本标识部分引脚（BGA 封装标出行数、列数；非 BGA 封装标出第一个引脚、最后一个引脚、5 的整倍数的引脚）。

在 allegro 的手册里面，明确定义了文本中不建议使用的非法字符："！""："""""'""～""*""＜""＞""［""］""空格"，实际设计中，为了保持好的兼容性，也不建议使用"."和"#"。

1. 封装命名

命名规则：元器件类型＋引脚数量（特征 1）_ 引脚间距（特征 2）_ 本体尺寸（特征 3）_ 说明（厂家型号、插拔方式、焊接方式、高度等）。

封装名不允许为小数点、斜线、空格、% 等非法字符，常规小数点用 P 表示，其他用下划线表示。如：SSOP20_0P65_3P81，单位均为 mm。

① 封装如有差异可在后面增加 _1、_2 等来区分（后面可标注差异点）。

② 侧发光后面统一加 _S。

③ 插件前面统一加 D。

④ 焊盘错位后面统一加 _X。

⑤ 不在列表中的封装名称需待评审确认后添加入库。

2. 封装制作要素

封装制作要素如表 3-11 所示。

表 3-11　封装制作要素

序号	活动类	子类	元器件要素	备注
1	Package Geometry	Silkscreen_Top	映射PCB文件中元器件的外形,可以是线、弧、字等	必要
2	Package Geometry	Pin_Number	映射原理图元器件的引脚号。如果焊盘无标号,则表示原理图不关心这个引脚	必要
3	Package Geometry	Place_Bound_Top	元器件占地区域和高度	必要
4	Package Geometry	Assembly_Top	元器件装配层的外框	必要
5	Ref Des	Silkscreen_Top	元器件的位号	必要
6	Ref Des	Assembly_Top	元器件装配层的位号	必要
7	Component Value	Assembly_Top	元器件标称值	必要
8	Eth	Top	Pin/Pad(表贴焊盘或通孔)	必要
9	Eth	Bottom	Pin/Pad(表贴焊盘或通孔)	视需要
10	Route	Keep out	Top或其他层	视需要
11	Via	Keep out	Top或其他层	视需要

备注：Device、Tolerance、Part number这3种属性暂无。

3.2.4　小结

作为互联网公司,在轻模式下,我们的设计要能适应各种能力层次的代工厂,要能经得起各种变化带来的考验。我们在封装设计上的沉淀很好地解决了物料频繁替换、代工厂多变带来的可制造性问题,当更换物料或与新代工厂合作时,无须修改封装,从而为项目节省了时间和成本。

3.3　元器件布局设计

将电子元器件的封装按照一定的规则摆放在 PCB 上的过程称之为布局。布局前要先设计好所有元器件的封装,导入结构要素图,导入原理图网表,导入元器件。元器件布局设计涉及多领域的知识,需要综合考量,好的元器件布局设计需要做到:整机架构协调简洁、结构适配、布线规划合理、单板工艺满足可制造性、整机工艺装配简单、生产具备可测试性、整板散热平衡、电源完整性良好、信号完整性满足、EMI 及 ESD 测试可达标等。

阿里硬件的特点之一就是要快，节奏快，变化快，交付也要快，这就使得各团队的工作，不能按传统硬件公司一样等前面团队确定了后面团队才启动。通常是 PD 刚有初版产品定义，ID、电子、结构等各团队马上同步启动设计工作，这就导致给 PCB 设计团队的原理图和结构图的不确定性非常大。根据以往项目经验，项目中途需求更改的概率为 100%。

与封装设计面临的问题一样，不同的代工厂工艺能力不同，产测方式也差异巨大，尤其是我们不知道未来合作的代工厂是什么情况，所以 PCB 设计团队在布局设计之初，就要考虑到 PCB 布局要适应未知的代工厂的 SMT 工艺能力和产测方式。经过这几年的沉淀，PCB 设计团队的布局设计可以很好地适应几家主要代工厂的 SMT 能力和产测方式，导入新的工厂也不需要改板，实现了一种布局方案各家代工厂都可以适用，为项目节省了时间和成本。

3.3.1 案例详解

案例 产线测试点放置面影响测试效率

【问题描述】

2017 年，我们和 A 工厂第一次合作，当时还没有专门对接工厂的单板工艺工程师，且我们对工厂的产线测试要求也不了解，因此，设计的文件只有功能测试点，无产线测试点，无法进行单板功能自动化测试，最终导致产能下降，生产成本增加，如图 3-9 所示。

【解决过程】

导入工厂需求时，我们发现增加测试点达到 31 个。初步看，单板正面没什么器件，测试点刚好可以摆放，改动也小。待第一版发给厂家审核之后发现这并没有这么简单，需要把测试点调整到密集的背面，而这是非常困难的。初步评估，测试点放在单板背面放不下，但把测试点改到背面之后，可以给工厂带来测试效率上的

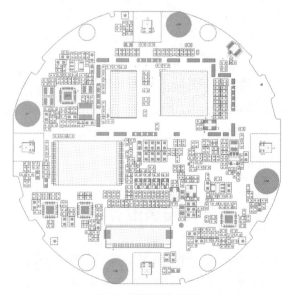

图 3-9 无产线测试点布局

提高和人力成本的下降，此时，我们的脑海中立刻涌现出在阿里经常说的两句话："唯一不变的是变化！""此时此刻非我莫属！"这件事 PCB 设计团队必须干，而且还要干得漂亮。

第一步：把能去掉或兼容的测试点从单板上去掉，我们发现减少测试点数量之后，90%的测试点还是摆放不下，感觉机会渺茫。

第二步：把信号测试点大小从 2mm 减少至 1.2mm 极限标准，按不同器件类型适当缩小器件间距后仍有 40% 的测试点摆放不下。

第三步：把兼容不需要的器件去掉，增加 PCB 的面积，此时仍有 20% 测试点摆放不下。看到希望了，胜利就在眼前。

第四步：调整测试点网络走线和器件位置，尽量把走线调整至空旷区域以便放置测试点，终于成功摆放所有测试点而且满足工厂测试需求，也不影响 PCB 的性能。增加产线测试点布局如图 3-10 所示。

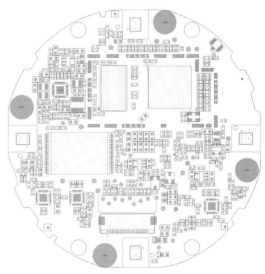

图 3-10　增加产线测试点布局

【收获】

① 建立 PCB 工艺规范。与各代工厂进行沟通，根据它们的生产工艺要求，形成工艺规范，避免因生产需求不明确导致设计返工。

② 模块化设计保质量和进度。每个模块按功能需求小型化设计，提前把模块的关键点设计出来，在多变的需求下可快速调整并满足设计的质量和进度要求。

③ 建立 CBB（Common Building Blocks，共用构建模块）管理系统。把电子原理图和对应的 PCB 按模块化设计并通过 CBB 系统归档管理，形成统一的系统化设计标准。CBB 在天猫精灵的硬件自研产品设计中发挥了巨大的作用，有效提高了设计的质量和效率。

3.3.2　技术沉淀

1. 模块布局设计

（1）模块布局基本原则

① 模块考虑顺序：芯片功能和注意事项→电源地→时钟→输入输出→其他控制信号。

② 器件摆放格点要求。大器件用 25mil 格点放置，小器件先用 25mil 格点，距离不够再用 5mil 去调整，尽量避免用 1mil 格点，以方便更改模块时能快速对位，器件需摆放整齐且不能重叠，器件焊盘间距大于 12mil。

③ 打孔要求如下。

- 间距不小于 0.65mm 的 BGA 过孔打在焊盘中间，间距不大于 0.5mm 的 BGA 过孔打在焊盘正中心。

- 其他模块优先用 5mil 格点打孔，间距不够再用 1mil 格点调整，两个过孔边缘距离不小于 15mil（两个过孔之间铜皮不被切断，保证回流路径），如果空间密集，则允许两个过孔间距小于 15mil，但最多不超过三个过孔间距均小于 15mil，典型打孔参考如图 3-11 所示。

④ 模块走线如下。

- 2 层板和 4 层板走线尽量从表层出线，减轻 CPU 下方内层的走线压力，保证其他层地的完整。

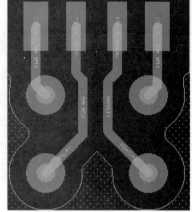

图 3-11　典型打孔参考

- 时钟、复位、MIPI、USB 等重要信号换层旁需增加地孔。

⑤ BGA 类器件的周边布局：为 BGA IC 预留一定的禁止摆放器件区（空间允许 1mm 以上，最小 0.5mm），以便于 BGA 类的 IC 的维修。

（2）滤波电容

滤波电容在满足工艺的前提下，尽量靠近负载器件的供电电源引脚和地引脚，在设计 PCB 的时候特别要注意，只有滤波电容靠近某个元器件的时候，才能抑制电源或其他信号导致的地电位抬高和噪声，也就是滤波电容把直流电源中的交流分量通过电容耦合到电源地中，起到了净化直流电源的作用，所以滤波电容关系到系统的稳定性。

① 优选处理式样：电容和器件在同一面，电源地的回路最短，首选空间允许高频敏感信号模块。滤波电容同面布局如图 3-12 所示。

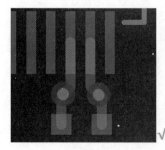

图 3-12　滤波电容同面布局

优点：电容离电源地引脚距离最短，滤波效果好。

缺点: 占用布局空间比较大, 不适合器件密度大的 PCB。

② 普通式样: 电容和芯片不同面, 首选 BGA 封装处理方式, 这也是常见的式样。滤波电容不同面布局如图 3-13 所示。

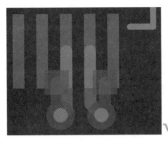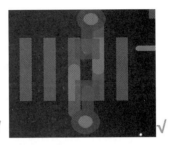

图 3-13　滤波电容不同面布局

优点: 占用布局、布线空间最少, 适合高密板。

缺点: 器件位于不同面增加了板厚的回流路径, 滤波效果减弱。

③ 滤波电容布局的错误式样: 过孔远离电容。滤波电容不良布局如图 3-14 所示。

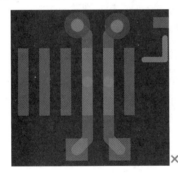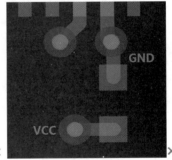

图 3-14　滤波电容不良布局

图 3-14 中, 两种方式的电源过孔均远离电容, 电源噪声直接进入芯片引脚, 电容的滤波效果失效, 一定要尽量避免这两种处理方式。

注意事项: 多个滤波电容的容值越小越靠近芯片引脚, 不同容值的电容不能扎堆, 需均匀分散分布; 原则上一个电源引脚对应一个过孔, 最多两个引脚共用一个过孔。

（3）晶体或晶振（晶体振荡器）

① 设计要求和注意事项如下。

- 振荡电容和匹配电阻尽量靠近晶体; 晶体电路尽量靠近芯片时钟引脚。
- 时钟走线尽量走表层, 减少过孔（如换层过孔旁需加地孔）, 走线需包地保护。
- 晶体引脚的地直接下孔并与内层地连接, 需与表层地隔离开。

- 要注意远离大功率的元器件、散热器等发热的器件，特别是大电感。

② 晶振设计如图 3-15 所示。

（4）PMU 电源模块

PMU（Power Management Unit，电源管理单元）为多路电源输出，一般有关键大电流电源和其他小电流电源。

重点：输入输出载流通道；主电源输入、输出和地的回流通道；反馈分压电阻的位置和取样点。

① VBAT 电源输入的滤波电容的电源尽量靠近芯片引脚，走线加粗。PMU 输入电容布局如图 3-16 所示。

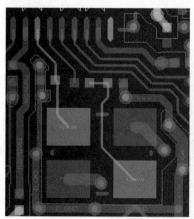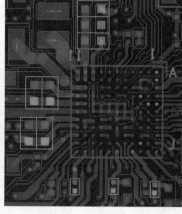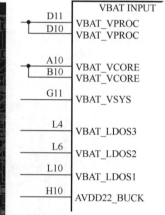

图 3-15　晶振设计　　　　　　　　　图 3-16　PMU 输入电容布局

② 电源输入的滤波电容的地尽量靠近芯片引脚地，走线加粗。PMU 输入电容走线如图 3-17 所示。

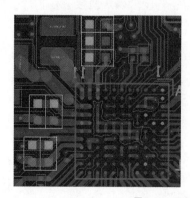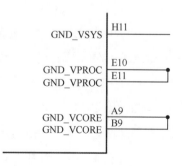

图 3-17　PMU 输入电容走线

③ Buck 电感尽量靠近芯片引脚。PMU 输出电感布局如图 3-18 所示。

（5）射频模块

设计要求如下。

① 射频模块一般靠近板边，远离其他模块区域，特别需要远离 DDR、FPC 或 FFC（Flexible Flat Cable，柔性扁平电缆）等排线区域，需与射频和结构团队确认。

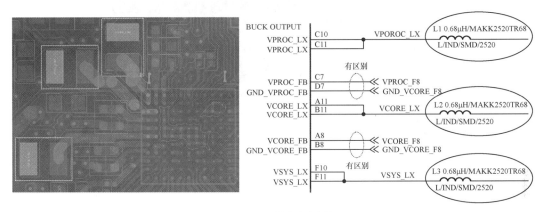

图 3-18　PMU 输出电感布局

② 板载天线区域需远离散热片至少 5mm。

③ 不同电源引脚的滤波电容的电源和地孔不允许共用，但屏蔽罩上尽量多打地孔。

④ 天线阻抗控制在 50Ω 以内，均需包地和做地孔保护，两种参考平面方式如下。

- 参考相邻层 GND，常规线宽 4 ～ 5mil，走弧形，射频线邻层参考如图 3-19 所示。

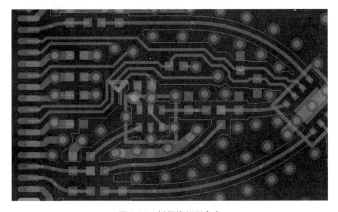

图 3-19　射频线邻层参考

- 相邻层 GND 需挖空，参考隔离层 GND，常规线宽为 23.5mil，走弧形。射频线隔层参考如图 3-20 所示。

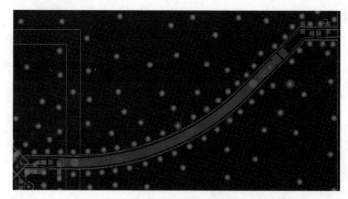

图 3-20　射频线隔层参考

（6）声学模块布局要求

① PA（Power Amplifier，功率放大器）模块。

关键知识点如下。

- 电源：12V 大功率电源和 12V 或 3.3V 小功率电源，确保载流通道（走线宽度和过孔数量）。
- 输入：数字 I2S 信号或者模拟音频信号，注意信号保护和过孔回流。
- 输出：1 路或者 2 路扬声器模拟信号，确保载流通道和隔离保护。

PA 原理图如图 3-21 所示。

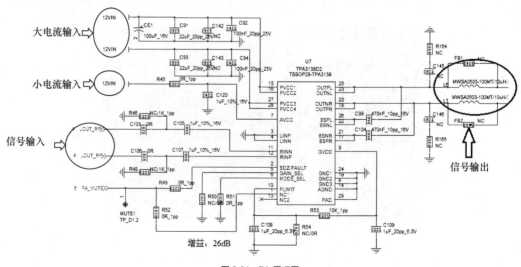

图 3-21　PA 原理图

PA 模块设计参考如图 3-22 所示，设计要点如下。

- 滤波电容尽量靠近电源引脚（PVCC 和 AVCC），见图 3-22 中的 1 位置。

- 100μF 的大电容尽量靠近 PA 模块，用于储电、防止低音抽电掉电，见图 3-22 中的 2 位置。

- 信号输出电感尽量靠近芯片引脚，减少 EMI，见图 3-22 中的 3 位置。

- 数字功放的 CLK 信号若换层过孔旁边，需增加回流地孔。

- GND 和 AGND 通过中间散热 PAD（焊盘）连接在一起。

- 中间散热 PAD 需要多打地孔散热，见图 3-22 中的 4 位置。

PA 模块布局要求如下。

- 模块远离数字信号强干扰区域，一般靠近板边和扬声器座子端。

- 模块原则上需要与其他数字信号做割地隔离，避免噪声经扬声器放大。数模分割地参考如图 3-23 所示。

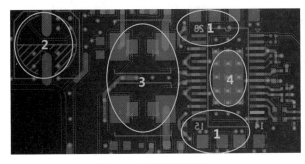

图 3-22　PA 模块设计参考

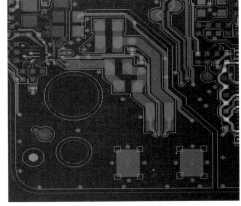

图 3-23　数模分割地参考

- 模块中如果有电感，则模块应避开外磁扬声器区域 10mm 以上，避免磁铁影响电感值而导致 PA 功能失效。

- PA 模块是主要发热源之一，需提前跟结构团队确认 PA 芯片和电感散热措施，同时在芯片的另一面做露铜，以便热量快速散出。PA 芯片背面开窗露铜如图 3-24 所示。

② MIC 模块布局要求如下。

- MIC 模拟信号布局尺寸需要加宽 8mil 以上，加强抗干扰能力。

- 信号的耦合电容靠近 MIC，后端信号（通常为 P/N 端）走伪差分，抗干扰能力强。

- ESD 器件靠近 MIC，使得 MIC 引入的静电能够尽快泄放到地。

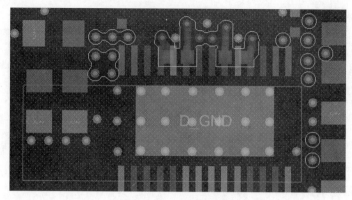

图 3-24　PA 芯片背面开窗露铜

- MIC 孔的背面需要连地网络的露铜区域，能够有效吸收从壳体 MIC 孔引入的静电。

- 用于下拾音的 MIC 正背面均需要预留密封胶的丝印区域。

- MIC 密封胶区域需要完整的地铜皮，不允许分割和打孔，走线和铜皮处有凹凸面，有漏气的风险。

- MIC 模块如果无法远离其他数字信号，需要切割各层地铜皮对信号进行隔离。

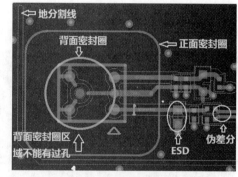

图 3-25　MIC 布局参考

MIC 布局参考如图 3-25 所示。

（7）测试点

项目中常用的测试点有 4 类：电路功能测试点、单板测试点、整机测试点、射频测试点。

① 电路功能测试点。

测试点直径最小为 0.5mm，一般是电子、射频工程师测试预留的，位置无特殊要求，方便示波器和万用表下测试探头即可，其余 3 类测试点均为产线测试使用。OSP（Organic Solderability Preservatives，有机保焊膜）工艺需在钢网上锡，沉金不用钢网。

② 单板测试点。

一般产线需要测试的信号有：电源、地、USB、UART、I^2C、按键开关、插座输入输出信号等，在项目设计中需与硬件团队确认。具体如下。

- 测试点放置面最好与 MIC 和二维码同面，特殊情况需与代工厂提前沟通。

- 测试点直径默认为 1.5mm，最小为 1.2mm。

- 测试点间距默认为 2.5mm，最小为 2mm。

- 测试点距离定位孔间距最小为 1mm; 距离高度不大于 1mm 的器件间距最小为 0.5mm; 距离高度大于 1mm 但不大于 2.5mm 的器件间距最小为 2mm; 距离高度大于 2.5mm 的器件间距最小为 3mm。
- 改版时尽量不要移动测试点，如无法避免则需和硬件及代工厂沟通，确认是否可以更改。
- OSP 工艺需钢网上锡，沉金不用钢网。

③ 整机测试点。

- 测试点直径至少为 2mm。
- 整机测试点尽量与单板测试点同面。
- OSP 工艺需钢网上锡，沉金不用钢网。
- 测试点在结构外壳处开一整个大孔，测试点间距最小为 3mm。
- 测试点在结构外壳处各自独立开孔，需要预留塑件筋位，测试点间距最小为 5mm。

④ 射频测试点。

- 使用标准封装库中的测试点封装。
- 放置在射频走线的另一面的测试点通过过孔连接，保证外圈地环完整，便于产线射频校准测试。
- 尽量确保与单板测试点同面。
- 不管沉金还是 OSP 工艺，均不需要钢网刷锡膏。

（8）屏蔽罩

PCB 上屏蔽罩设计要点: 将每个屏蔽罩设计成一个独立的 PCB 元器件封装，需要包含屏蔽罩的外形、焊盘位置、屏蔽罩方向信息，焊盘宽度最小为 0.6mm，常规宽度为 0.9mm。屏幕罩封装设计如图 3-26 所示。

屏蔽罩筋位的背面禁止布放应力敏感元器件，如 BGA 芯片、玻璃封装器件、大封装的陶瓷电容、晶振等。如果布局实在无法避开，则器件对应的位置不能有屏蔽罩焊盘。屏蔽罩内外的布局间距如表 3-12 所示。

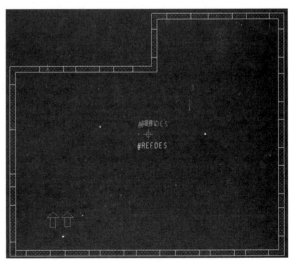

图 3-26　屏蔽罩封装设计

表 3-12　屏蔽罩内外的布局间距　（单位：mm）

	矮器件	高器件	一件式屏蔽罩	扣合式屏蔽罩
一件式内	0.3	1	*	*
一件式外	0.5	0.5	0.5	1
扣合式内	0.3	1	*	*
扣合式外	1	2	1	1.5

备注：矮器件是指高度小于屏蔽罩内高 0.2mm 以上的器件，其他器件均为高器件。在屏蔽罩内，矮器件只需要考虑留足 SMT 间距即可，而高器件需要考虑屏蔽罩加工能否打凸包、开孔、挖折边，因此，高器件的预留空间要考虑屏蔽罩的加工工艺。

屏蔽罩尺寸常规在 55mm×55mm 以内，超过此尺寸会有平整度问题，造成 SMT 良率下降，需提前与工厂沟通确认。

2. 布局设计

电子产品功能的好坏取决于单板 PCBA，而单板 PCBA 功能和性能的好坏关键在于 PCB 布局架构的堆叠方案。一个好的 PCB 布局架构堆叠既能满足产品 ID 和结构设计要求，又能满足电气性能要求，同时还有利于工厂的生产测试组装。

（1）基本原则

① 满足结构要求，包括 PCB 的组装、尺寸形状及对应的外围接口位置等。

② 禁止在 PCB 的禁布区布局和走线，包括板边、组装过孔处等，通常为小于 1mm，取 0.5mm 为宜。

③ 满足电源通道的最低要求，不能因过密的布局而影响电源的供电通道，滤波电容过密布置会将电源和地网络冲断，造成电源和地平面的不完整。

④ 满足关键元器件、关键信号、整板的布线通道等需求，对关键元器件的布局、关键信号的走线需要提前规划考虑。

⑤ 满足 PCB 的可制造性要求，元器件布局时彼此的间距要合理，方便焊接及调试，同一类型的元器件在空间允许的情况下，应尽可能进行同一方向的布局。

⑥ 满足 PCB 的可测试性要求，易于检测和返修。

⑦ 在满足系统功能和性能的前提下，质量大的元件在 PCB 上布局时，应尽量均匀布置。

（2）基本顺序

① 根据结构图，绘制板框，如有开窗也需绘制开窗的位置。

② 绘制整板器件禁布区，一般距离板边 5mm（ Area/Package Keep in ），绘制其他有特殊要求的禁布区（ Area/Package Keep out ）。

③ 布局有结构要求的器件（ 位置、方向、正反面等 ）。

④ 对布局进行整体规划，根据主要信号流向，布局关键信号器件。

⑤ 优先考虑时钟系统、控制系统、电源系统等的布局，同时需对主次电源进行规划，考虑各电源在电源平面层的大致分割，还需考虑器件间是否有足够的布线通道。

⑥ 布局时需考虑有拓扑要求的器件，并预留有足够的空间给有长度要求的信号绕等长。

⑦ 单板基准点放置。

（3）布局工艺要求

① 常见器件间距要求如表 3-13 所示。

表 3-13　器件间距要求

序号	器件	间距要求/（mm/mil）
A	分立器件与分立器件长边	0.3/12
B	分立器件与分立器件短边	0.3/12
C	分立器件长边与SOP、DFN等器件引脚	0.3/12
D	分立器件短边与SOP、DFN等器件边缘	0.3/12
E	分立器件长边与SOP、DFN等器件边缘	0.3/12
F	分立器件与BGA边缘	1/40
G	BGA与BGA边缘	2/80
H	BGA与SOP、DFN等器件边缘	2/80
I	SOP/DFN与SOP、DFN等器件边缘	2/80

器件间距示意图如图 3-27 所示。

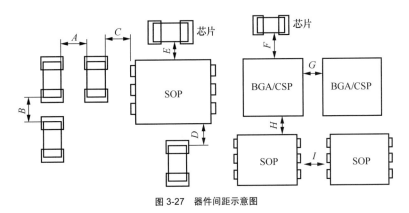

图 3-27　器件间距示意图

② 极性器件。

有极性或方向性的器件在布局上要求方向一致，不能满足方向一致时，也应尽量满足在水平或竖直方向上保持一致，最多两个方向，以提高贴片效率。极性器件如图 3-28 所示。

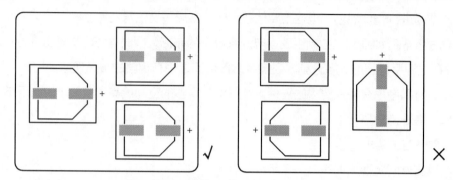

图 3-28　极性器件

③ 板边要求。

器件离 PCB 边缘要有一定的安全距离，除了有结构要求的器件，其他器件原则都不能超过 PCB 边缘。SMT 传送边的器件需要满足引脚焊盘边缘或器件距离板边 5mm 以上的要求，另外两边器件与板边的最小距离一般不超过 1mm，器件离板边太近易被撞掉。

④ 辅助边。

器件布局不能满足传送边宽度要求（板边 5mm 禁布）时，应该采用加辅助边的方法。添加辅助边的宽度一般要求：无须拼板的 PCB 辅助边的最小宽度为 5mm，部分板边与器件的距离本身有余量的可缩小至 2 ～ 3mm，具体需与板厂确认。

⑤ 基准点的布置。

单板基准点的形状与大小：直径为 1mm 的实心圆。

阻焊开窗：开窗大小为和基准点同心的圆，其直径为基准点直径的两倍，在 2mm 直径的边缘处要求有圆形或八角形的铜线对其保护。基准点设计如图 3-29 所示。

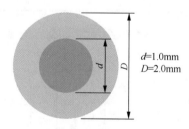

d=1.0mm
D=2.0mm

图 3-29　基准点设计

⑥ 一般原则如下。

- SMT 设备加工的单板必须布局基准点；不经过 SMT 工序的单板无须布局基准点。

- 单面基准点的数量大于等于 3，且增加位号标识，以便工厂准确定位。

- 单面布局时，基准点只需布局在元件面。

- 双面布局时，基准点需双面布局，正反面稍微错开即可。

- 在板边成 "L" 形布局，各基准点之间的距离尽量远，基准点中心距离板边必须大于 6mm。

（4）布局技巧

模块化布局。将各功能模块添加为组属性，方便布局调整时模块整体移动。布局时需要考虑好关键电源和信号的走线通道。将模拟、数字、电源模块功能区域分开，避免弱信号（射频 /PA/MIC 等）被强信号（DDR/ 电源模块）干扰。主板模块划分如图 3-30 所示。

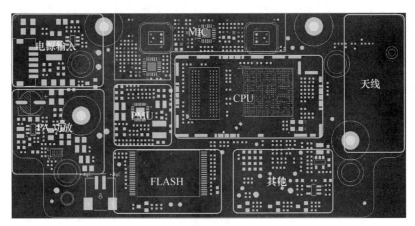

图 3-30　主板模块划分

（5）其他布局注意事项

① 结构部分。

结构要理解透，确认板框、定位孔、定位器件、禁布区、板厚等关键信息。结构正背面确认清楚，不能搞混，原则上以结构正视图为 TOP 面。

② 电子部分。

以接口为基准，确认主系统位置，需优先考虑天线净空隔离区、扬声器和 MIC 等模拟弱信号的隔离。

③ 生产部分。

屏蔽罩最大尺寸为 55mm×55mm，基准点需要位号，工厂 SMT 时需要确认其位置。

④ 热部分。

发热模块的下方尽量多打地孔，方便热导流到其他层进行散热，发热模块（CPU/PA/ 电源模块）尽量合理、均匀分布，避免发热模块集中导致局部过热。主板高热器件如图 3-31 所示。

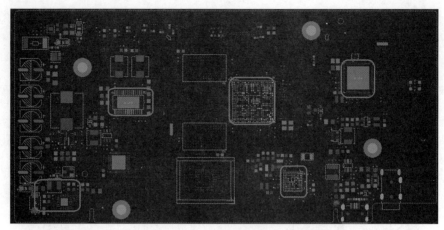

图 3-31　主板高热器件

3．CBB管理系统

（1）基础架构

CBB 管理系统由两个部分组成，一个是电子的原理图模块，另一个是对应的 PCB 设计模块。每个部分均有几个模块的关键参数和附件列表，可通过参数快速查询对应的模块。CBB 架构如图 3-32 所示。

CBB列表																
CBB类别	模块编码	主物料编码	CBB模块名称	关键参数	状态	申请人	创建时间	原理图模块	原理图模块使用说明	BOM	成本	BOM模块	PCB模块使用说明	PCB物理尺寸	结构3D文件	使用过的项目	更改记录
CPU	XXX	XXX	CPU_MT8516	2核、16G、512MB、MT7665等	可用/禁用	XX	##########	CBB附件	说明文档	附件	XXX	模块附件1	说明文档1	长×宽1（mm）	emn和emp文件1	XXX	XXX
												模块附件2	说明文档2	长×宽2（mm）	emn和emp文件2		
可按模块类别选择和自定义增加类别	系统开发预留，可先不操作使用	已有	同主芯片物料下面不同封装形式的以名称区别	可搜索				1个附件	多个附件	1个附件	通过BOM读取该模块的BOM成本	可能有多行，每行1个附件，比如单面布局和双面布局	可能有多行，每行多个附件	可能有多行，每行1个尺寸	可能有多行，每行1个附件	通过读取BOM读取出项目名称	
常见模块类别：1.CPU 2.电源 3.射频 4.功放 5.ADC 6.DAC 7.其他（字符数量不确定）	1.规则：CBB+年月日+数字（优先0～9）或字母（数字不够再从A～Z）2.举例1：CBB2019 1190 3.举例2：CBB2019 119A	可搜索	可搜索	可搜索							需提供BOM格式	1.PCB模块命名规则：模块名+层数+工艺(HDI)+器件面(TOP、BOT、BOTH)2.举例1：MT8516_4L_BOTH 3.举例2：MT8516_4L_HDI_TOP				项目统计次数若重复先不处理，后期手动处理（关键主芯片在库里面去统计，不在这里体现）	

图 3-32　CBB 架构

（2）审批流程

一个电子的 CBB 模块必须经过电子和 PCB 团队的双重审核才能发布，同样该系统具备自定义审批流程，可增加或者减少审核环节，这个权限只有管理员才有。CBB 业务流程如图 3-33 所示。

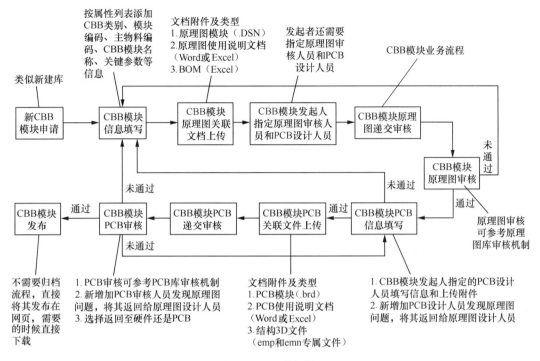

图 3-33　CBB 业务流程

3.3.3　小结

与封装设计面临问题一样，PCB 要在多家代工厂做 SMT 和产线测试。不同的代工厂工艺能力不同，产测方式差异也大，很多时候我们不知道未来导入的代工厂的具体情况，所以在 PCB 布局设计之初就要考虑其如何适应未知代工厂的 SMT 工艺能力和产测方式。经过几年的沉淀，PCB 团队的布局设计实现了一种布局方式对各家代工厂都适用，随时可以导入新的代工厂而不需要改板，为项目节省了时间和成本。

3.4　PCB布线设计

布线就是依据原理图的连接关系，将电子元器件的引脚用铜线连接到一起，是 PCB 设计工程师最基本的工作技能之一。走线的好坏将直接影响整个系统的性能，大多数高速 PCB 的设计理论最终也要经过布线得以实现并验证，由此可见，布线在高速 PCB 设计中是至关重要的。

3.4.1　案例详解

作为普惠大众的产品，成本自然是要着重考虑的，降下来的每一分成本都会回馈给消费者，但是降成本不代表降品质，所以在严格的品质要求下，降成本是极为困难的，这不仅考验我们的技术，更考验我们硬件研发团队的能力。比如我们的方糖产品，经过团队的努力和思考，打破了常规，把需要用 4 层才能完成的 PCB 设计做成了 2 层，而且各项指标均满足要求。特别是关于 SDIO 信号线的设计案例，可以充分地体现我们的独特思维。

案例1　2层板SDIO布线

【**问题描述**】

射频测试时发现 Wi-Fi 在 2 层板上 EVM（Error Vector Magnitude，误差向量幅度）抖动较大，经过问题分析发现其与 SDIO 信号的布线有关。

【**问题分析**】

（1）检查原始设计

如图 3-34 所示，2 层板无法单独给 SDIO 信号一个完整的参考地平面布线，原因如下。

① SDIO 信号线的背面与多条其他信号线交叉，导致 SDIO 的参考平面不完整。

② SDIO 是高速数字信号，而在其背面与其交叉的走线中有两条是射频电源线。射频电源极容易被高速数字信号干扰。

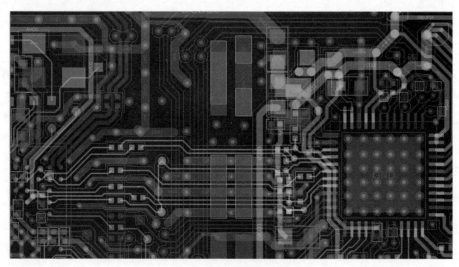

图 3-34　2 层板 SDIO 信号布线

（2）对发现的两个问题做深入分析

有线信号的传输伴随着电子的流动和能量的传输，当信号从一端传向另一端时，电子就在信号线上从一端传向另一端。信号被接收了，可是电子不能停留在被传输端，它需要回到传输端才能继续再传输信号，所以在传输信号时电子是有两条路径的，一条就是我们给规划好的信号传输线，另一条就是信号传输完成后电子回流的路径。电子的回流是从地网络走的，高速数字信号由于其高频效应，电子回流一般会从信号线下方的地与信号走线同路径的地返回。

在这个设计中我们可以清楚地看到，SDIO 信号走线的下方地平面被其他信号线切断了，回流的最佳路径被切断了，那么信号怎么回流呢？当然是绕路走了，这样回流信号就会在板子上走出一个大圈来。这个回流信号圈就会对外辐射没用的信号，从而干扰其他信号的正常工作。

射频信号与数字信号向来是水火不容的，往往数字信号仰仗着自己身强体壮"欺负"瘦弱的射频信号。射频信号惹不起就躲，躲不开那可就要被干扰得没法工作。电源是所有信号的粮食，没有电源所有信号都不能被传输。在上面的设计中，很显然强大的数字信号与射频信号的粮草运输队狭路相逢，这里不存在勇者胜，输的只能是射频粮草运输队。这时候，数字信号干了一件卑鄙的事，给射频粮草"下毒"，干扰了射频电源。吃下有毒粮草的射频信号身体立刻就不舒服了，头脑发晕，身体发抖，状态极不稳定。

（3）无中生有，妙手回春

问题的根本原因前面已经分析了，这可是巧妇难为无米之炊，因为只有 2 层板，所以没有更多的走线层给 SDIO 信号一个完整的地平面，没有更多的走线层让射频电源躲开数字信号。这里 PCB 团队想出了一个巧妙的方案，优化 2 层板，2 层板优化后设计如图 3-35 所示。

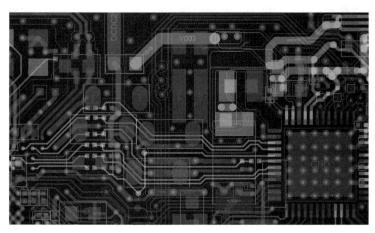

图 3-35　2 层板优化后设计

路断了怎么办？架桥！信号的回流路断了可以架桥吗？可以！在 SDIO 信号回流路径被切断的地方摆了一些 0Ω 电阻，电阻两端都接地，这样信号回流遇到沟渠的时候再也不用绕远路了，可以直接上桥走过去，把辐射干扰降下来。

射频电源是不是也能架座桥躲开数字信号呢？能！从图 3-35 中，我们看到有两路射频电源信号与数字信号邻层相交，其中一路是 3.3V 的电源，这是射频和数字信号共用的，尤其是 SDIO 上拉也会用到它。对于这一路电源，我们采取的是分道扬镳的策略，在前端就把数字电源和射频电源分开，各走各的道彼此不来往，而且把 SDIO 的上拉接到数字电源上。另一路 1.25V 的电源，这是纯粹的射频电源，我们就修堵墙、架座桥，把数字信号挡得远远的。首先把原来射频电源的走线都删掉，在其背面铺一块地，这块地平面就是一堵墙，先把数字信号挡住，然后再放一个大的 0Ω 电阻在这个地上，用这个电阻走射频电源。这样既挡住了数字信号，又给射频电源造了一条通路。

【整改结果】射频测试通过。

案例2　PDN设计

PCB 设计中 PDN（Power Delivery Network，电源分配网络）是绕不开的一道坎，往往芯片原厂会给出详细的 PDN 设计指导和已经仿真通过的参考设计供芯片的使用者直接复用，但是复用芯片原厂的设计就意味着我们的设计失去了灵活性，一切设计都要迁就芯片原厂来进行。很显然这样做就只能为消费者提供一些没有特点、品质一般的产品，这显然不符合阿里"客户第一"的一贯作风，因此要打破芯片原厂的约束，就要做出不一样的产品来。

【问题描述】

某项目使用了新的平台，在设计完成后的 PI（Power Integrity，电源完整性）仿真中有一路 PDN 交流阻抗过高不达标。由于是新的平台，而且芯片原厂的参考设计尚未完成，PCB 设计只能简单参考上一代芯片的 PCB 设计来进行。相比于参考设计采用的集成 PMIC（Power Management IC，电源管理集成电路），该产品采用了分离 Buck 的电源设计方案，而且考虑到信号辐射的因素，抛弃了参考板的设计方案，采用了天猫精灵一贯的设计思路，将电源走线都设计在了内层。在设计完成后的 PI 仿真中发现 VDD_VPROC 这路电源的交流阻抗不满足约束要求，在 100MHz 处交流阻抗达到了 210mΩ 以上，VDD_VPROC 仿真结果如图 3-36 所示。

【问题分析】

第一轮分析：检查设计后发现，在 AP 端电源有 4 个过孔，而附近的 GND 只有 3 个过孔，明显 GND 过孔数量较少。且电源平面路径很短，宽度较大，结合直流阻抗仿真结果可以判断出电源平面路径不是造成问题的主要原因，优先优化 GND 过孔，VDD_VPROC 原始布线如图 3-37 所示。

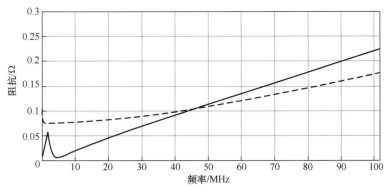

图 3-36　VDD_VPROC 仿真结果

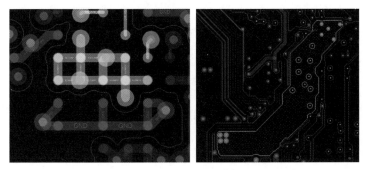

图 3-37　VDD_VPROC 原始布线

第一轮设计优化，增加了两个 GND 过孔，仿真结果有了明显的改善效果，但是交流阻抗依然超标，VDD_VPROC 首次优化效果如图 3-38 所示。

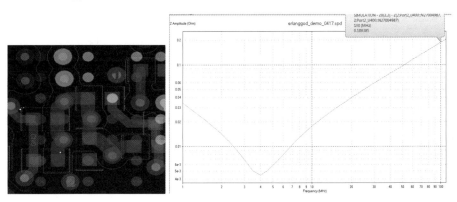

图 3-38　VDD_VPROC 首次优化效果

第二轮优化，对比芯片原厂上一代平台的 PCB 设计和新设计，发现有以下 5 处重要差异。

① 新设计中，从输出端到负载端的走线更短、更宽。

② 原厂的电源孔和新设计的电源孔数量都是 4 个。

③ 原厂的地孔有 5 个，新设计的地孔有 4 个。

④ 新设计的电源走线在内层且有一个完整的参考地，原厂的走线在表层，邻层与电源有很大面积的重叠，无完整的参考地。

⑤ 叠层厚度有差异，芯片原厂板厚比新设计的小 0.2mm。

总结以上差异点，我们新设计的电源走线更优，但是叠层厚度不占优势，因此尝试把电源与参考地之间的距离调小 0.2mm 并仿真验证。结果发现 100MHz 时交流阻抗为 164mΩ（达标），减少板厚仿真结果如图 3-39 所示。

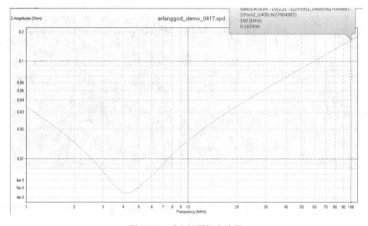

图 3-39　减小板厚仿真结果

我们考虑到板厚 1.2mm 不能随便降低，因此虽然找到了仿真不通过的原因，但是不能对板厚做修改，需要另想办法。又考虑到第一轮优化增加的 GND 过孔数使交流阻抗有明显的改善，可以判断 AP 侧的过孔数是改善交流阻抗的一个突破点，因此继续优化 AP 侧的过孔数量，通过调整背面电容的位置，又增加了 2 个 GND 过孔和 1 个电源过孔，再次进行仿真，结果 100MHz 时交流阻抗为 150mΩ（达标），VDD_VPROC 最优化结果如图 3-40 所示。

【问题结论】

与芯片原厂的设计相比，我们的设计电源平面更宽，路径更短，电源的参考平面更完整，但是综合考虑产品应用场景，需要更厚的 PCB，这就导致了电源与参考地之间的距离变大，从而使得平板电容效果下降明显，高频时交流阻抗增大。经分析我们通过增加过孔的数量降低负载端的感抗，有效降低了交流阻抗，仿真结果通过。

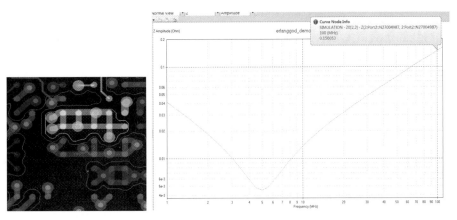

图 3-40　VDD_VPROC 最终优化效果

3.4.2　技术沉淀

1. 布线基本准则

① 地走线线径 > 电源走线线径 > 信号走线线径，对于 35μm 铜厚的板子，我们预计：1mm 线径的线能走 1A 电流。

② 对于信号线的走线，我们一般会优先走模拟小信号、高速信号、高频信号、时钟信号；其次再走数字信号。

③ 模拟信号和数字信号应尽量分块布线，不宜交叉或混在一起，其模拟地和数字地也应用磁珠或者 0R 电阻进行隔离。

④ 地线回路环路保持最小，即信号线与其回路构成的环面积要尽可能小，环面积越小，对外的辐射越少，接收外界的干扰也越小。需要仔细查看顶层和底层铺地，有些信号地是否被信号线分割，分割后会造成地回路过长，此时应该在分割处打过孔，保证其地线回路环路尽可能小。布线环路如图 3-41 所示。

⑤ 为了减少线间串扰，应保证线间距足够大，当线间距不少于 3 倍线宽时，可

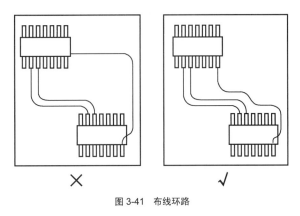

图 3-41　布线环路

保持 70% 的电场不互相干扰，称为 3W 规则。若要达到 98% 的电场不互相干扰，则可使用 10W 的间距。3W 布线规则如图 3-42 所示。

⑥ 信号线的长度避免为所关心频率的 1/4 波长的整数倍，否则此信号线中会产生谐振，谐振时信号线会产生较强的辐射干扰。

⑦ 信号走线禁止为环形，否则容易形成环形天线，其在多层板中容易产生较强的辐射干扰。环形布线如图 3-43 所示。

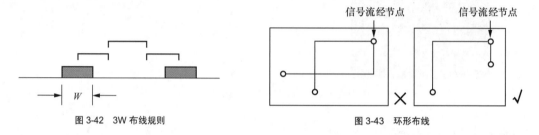

图 3-42　3W 布线规则　　　　　　　　　　　图 3-43　环形布线

⑧ 2 层板需采用格点地走线方法：时钟单独包地，地线线宽至少 16mil（20mil 最好），其他重要信号线以 2 根为一组包地，确保每根线旁边都有地线，地线需多打地孔组成网格形状，确保回路路径最短，2 层板各点走线法如图 3-44 所示。

⑨ 4 层板以上表层的时钟信号需包地，过孔需增加地孔回流，减少 EMI。

2. 布线工艺规则

（1）关于叠层与布线规划

图 3-44　2 层板各点走线法

智能音箱一般包含主控、BT 及 Wi-Fi、存储、电源管理、音频功放、MIC 几个基本模块，有屏音箱还会包含 LCD 和摄像头、电池充电模块。整体来讲智能音箱是个中等复杂程度的系统，大多数平台都是采用 4 层 PCB 设计，有些复杂的情况下会采用 6 层 PCB 设计。

天猫精灵项目在 4 层板叠层方面沉淀下来的经验如下。

① 单面布件。常规叠层结构：top——器件面；GND02——地平面；art03——走线层；bot 面——地平面（禁止摆放器件，定位器件除外）。信号和电源只允许走 top 和 art03 层，GND02（DDR 电源可以在此层处理）和 bot 层为完整的地平面。

② 双面布件。top——器件面，GND02——地平面，power03——电源平面，bot——器件面。

　　叠构的两个表层距离次表层间距都非常近，只有 3mil，每个信号层都可以就近获得一个参考地，易于阻抗控制和 PDN（Power Distribution Network，电源分配网络）。大量信号线走在了内层，且 top 层有屏蔽罩，使得信号的对外辐射非常小，特别有利于天线和 EMC 指标的达成。

　　（2）布线的工艺约束

　　常规 PCB 供应商的工艺能力要求如下。

　　① 通孔板。

　　设置内层铜厚 35μm 的线宽 / 线距为 4/4 mil，设置铜厚 17.5μm 的线宽 / 线距为 4/4 mil，设置局部线宽线距为 3/3 mil。

　　设置外层铜厚 35μm 的线宽 / 线距为 4/4 mil，局部线宽 / 线距为 3/4 mil，极少量的地方为 3/3mil。

　　解释：通孔板内层不需要电镀，基铜和成品铜厚基本一致。铜越厚，蚀刻难度越大，所以内层 35μm 的铜厚只能做到 4/4 mil，而外层需要电镀，35μm 的成品铜一般用 17.5μm 的基铜，实际蚀刻的铜厚为 17.5μm 左右，蚀刻同样的铜厚成品，外层的难度小于内层，因此外层局部可用 3mil 的走线，但是线间距还是要保持 4mil。（达芬奇项目 BGA 附近表层铜厚用了较多的 3/3mil 走线，有的板厂制作困难，导致孔内镀铜只能做到 13μm）。通孔板的线间距约束表（一）如表 3-14 所示。

表 3-14　通孔板的线间距约束表（一）（单位：mil）

	Line	TH VIA	BB VIA	PAD	Shape	PTH	NPTH
Line	4	4	*	7	7	8	12
TH VIA		6	*	7	5	8	12
BB VIA			*	7	5	8	12
PAD				*	8	8	12
Shape					8	8	12
PTH						8	12
NPTH							40

注：line（走线），TH VIA（过孔），BB VIA（盲埋孔），PAD（焊盘），Shape（铜皮），PTH（金属化过孔），NPTH（非金属化过孔）。

　　② HDI 板。

　　电镀层：有激光钻孔的层需要做电镀处理，基铜一般选择 11.67μm，成品铜厚要求 25μm，线宽/线距按3/3mil设计，一般具备 HDI（High Density Interconnector，高密度互连）

能力的板厂都能达到该要求且不影响其他指标。局部少量可做到 2.5/3mil。

非电镀层：无须电镀的层，基铜厚即为成品铜厚。铜厚为 35μm 的成品，线宽 / 线距可按 4/4 mil 设计；铜厚为 17.5μm 的成品，线宽 / 线距可按 3/3mil 设计。HDI 板线间距约束表（二）如表 3-15 所示。

表 3-15　HDI 板线间距约束表（二）（单位：mil）

	Line	TH VIA	BB VIA	PAD	Shape	PTH	NPTH
Line	3	3	3	4	5	6	10
TH VIA		4	4	6	4	8	10
BB VIA			4	5	4	8	10
PAD				*	6	8	10
Shape					8	8	10
PTH						8	10
NPTH							40

3. 功能信号布线要求

（1）SDIO 信号的布线要求

① 对于多层板，SDIO 信号需要走内层，CLK 信号单独四面包地，其他 5 条线为一组整体四面包地。

② 对于 2 层板，SDIO 信号的 CLK、CMD 信号布线时单独包地，数据线两两包地。走线背面尽量不穿线。如果无法避免穿线，则 SDIO 信号只能与低速数字信号垂直交叉，在背面不可与任何信号平行走线。射频信号及射频电源线无论是垂直还是水平都不可以在背面与 SDIO 信号线有重叠。

③ 对于走在表层的 SDIO 信号线要用屏蔽罩罩住，不可裸露在外。

（2）射频信号布线要求

① 所有射频线的阻抗控制在 50Ω 内。

② 射频信号布线远离数字信号、开关电源等强干扰源。

③ TX 与 RX 严格隔离，至少需要 1 或 2 个排地孔。

④ 射频走线在保证 50Ω 阻抗的前提下尽量宽，以减小插损，有条件的情况下可以挖一地层，隔层参考。

⑤ 射频芯片屏蔽罩内的数字信号线尽量走内层，以减小干扰。

⑥ 射频连接器中间的所有地层挖空处理。

⑦ 射频走线和高速数字信号走线在垂直方向上避免共用参考地。

⑧ 射频信号尽量走弧线,走线两侧多打地孔。

(3) I/Q 信号的布线

IQ(In-phase Quadrature,同相正交)信号是正弦波模拟信号。I/Q 信号线的走线非常重要,如果在传输过程中其被干扰或畸变,就会造成信号传输错误,因为 I/Q 信号本质上是一个模拟信号,所以 I/Q 信号线的隔离和保护对硬件工程师来说必须关注!

① I/Q 信号在布局和规划走线时必须保证远离 PMU,PMU 区域及网格禁止和 I/Q 线重叠,即使 I/Q 走线和 PMU 之间有地平面隔离,因为 PMIC 开关节点的磁场耦合也会造成 De-sense(Decreasing Sensitivity,干扰噪声导致灵敏度恶化)问题。

② I/Q 信号的 N 与 P 并排走类差分线,一般同一组的 I 与 Q 信号不用强制做隔离,但是各组之间的 I/Q 信号需要做隔离。

③ I/Q 信号远离数字信号,尽量走内层,四面包地。如果走表层则三面包地,两侧的包地需要多打地孔。

(4) 电源的布线要求

① 充电电路的布线如图 3-45 所示。其 PCB 布线的要点如下。

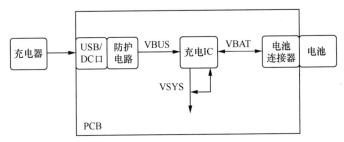

图 3-45　充电电路的布线

- USB/DC 端口到防护电路这一部分的电源信号噪声大,此处的布局布线都要靠近板边,与其他信号完全隔离开,尤其需要注意的是避免滤波后的走线与滤波前的走线邻层交叠。

- VBUS 和 VBAT 除了要满足通流能力,还需要关注其直流阻抗不能低于最低要求,否则充电速度会受到影响。

- VSYS 是系统电源,其除了给系统供电,在充电的时候它还是 VBAT 的输入电源,布线时一定要看清 VCHGIN(充电电源输入)的输入引脚是哪一个,从 VSYS 到 VCHGIN 的布线和打孔都要满足充电路径。

- 使用库仑计做电量检测的设计，充电路径上串接的精密电阻一定要靠近电池连接器，然后从焊盘中心对称走类差分线到充电芯片。

② PMIC 的布线如图 3-46 所示。

PMIC 是一个集成了多种功能的电源管理芯片，其核心功能通常包括充电管理、系统电源输出、Buck 输出、LDO 输出等。对于充电电路和系统电源输出部分的设计，与前面讲的充电电路设计一致，不再赘述。这里主要介绍 Buck 输出和 LDO 输出的布线。

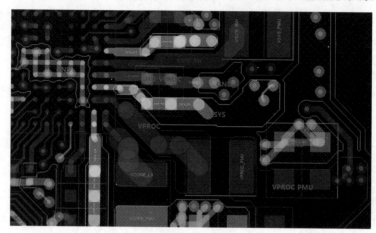

图 3-46　PMIC 布线

设计要点如下。

- VSYS 为 Buck 的输入电源，输入电容尽可能地靠近芯片引脚且横放，确保输入电源信号与地信号平行，达到形成的环形面积最小。

- 输入电容的地在表层不要与其他地相连，应直接打地孔到主地，且保证主地到芯片里的地没有被隔断。图 3-46 中采用单点地的方式把电容地与其他地隔离。

- Buck 输出电感尽量靠近芯片引脚，但是其顺序排在输入电容之后。芯片到电感的走线尽量宽，如果表层宽度不够，则需要再加一层，确保该处电源走线的下一层必须是地，电感下面一层必须是地。

- 输出电容根据 Buck 的类型确定摆放位置，高频开关电源输出电容靠近电感摆放，反馈线走单线从近端反馈。快速瞬变开关电源输出电容靠近负载摆放，反馈线走差分从远端反馈。

③ PDN 设计方法如下。

- 交流电源走线的容抗会让信号更顺畅，而感抗会对信号起阻碍作用，所以当交流阻抗达标时，优化设计的方法就是增强走线的容抗，减小走线的感抗。

- 增加走线宽度和减小走线长度在一定程度上可以减小阻抗值，但是其宽度达到一定值后，改善效果降低，继续增加宽度或减小长度收益甚微。
- 减小电源走线与参考地之间的距离能显著增加回路的容抗。
- 过孔在高频下具有显著的感性，因此在输出和输入端增加过孔能显著减小感抗（并联效果的优化）。
- 在芯片端布线时，拉近电源、地孔与器件引脚之间的距离确实能减小感抗，但是效果有限（串联效果的优化）。

3.4.3　基础知识

1. 阻抗

（1）传输线理论

传输线理论又称长线理论，所谓长线是指传输线的几何长度可以和线上传输电磁波的波长相比拟。在低频电路中常常忽略元件连接线的分布参数效应，认为电场能量全部集中在电容器中，而磁场能量全部集中在电感器中，电阻元件是消耗电磁能量的，由这些集总参数元件组成的电路称为集总参数电路。当电磁波频率提高到其波长和电路几何尺寸相比拟时，电场能量和磁场能量的分布空间很难分开，而且连接元件的导线的分布参数已不可忽略，这种电路称为分布参数电路。若线长 L 与信号波长 λ 的比值大于 0.1，则可认为它是长线，反之，则被认为是短线。长线与短线的区别在于，长线为分布参数电路，而短线是集总参数电路。

当信号的边沿很陡的时候，信号本身所包含的有效频率远远高出信号工作频率，对于 1ns 的上升信号沿，其所包含的有效频率带宽达到 400M 左右，而这样的信号在 PCB 走线传输时，信号的传播类似于场的形式传播，而不是电压与电源！信号线周围电磁场如图 3-47 所示。

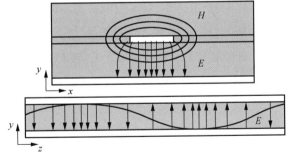

图 3-47　信号线周围电磁场

传输线的等效电路是由无数个微分线段的等效电路串联而成。从模型可以看出，传输线模型是分布参数模型，线上任意一点的电压与电流都是入射波与反射波的叠加。传输线模型中实际存在四要素：一个串联电阻、一个串联电感、一个并联电容（$C=Q/V$）、一个并联电导（导体间的介质损耗）。传输线分布式参数模型如图 3-48 所示。

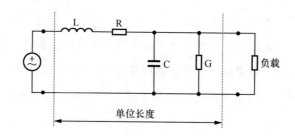

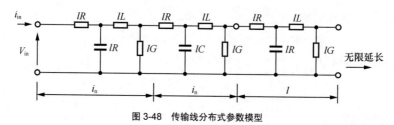

图 3-48 传输线分布式参数模型

（2）传输线的特征阻抗

特征阻抗是传输线分布电容与电感的等效，它的物理意义为入射波电压与电流的比值，或反射波电压与电流的比值，即 $Z_0 = V/I = L/C$。

① 常见传输线类型：微带线。

它由一根带状导线与地平面构成，中间是电介质，如果电介质的介电常数、铜皮厚度和线宽及其与地平面的距离是可控的，则它的特征阻抗也是可控的，微带线阻抗计算如图 3-49 所示。

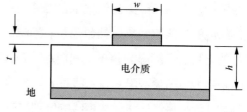

微带线的特性阻抗为：$Z_0 = \dfrac{87}{\sqrt{\varepsilon_r + 1.41}} \ln\left(\dfrac{5.98h}{0.8w + t}\right)$

图 3-49 微带线阻抗计算

通过图 3-49 中的公式可以看出，特征阻抗与微带线的各影响因素之间的关系是：走线宽度、铜皮厚度、介电常数与特征阻抗是负向相关的，即走线越宽，铜皮越厚，介电常数越大，特征阻抗越小。走线到参考平面的距离与特征阻抗是正向相关，即参考距离越大阻抗越大。

② 常见传输线类型：带状线。

带状线就是一条置于 2 层导电平面之间的电介质中间的铜带。如果线的厚度和宽度、电介质的介电常数，以及其与 2 层接地平面的距离是可控的，则线的特征阻抗也是可控的，带状线阻抗计算如图 3-50 所示。

通过图 3-50 中的公式可以看出，特征阻抗与带状线的各影响因素之间的关系是：走线宽度、铜皮厚度、介电常数与阻抗是负向相关的，即走线越宽、铜皮越厚、介电常数越大，特征阻抗越小。走线到两个参考平面的总距离与特征阻抗是正向相关，即参考距离越大阻抗越大。

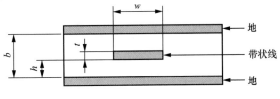

w
t
b
h
地
带状线
地
带状线的特性阻抗为：$Z_0=\frac{60}{\sqrt{\varepsilon_r}}\ln\left[-\frac{5.98b}{\pi(0.8w+t)}\right]$

图 3-50　带状线阻抗计算

③ 常见传输线类型：差分线。

差分线适用于对噪声隔离和改善时钟频率要求较高的情况。在差分模式中，传输线路是成对布放的；两条线路上传输的信号电压、电流值相等，但是相位（极性）相反。由于信号在一对线中进行传输，在其中一条线上出现的噪声与另一条线上出现的噪声完全相同（并非反向），两条线路之间生成的场将互相抵消，因此与单端传输线相比，差分线只产生极小的地线回路噪声，并且减少了外部噪声的问题。差分线模型如图 3-51 所示。

可控阻抗
输入
A
B
输出
端接电阻

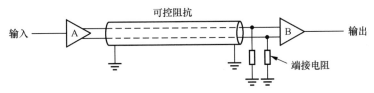

图 3-51　差分线模型

差分阻抗指的是差分传输线中两条导线之间的阻抗，它与差分传输线中每条导线对地的特征阻抗是有区别的，主要表现为如下。

- 距离很远的差分对信号，其特征阻抗是单个信号线对地特征阻抗的 2 倍。
- 间距较近的差分对信号，其特征阻抗比单个信号线对地特征阻抗的 2 倍要小。
- 其他因素不变时，差分对信号之间的间距越小，其特征阻抗越低。

差分阻抗计算公式为 $Z_{diff}=2\times Z_0\times(1-k)=2\times(Z_{11}-Z_{12})$，其中 Z_{11} 为单个信号线对地的特征阻抗，$Z_{12}=K\times Z_{11}$，K 为耦合系数。

2. PDN

PDN 就是将电源功率从电源输送给负载的实体路径。电流通过 PDN 从电源端流向负载端，再通过 PDN，从负载端流回电源端。

（1）电源完整性设计需要满足三大目标

① 芯片层面：为芯片提供干净、稳定的电源。

② 单板层面：为信号提供低阻抗、低噪声的参考回路，确保阻抗连续性，降低串扰。在

单板层面，需要涉及信号完整性和电源完整性的协同设计，如对同步开关噪声问题的分析。

③ 系统层面：避免电磁干扰发射，电源噪声作为电磁干扰的重要组成部分，电源噪声的分析涉及电源完整性、信号完整性、EMI 等方面。

电源完整性分析方法包括频域、时域和直流 3 大类，PI 分析方法如表 3-16 所示。

表 3-16　PI 分析方法

分析方法	分析重点	说明
频域分析	交流阻抗	分析电源平面自阻抗、转移阻抗
	平面谐振	分析电源平面谐振频率、位置、幅度
	电流电压频谱	分析不同电源网络的电压电流频谱特性
时域分析	电源噪声电压	分析噪声波形的噪声大小
直流分析	直流压降	分析各电源网络的器件压降及其瓶颈优化
	电流密度	分析各电源网络的电流密度及其瓶颈优化

（2）电源噪声形成机理

在数字系统中理想的电源是电压恒定的直流电压源，但实际上由电源和地走线、平面及去耦电容等构成的电源分配系统，由于存在寄生电阻、寄生电感、寄生电容等寄生参数，其阻抗并不为零。当芯片工作电流由电源输出，流经电源分配网络到达芯片端时，就会在芯片端造成一定的直流压降和瞬态噪声。

PDN 导线模型如图 3-52 所示。

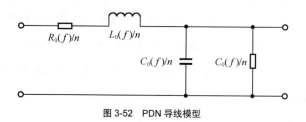

图 3-52　PDN 导线模型

如果负载需要的是一个稳态电流，那么在理想导线模型下，输出电压等于负载工作电压即可。但实际情况下，由于正负极导线均存在一定的阻抗，正负极导线会存在压降，若想负载正常工作，电源输出端的电压要大于负载工作电压。经过 PDN 的电流越大，压降越大，要求 PDN 的供电电压越高。

如果负载需要的不是稳态电流，而是交流电流，那么在理想导线模型下，无论频率怎么变化，电源都可以满足负载的需求。而实际情况下，由于正负极导线均存在寄生电感，所以需要电源供电电压高于负载工作电压。频率越高，阻抗越大，压降也越大，要求的供电电压越高。

负载大小和负载频率的变化，最终都会导致负载电压不再与电源输出相等，一旦负载获得的电压低于负载的工作需求，就会导致负载发生不可预见性的故障。

3.4.4　小结

天猫精灵在 PCB 布线方面积累的技术和方法，让我们可以用更少的 PCB 层完成更高品质的设计，同时独具特色的叠层设计很好地控制了信号的对外辐射，从而减少了屏蔽罩的使用数量，这些措施都大大地降低了成本，为用户赢得了更多的实惠。

3.5　PCB设计软件工具简介

PCB 设计软件种类繁多，不同的软件针对的客户群体和区域有所不同，市面上常见的有 Cadence Allegro、Mentor、PADS、Altium Designer（ 以下简称 AD ）、Eagle 及 Zuken 等。

Cadence Allegro：目前在设计高端产品上使用最多的软件，比如高速板卡、手机平板等，适用于设计大型复杂的产品，设计效率高。国内的硬件公司多采用该软件，但该软件的缺点是规则比较多，上手较难。

Mentor：适用于设计大型复杂的产品，与 Cadence Allegro 同等定位，各有优缺点，优点是拉线方便，不过国内企业中用得相对较少，外企中用得较多。

PADS：简单易学，容易上手，适用于设计中等难度的产品，适合大多数中小型公司，市场面较广。

AD：Protel 的延伸版，简单易学，适用于设计简单的产品，国内中小型公司用得较多，市场占有率较少。

Eagle：欧洲公司用得较多。

Zuken：日本公司用得较多。

第 4 章

硬件开发之射频篇

4.1　射频团队介绍

1. 射频的由来

同其他技术一样，射频无线电技术发展也经历了从现象到理论，再到实验证明，最后到商业化的过程，射频无线电技术的关键人物如图 4-1 所示，他们对射频无线电技术的发展起到至关重要的作用。

| 法拉第 | 麦克斯韦 | 赫兹 | 马可尼 |
| 现象 | 理论 | 实验 | 产品 |

图 4-1　射频无线电技术的关键人物

（1）法拉第

法拉第，英国物理学家，于 1831 年发现电磁感应现象。法拉第定律是基于观察电磁感应现象的实验定律。实验表明，无论用什么方法，只要穿过闭合电路的磁通量发生变化，闭合电路中就有电流产生。这种现象被称为电磁感应现象，所产生的电流被称为感应电流。

电磁感应现象是电磁学中的重大发现之一，它揭示了电、磁现象之间的相互联系，证实了电场和磁场可以相互转换。法拉第电磁感应定律的重要意义有两个方面，一方面，依据电磁感应的原理，人们制造了发电机，从此，电能的大规模生产和远距离输送成为可能；另一方面，电磁感应现象在电工技术、电子技术及电磁测量等方面得到了广泛的应用。

（2）麦克斯韦

麦克斯韦，英国物理学家，是继法拉第之后，又一位电磁学理论的集大成者。他在前人成就的基础上，系统、全面地研究了电磁现象，发表了《论法拉第的力线》《论物理的力线》《电磁场的动力学理论》3 篇关于电磁场理论的论文，将电磁场理论用数学形式表示出来。该数学式经后人整理，成为经典电磁动力学的基础公式——麦克斯韦方程组。1865 年麦克斯韦预言了电磁波的存在，并推导出电磁波的传播速度等于光速，同时得出光是电磁波的一种形式这一结论，揭示了光现象和电磁现象之间的联系，完成了光学和电磁学的一次大综合。他的理论成果为现代无线电电子工业奠定了理论基础。

（3）赫兹

赫兹，德国物理学家，1887 年他证实了电磁波的存在。赫兹对电磁学有很大的贡献，频率的国际单位就以他的名字命名。赫兹根据振荡原理，设计了一套电磁波发生器，当感应线圈的电流突然中断时，其感应高电压使电火花间隙之间产生火花，之后，电荷便经由电火花间隙在锌板间振荡，频率高达数百万兆。根据麦克斯韦理论，此火花应产生电磁波，于是赫兹设计了简单的检波器来探测此电磁波。他将一小段导线弯成圆形，线的两端点间留有小电火花间隙，电磁波应在此小线圈上产生感应电压，进而使电火花间隙产生火花。于是他坐在一暗室内，检波器距振荡器 10m，结果他发现检波器的电火花间隙确有小火花产生。赫兹在暗室远端的墙壁上覆有可反射电波的锌板，入射波与反射波重叠应产生驻波，他用检波器在距振荡器不同距离处分别侦测并加以证实。赫兹先求出振荡器的频率，又以检波器量得驻波的波长，二者的乘积即电磁波的传播速度。正如麦克斯韦预测的一样，电磁波传播的速度等于光速，赫兹的实验成功了，而麦克斯韦理论也因此获得实验证明。

（4）马可尼

马可尼，意大利无线电工程师、企业家、实用无线电报通信的创始人。

1894 年，当马可尼了解到赫兹几年前所做的实验时，他很快就想到可以利用电磁波向远距离发送信号，而无须线路，这就使无线通信有了可能。经过一年的努力，马可尼于 1895 年成功地发明了一种工作装置，1896 年他在英国做了该装置的演示试验，并获得了这项发明的专利权，他成了世界上第一台实用的无线电报系统的发明者。

1897 年马可尼成立了马可尼无线电报有限公司，电报业务开始商业化。

1899 年 3 月，马可尼成功地实现了横贯英吉利海峡的无线电通信，使通信距离增加到 45km。同年，在英国海军演习中有 3 艘军舰装备了无线电通信装置，在两艘军舰之间实现了通信，证明无线电信号可以曲面传输。

1900 年 10 月，马可尼在英国康沃尔的普尔杜建立当时世界最大的 10kW 火花式电报发射机，架起巨大的天线。

1901 年马可尼在加拿大纽芬兰的圣约翰斯使用风筝天线进行越洋通信试验，1901 年 12 月 12 日中午收听到 3000km 外的英国普尔杜横渡大西洋发出的 S 字母信号，开辟了无线电远距离通信的新时代。

虽然当时这些信息都是利用莫尔斯电码的时通时断系统发射的，但是马可尼推断声音也可以用无线电传播，声音的无线传输大约在 1915 年得以实现，尽管用于商业的无线电广播在 20 世纪 30 年代初期才刚刚开始，但是它带来的影响和价值非常大，射频技术也得到了快速发展和普及。

2. 什么是射频

电流通过导体会形成磁场，交变电流通过导体会形成电磁场，进而产生电磁波。频率低于 100kHz 的电磁波会被地表吸收，不能形成有效的传输，频率高于 100kHz 的电磁波可以在空气中传播，并经大气层外缘的电离层反射，形成远距离传输能力，我们把这种具有远距离传输能力的高频电磁波称为射频（信号）。

随着无线通信的发展，射频技术越来越重要。通信系统中两个重要的概念是基带和射频，其架构如图 4-2 所示。

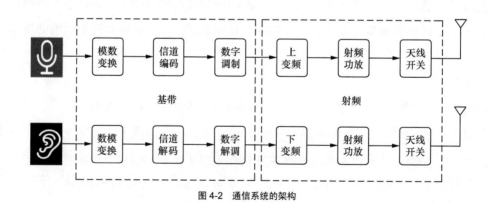

图 4-2　通信系统的架构

射频是将基带调制信号（声音、文字、数据和图像等）和一定频率的电磁波信号相互转换，并通过天线来发送、接收，射频系统包括调制器、解调器、滤波器、功率放大器、低噪声放大器和天线等，可以分为射频电路和天线两部分，也可以按照收发功能分为发射通道和接收通道，如图 4-3 和图 4-4 所示。

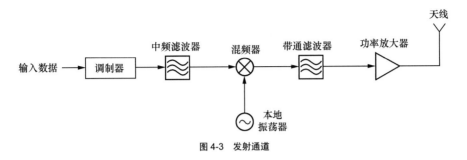

图 4-3　发射通道

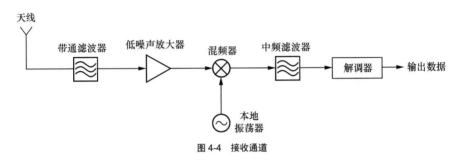

图 4-4　接收通道

原始基带信号就是原始图像或者语音数据经过调制后的信号，其频率很低，而射频要做的就是继续对信号进行调制，将其从低频频段调制到指定的高频频段，之所以要做这样的调制，是基于以下 2 点。

① 基带信号频率低，不利于远距离传输。根据天线理论，当天线的长度是无线电信号波长的 1/4 时，天线的发射和接收转换效率最高。电磁波的波长和频率成反比（波速 = 波长 × 频率），如果使用低频信号，设备的天线尺寸就会比较大，工程实现的难度较高。尤其是移动设备，其对大尺寸的天线是不能容忍的，因为大尺寸天线会占用宝贵的空间。

② 无线频谱资源紧张，低频频段被普遍占用，而高频频段资源相对比较丰富，更容易实现大带宽。同时不同制式的通信系统有固定的通信频率，例如 900MHz 的 GSM（Global System for Mobile Communications，全球移动通信系统）频段，1.9GHz 的 4G LTE（Long Term Evolution，长期演进技术）频段，3.5GHz 的 5G 频段。基带信号经过射频调制之后，功率较小，因此还需要经过功率放大器放大信号，使其获得足够的射频功率，然后才会被送到天线。信号到达天线之后，经过滤波器的滤波（消除干扰杂波），最后通过天线发射出去。

3. 射频工程师的职责

射频是无色无味、看不见、摸不着又闻不到的，它真的做到了跳出五感之外，没有人能感知五感之外的存在。工程师用数学公式进行理论计算才证明射频存在于这个世界上，而用户使用手机通话卡顿或者用天猫精灵看视频卡顿时，才会意识到移动射频信号或者 Wi-Fi 射频信号变差，在绝大多数应用场景下，用户对射频是无感知的。因此射频工程师的最大愿望就是让无线产品具有用户"无感知"的性能体验，让天下万物具备连接属性，让信息和数据自由流通。万物相连，即将各种信息传感设备与互联网结合起来而形成的一个巨大网络，实现在任何时间、任何地点，人、机、物的互联互通，而这种互联互通就是利用射频无线技术，如 Wi-Fi、BLE（Bluetooth Low Energy，低功耗蓝牙）等。万物互联示意图如图 4-5 所示。

图 4-5　万物互联示意图

随着社会分工越来越细，射频工程师的工作分工也越来越细，有人负责射频电路，有人负责天线，有人负责 EMC。很多大的硬件公司都会有一个大的射频团队来支撑产品开发，团队人员包含天线工程师、射频工程师和 EMC 工程师。而天猫精灵的射频工程师都是全才，他们除了精通天线、射频电路、EMC，在项目中还要关注硬件的架构设计、热设计、电源设计、PCB 设计，甚至还要关注软件时钟配置等，真正做到"上山能打虎，下河能摸鱼"。但也只有这样，才能在与团队合作中把天猫精灵做好。因为射频是一个大系统，如果知识面和能力不够全面，就不能从容应对各种挑战。

4.2　射频经典案例

射频工程师总想把最高的配置和最好的性能体现在产品上，但产品设计是一个平衡的过程，需要多方面的考量。一款极致成本的有屏智能音箱要求物料成本最低、加工生产成本最低、运输和仓储成本最低，硬件功能满足产品需求且客户体验还不能差。射频工程师只有选择能满足产品需求且成本最优的射频方案，才能做到极致成本。

天猫精灵要求射频工程师是个"多面手"，只有这样才能把产品做好。我们就以某个有屏项目为例，充分说明这一点。在这个项目中，我们通过天猫精灵传输的网络视频的编码方式及最低网络需求速率来计算并评估射频方案。对比各种方案，我们发现性能最优的是某公司的套片基带 CPU+Wi-Fi/BT 芯片，但该芯片价格比较高。综合考虑性能、技术成熟度、物料及开发成本等因素，再通过理论计算和实际测试验证，我们决定采用基带 CPU 内置 Wi-Fi 加外置一个第三方蓝牙芯片的射频方案。

是不是确定了射频方案，工作就完成了？并不是，我们还需要考虑其他方面的设计。某平台的参考设计如图 4-6 所示。按照主控的参考设计，若采用内置 Wi-Fi，则平台厂商推荐的屏蔽罩一定是两件式设计（屏蔽框 + 屏蔽盖的方式），并且还需要对屏蔽罩进行开孔处理。由于没有从系统架构层面去考虑屏蔽罩的开孔处理，这为后续的热设计和性能扩展埋下了隐患。

结构团队在结构上做精简设计，一步一步地优化设计方案，不仅从组装方式、螺丝的装配，以及线的长度等细节上去降低成本，还在热设计上充分考虑用户的体验需求——屏蔽罩采用两件式设计，且做开孔处理；散热片采用低成本的马口铁和半开窗的设计。散热设计方案如图 4-7 所示。整机出来后，我们第一时间做了测试，热和射频的各项测试结果都是满足质量标准的。当我们认为项目终于可以顺利推进时，坏消息却悄然而至，而且是一个接一个。

图 4-6　某平台的参考设计

图 4-7　散热设计方案

第一个坏消息是业务策略的变动导致的产品需求变更。产品增加了视频通话的美颜功能。这时项目已经进行了一半，产品硬件的需求要变动，软件也要随着做修改。EVT 阶段，整机更新软件后，CPU 功耗增加，单台机器的热测试结果不达标，CPU 的内核温度超标 2℃～ 3℃，且长时间工作，CPU 的内核温度会达到芯片要求的上限，超过标准 1℃～ 3℃。

第二个坏消息戛然而至，某公司的基带 CPU 存在边界芯片。由于低成本，基带芯片漏电流范围在 10 ～ 105mA。不同的漏电流芯片配置相同的软件，CPU 的内核温升不一样，而且差异较大。我们第一次更新软件测试的机器使用的是漏电流比较小的 CPU，于是更换漏电流大的 CPU 再进行热测试，测试数据不达标。机器采用漏电流大的 CPU，在 EVT 阶段视频通话时若开启美颜功能，则会死机，此时 CPU 内核温度超标 10℃以上。

第三个坏消息是温升问题和 Wi-Fi 射频性能问题同时存在。如果基带 CPU 芯片要保证内置 Wi-Fi 的射频性能，就只能允许芯片顶部开半窗散热；如果芯片顶部全部开窗，整机 Wi-Fi 的性能就会变得非常差。CPU 散热问题解决了，射频情况就恶化；射频问题解决了，CPU 散热情况就会恶化。因此，射频团队和结构团队开始找更高导热率的导热硅胶，验证不同间隙、不同材质的散热片，反反复复做了二百多组修改测试，寻找热和射频的平衡。

第四个坏消息是在做实验时发现的，屏蔽罩扣不严会影响射频 TIS（Total Isotropic Sensitivity，总全向灵敏度）性能。经分析，屏蔽罩扣不严可能与散热片和导热硅胶的应力存在关系。屏蔽罩采用两件式设计，而导热硅胶也是两片。当散热片压在导热硅胶上时，导热硅胶会对屏蔽罩产生一个向下的应力，屏蔽罩会微变形，因此，个别机器会出现屏蔽罩扣不严的问题，CPU 噪声从屏蔽框和屏蔽盖的缝隙中泄漏出来影响 TIS。

设计方案之初，研发团队推演了各种可能存在的风险，但低成本芯片的风险比我们想象的还要严重。"唯一不变的是变化"，结构和射频工程师只能接受这种变化，努力去解决问题。由于极致成本，工程师的前期设计已无法优化，且产品团队也未对未来业务扩展进行合理思考。这个是项目中的败笔，但也为我们提了一个醒：作为项目的一员，不能只关注自己负责的那一部分，需要从系统架构和业务扩展的角度去思考和检查整个产品的设计。

接受既定的事实，努力改变散热和屏蔽方案来解决热和射频问题。首先产品需求肯定是要变的，只是变化程度的大小需要讨论。边界芯片也是实实在在存在的，但漏电流大小可以讨论。散热片开孔是必须的，但开孔方式和散热处理方式是可以讨论的。屏蔽罩是肯定要的，但屏蔽罩的实现形式也是可以讨论的。基于此，我们做了多种尝试，与软件、产品、采购、电子、结构、射频等部门进行沟通，通过大量的实验验证，决定采取如下 3 个措施，使业务需求、热、射频、成本得到满足。

① 与原厂进行沟通，筛选芯片，挑选工作电流不大于 65mA 的 CPU 芯片，进一步缩小 CPU 对散热的需求。

② 采用高导热性的导热硅胶（8W）来加快 CPU 的散热。

③ 采用一体式的屏蔽罩，且开口维持不变。屏蔽罩从两个变成一个，在解决屏蔽问题的同时也降低了成本。

整个研发团队从这个项目中总结了很多有用的经验。比如热设计方法论、架构评审的可扩展性（增加软件的功能需求评审）、单件屏蔽罩的设计在其他项目中的落地应用等。该项目射频方案的实现，也给采购提供了有利的商务谈判筹码，促使原厂套片降价。降价后原厂的套片已在其他项目中落地实施，价格基本上与该射频方案一样。

4.3 应用场景分析

要定义一款产品，需要在设计之初明确产品的应用场景和客户需求。

设想这样一种场景：你向我要一个香蕉，我给你一个苹果，你会不知所措。再设想另一种场景：你向我要一种可饱腹且软糯可口的水果，我给你一个苹果，你会怎么想？首先苹果是水果，这点绝对正确。其次苹果也勉强有饱腹属性。而在口感上，只能说有的苹果是软糯的，有的苹果是爽口的。因此只能从苹果种类里挑选符合口感要求的苹果。对于你提出的需求，我给的解决方案除了在口感上有点牵强，其他都是满足的。而这样的方案是否是你想要的？

再设想一种场景。你提出要给一个生病的老人送水果吃，应该怎么办？先分析需求，首先需求的是水果，其次水果是要送给生病的老人，经过沟通，了解到这位老人的牙口不好，不能吃太硬的东西，最好是软糯可口的食物。而且老人生病了，需要加强营养；另外老人的手脚不是很灵活。病人的基本情况了解清楚了，现在的目标是找到一种要满足以上3个条件的水果：软糯可口，去皮动作简单，有营养。需求明确了，开始在水果市场上挑选水果了，经过多次挑选，优选出了一种水果——香蕉，香蕉是完全能满足需求且价格合适的水果。

研发设计一个产品的过程与挑选水果的例子类似。当产品经理提出一个产品需求时，研发要先对产品的需求从多维度进行分析论证，把产品需求落到技术点和技术方案上，才能有后续的设计和开发。射频工程师尤其要这么做，因为不同的射频配置价格是完全不同的。不能只想炫技，而要选择一个满足产品需求且高性价比的方案。

4.3.1 案例详解

以有屏音箱 CCL 为例，下面来介绍射频工程师是如何对产品需求进行分析的。

CCL 的目标是成为最高性价比的有屏天猫精灵产品。射频工程师主要从 3 个方面来评估产品的需求：对射频的需求是什么？与网络相关的功能需求是什么？如何设计方案并实现产品需要的功能？

1．CCL对射频的需求

CCL 对射频的需求如表 4-1 所示。

表 4-1　CCL 对射频的需求

无线连接	Wi-Fi	Wi-Fi芯片 2.4G b/g/n/	支持802.11 b/g/n，1×1天线Wi-Fi单天线，信号收发强度需要保证良好
			支持各种SSID类型（中文、英文、混合型等）
			支持电池状态下，无网络连接时Wi-Fi低功耗运行
			支持2.4G
			支持地址定位
			支持DLNA投屏（视频播放镜像投屏），产品视频播放投屏时产品其他功能可正常使用
	BT	BT4.2	蓝牙名称为TBD
			独立天线
			支持BT4.2 MESH组网
			支持双模式运行（传统模式和低功耗模式）
			支持通过蓝牙模式接受手机等其他设备的音频播放
			蓝牙工作时，不能影响正常的Wi-Fi通信
			在隐藏SSID模式时，支持手机等其他设备通过已连接列表直接连接
			支持记录多个配对信息（reset时可被清除）
			支持远距离传输
			支持A2DP V1.2及以上

CCL 对射频的需求是 Wi-Fi SISO（Simple Input Simple Output，单输入单输出）并且 BT 为独立天线。从表格中直接找到该射频需求，是不是就可以了？当然不是，这里还要评估需求是否合理。例如，表 4-1 中的 Wi-Fi 一项中的支持 DLNA（Digital Living Network Alliance，数字生活网络联盟）投屏功能，Wi-Fi 单天线可实现该功能，但性能非常差，用户体验会非常不好；表 4-1 BT4.2 一项中的需要独立天线，在需求列表中没有看到需要 BT 单独使用一根天线，这是不是意味着这一项的需求也不合理？

针对不合理的地方就需要与产品负责人多次沟通，把具体需求细化到可落地的程度。经过多次沟通，产品定义也会做多次变更，这样，需求会更明确且可落地实现。例如，DLNA 投屏方式更改为网络连接；蓝牙的独立天线增加了 BT source 功能。

2．CCL与网络相关的功能需求

CCL与网络相关的功能需求有音频的输入和输出、视频的输入和输出等，如表4-2所示。

表4-2　CCL与网络相关的功能需求

语音输入	麦克风	2×MIC（模拟麦）	2路麦； 支持3M范围内唤醒，达到内部测试指标要求 支持多组快捷唤醒词 支持正常家用环境的MIC密封要求 支持MIC产线自检/远程诊断
	ADC	AC108	支持MIC回采，以及模数转换
图像输入	摄像头（兼容）	200万/500万（TBD）国产传感器	像素尺寸：不低于1.12μm 镜头：定焦，树脂镜片3pcs（建议用通用料） 封装：CSP（芯片级封装） FOV（视场角）不低于78° 视频通话最小不低于480p，15f/s
图像输出	屏幕	7英寸触摸屏；框贴G+G IPS（In-Plane Switching，平面转换）屏	分辨率：600像素×1024像素 IPS全视角 亮度：300cd/m²（250～300） 贴合方式：框贴 盖板：G+G 色温：暂不做要求 色坐标：Wx=0.30±0.03；Wy=0.32±0.03 漏光：ND6 灵敏度：7mm，5点触摸 均匀度：75%（9点）
音频参数	扬声器	1个5W扬声器（1.75英寸）加PR正面出音，独立音腔	音质标准：高于X1 支持采样频率为8～192kHz，16/32bit（单声道） 全频扬声器标称输出功率3W，单体THD小于3% 频率响应范围60Hz～20kHz 信噪比大于80dB 支持MP3 CBR、MP3 VBR、AAC-LC、AAC Main、WAV、M4A、FLAC、WMA、RM、OGG等，支持HTTP、HLS，支持M3U8文件解读 采样频率：32kHz、44.1kHz、48kHz 音量按0%～100%分级，默认音量设置为60% 音量分为16级，符合人耳的听觉模型；所有声音的音量统一调整并存储

续表

音频参数	功放+ 音频dsp	TI 5805	足够5W的扬声器功率
法规认证	dts	dts	dts音效认证
	3C认证	3C认证	上市之前全部确保拿到证书
	BQB认证	通过BQB认证	
	SRRC认证	SRRC实验室认证	
	CQC	满足电池的 安全认证	

音频码流很小，所以其对网络需求也比较小，网速大于 1Mbit/s 就可以满足要求。

不同的视频码流对网络的需求是不一样的。CCL 对视频的需求是 720p，6Mbit/s 的网速就可以保证 720p 的视频播放不会卡顿。而对于 6Mbit/s 的网速，采用 Wi-Fi 2.4G 单天线的方案就可以满足需求。

3. 如何设计方案并实现CCL需要的功能

在产品定义中我们可以看出主控端已经确定，以此我们来设计方案。有 4 种方案可实现我们需要的功能，如图 4-8 所示。

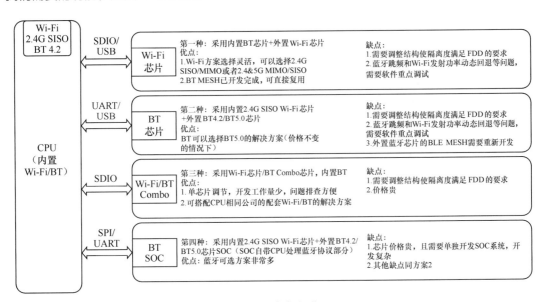

图 4-8　方案选型评估

至此，已完成对整个产品定义的分析，下一步就是确定射频方案及器件选型，主要关注需求的合理性及如何实现方案。

4.3.2　技术沉淀

1. 天猫精灵射频的典型应用场景

天猫精灵的家庭典型应用场景如图 4-9 所示。

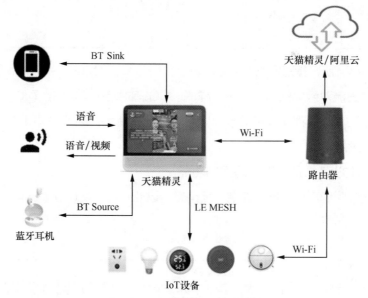

图 4-9　天猫精灵的家庭典型应用场景

天猫精灵主要应用场景如下。

① 利用 Wi-Fi 连接互联网，与云端交互数据。

② 利用经典蓝牙提供音频服务。

③ 利用低功耗蓝牙 LE MESH 提供 IoT 控制服务。

天猫精灵在使用过程中，使用 Wi-Fi/BT 的典型场景如下。

① 音频使用场景，有两个典型应用。

- 播放本地音频。把天猫精灵当成蓝牙音箱使用。手机通过 BT 连接天猫精灵，天猫精灵播放手机音频。在此场景应用中，使用的是天猫精灵的 BT Sink 功能。

- 播放网络音频。输入"精灵语音"给天猫精灵设备，经过 Wi-Fi 上传语音给云端，云端处理后，把需要的音频通过 Wi-Fi 下载到天猫精灵，天猫精灵直接播放音频或者通过 BT 传给蓝牙耳机进行播放。在此场景,使用了天猫精灵的 Wi-Fi 和 BT Source 功能。

② 视频使用场景。

使用天猫精灵摄像或者看视频。天猫精灵设备通过 Wi-Fi 连接互联网,上传视频或者输入指令给云端,云端处理后,再把需要的视频通过 Wi-Fi 下载到天猫精灵。天猫精灵播放音视频或者通过 BT 把音频传给蓝牙耳机进行音频播放。此场景,使用了天猫精灵的 Wi-Fi 和 BT Source 功能。

③ 控制家庭 IoT 设备。

- LE MESH 控制 IoT 设备。输入"精灵语音"给天猫精灵设备,经过 Wi-Fi 上传语音到云端。云端处理后,再把控制指令通过 Wi-Fi 下载到天猫精灵。天猫精灵通过 LE MESH 控制 IoT 设备。此场景中,使用了天猫精灵的 Wi-Fi 和 LE MESH 功能。

- Wi-Fi 控制 IoT 设备。输入"精灵语音"给天猫精灵设备,经过 Wi-Fi 上传语音给云端。云端处理后,再把控制指令通过 Wi-Fi 直接下发给 IoT 设备。此场景中,使用了天猫精灵的 Wi-Fi 功能。

2. 天猫精灵中Wi-Fi/BT的工作状态

在天猫精灵典型应用中,使用 Wi-Fi/BT(Source 和 Sink)/ LE MESH,提供数据和音视频上传和下载。

根据不同的使用场景,Wi-Fi 和 BT/LE 的状态如表 4-3 所示。

表 4-3 产品对 Wi-Fi 和 BT 的使用场景

序号	产品Wi-Fi/BT使用场景	功能状态	Wi-Fi/BT最小需求
1	输入"精灵语音"及响应	Wi-Fi在上传和下载音频流; classic BT处于idle/link/Page Scan状态; BLE MESH处于工作状态	SISO, Wi-Fi/BT TDD共存
2	MESH控制IoT设备(BLE设备)	Wi-Fi在上传和下载音频流; classic BT处于idle/link/Page Scan状态; BLE MESH处于工作状态	SISO, Wi-Fi/BT TDD共存
3	仅播放网络音频或网络电话	Wi-Fi处于down状态(下载音频流); classic BT处于idle/link/Page Scan状态; BLE MESH处于工作状态	SISO, Wi-Fi/BT TDD共存
4	仅播放网络高清视频或视频通话	Wi-Fi处于up/down状态(上传/下载视频流); classic BT处于idle/link/Page Scan状态; BLE MESH处于工作状态	SISO/MIMO(取决于Wi-Fi吞吐量) Wi-Fi/BT FDD共存

序号	产品Wi-Fi/BT使用场景	功能状态	Wi-Fi/BT最小需求
5	连接手机蓝牙，播放手机端音频	Wi-Fi仅处link状态（预备随时上传MIC语音数据）； classic BT处于sink状态（A2DP）； BLE MESH处于工作状态	SISO， Wi-Fi/BT TDD共存
6	连接蓝牙耳机，播放网络音频或者网络电话	Wi-Fi处于down状态（下载音频流）； classic BT处于source状态（A2DP）/HFP； BLE MESH处于工作状态	SISO， Wi-Fi/BT TDD共存
7	连接蓝牙耳机，播放网络高清视频或者视频通话，同时MESH控制IoT设备	Wi-Fi处于down状态（下载视频流）； classic BT处于source状态（A2DP）/HFP； BLE MESH处于工作状态	SISO/MIMO（取决于Wi-Fi吞吐量）， Wi-Fi/BT FDD共存

上表的应用场景中，Wi-Fi 和 BT 工作状态共存。Wi-Fi/BT 的工作共存状态分为两种：TDD（Time Division Duplex，时分双工）和 FDD（Frequency Division Duplex，频分双工）。

TDD 工作共存状态。在 TDD 状态下，在某一时刻 Wi-Fi 或 BT 只能单一模块工作，而不是同时工作。把一段时间切割成多个时隙，Wi-Fi 和 BT 在满足各自基本需要的时长的基础之上，按照各自场景应用的优先级抢占工作时隙。

FDD 工作共存状态。在 FDD 状态下，Wi-Fi 和 BT 同时工作在相同频段，在时隙上不分彼此。FDD 工作状态需要 Wi-Fi 和 BT 在不同的天线进行工作。由于 Wi-Fi 和 BT 工作在相同的频段，对于射频信号来说它们是不能被区分的，Wi-Fi 和 BT 的射频信号对彼此来说就形成了同频和邻频干扰。所以产品设计时需要特别注意天线的隔离度设计。

3. 天猫精灵中对Wi-Fi/BT的要求

（1）天猫精灵音视频流的网络带宽要求

① 视频流对网络带宽要求。

天猫精灵上传和下载的音视频流，都是经过编码压缩后进行传输的，大大减少了对网络带宽的需求，其中视频流的网络带宽要求，可以通过如下公式计算。

网络带宽（Mbit/s）=［单帧图片数据量（Mbit/s）× 帧率 / 压缩比率］× 网络带宽倍数

以 H.264 压缩编码为例：H.264 的压缩比率约为 160 倍，如表 4-4 所示。

表 4-4　H.264 的压缩编码对网络带宽的需求

分辨率	水平像素数/点	垂直像素数/点	图像位深/bit	单帧数据量/Mbit	帧率/（f/s）	全帧码率/（Mbit/s）	压缩后的网络带宽/（Mbit/s）
720p	1280	720	24	21	24	506	4
1080p	1920	1080	24	47	24	1139	9

图像位深：每个像素所使用的二进制位数。

单帧数据量：单幅图像的数据量（Mbit）= 水平像素数 × 垂直像素数 × 图像位深 $/2^{20}$。

帧率：视频每秒所包含的静态图像数，表示为 f/s 或者 Hz。

全帧码率：视频未经压缩处理时的数据码流，每一帧都是全像素点位图。

压缩比：不同的编码压缩比是不一样的，不同的码率压缩比也不一样。H.264 的压缩比取值约 160 倍。

网络带宽倍数：考虑以太网利用率和 IP 帧结构，网络倍数取值为 1.3。

表 4-5 所示为常规音视频对网络带宽的需求。（H.264 解码方式）

表 4-5　常规音视频与网络带宽对应表

视频格式	分辨率/（像素×像素）	网络带宽需求/（Mbit/s）	实际视频波特率/（Mbit/s）	视频流/（kbit/s）	音频流/（kbit/s）
240p	424 × 240	1.0	0.64	576	64
360p	640 × 360	1.5	0.96	896	64
432p	768 × 432	1.8	1.15	1088	64
480p	848 × 480	2.0	1.28	1216	64
480p HQ	848 × 480	2.5	1.60	1536	64
576p	1024 × 576	3.0	1.92	1856	64
576p HQ	1024 × 576	3.5	2.24	2176	64
720p	1280 × 720	4.0	2.56	2496	64
720p HQ	1280 × 720	5.0	3.2	3072	128
1080p	1920 × 1080	8.0	5.12	4992	128
1080p HQ	1920 × 1080	12.0	7.68	7552	128
1080p Superbit	1920 × 1080	26.39	20.32	20000	320

② 天猫精灵的视频流对网络带宽要求。

在播放视频不卡顿的情况下，天猫精灵服务端提供的视频对用户的带宽要求与视频分辨率的对应关系如表 4-6 所示。

表 4-6　网络视频流对网络带宽的需求表

挡位	分辨率	用户带宽需求（确保不会卡顿）
流畅（LD）	480p 及以下	1.5Mbit/s
标清（SD）	480p～576p	2.5Mbit/s
高清（HD）	576p～720p	4.0Mbit/s

续表

挡位	分辨率	用户带宽需求（确保不会卡顿）
超清（UD）	720P HQ	6.0Mbit/s
HD	1080p	8.0Mbit/s
UHD	4K @30f/s	12～15Mbit/s

（2）天猫精灵不同场景下的 Wi-Fi 吞吐要求

产品的 Wi-Fi 吞吐是相应音视频业务所需网络带宽的 2 倍以上，才能给用户比较好的体验，天猫精灵对 Wi-Fi 吞吐的需求表如表 4-7 所示。

表 4-7　天猫精灵对 Wi-Fi 吞吐的需求表

挡位	分辨率	用户带宽需求（确保不会卡顿）	Wi-Fi吞吐要求
流畅（LD）	480p及以下	1.5Mbit/s	不小于8Mbit/s
标清（SD）	480p～576p	2.5Mbit/s	不小于10Mbit/s
高清（HD）	576p～720p	4.0Mbit/s	不小于15Mbit/s
超清（UD）	720p以上	6.0Mbit/s	不小于15Mbit/s
HD	1080p	8.0Mbit/s	不小于20Mbit/s
UHD（H265）	4K @30f/s	12～15Mbit/s	不小于30Mbit/s

（3）天猫精灵不同场景下的蓝牙的要求

天猫精灵的产品对蓝牙有三大应用场景的要求。一个是经典蓝牙的 Source 功能；另一个是经典蓝牙的 Sink 功能；最后一个是 LE 功能（MESH 和 HID 等应用）。现在应用的 MESH 是基于 LE 4.2 版本的。

天猫精灵对蓝牙的要求是：支持经典蓝牙；LE 版本在 4.2 版本之上。

4.4　射频器件选型

4.4.1　案例详解

CCL 的场景分析和方案实现都已清晰。如何选择？其步骤如图 4-10 所示。

图 4-10　方案选择步骤

实现方案架构：在 4.3 节已介绍，经过多轮对芯片的搜集和查询，整理出一份评估表格，见表 4-8，从中可以清晰地看到射频芯片方案的评估内容。

表 4-8　射频方案评估内容

方案	方案选择	芯片价格	优点	缺点	备注
第一种方案：内置BT+外置Wi-Fi芯片	Wi-Fi的方案选择：2.4G SISO；方案：MT7601/RTL8189FTV；2.4G MIMO方案：MT7603/RTL8192EU；2.4G/5G MIMO方案：RTL8822CS	2.4G SISO芯片约0.6美元；2.4G MIMO芯片价格在0.9～1.1美元	缩短蓝牙MESH的开发周期；外搭Wi-Fi方案比较灵活，可选性大	单2.4G SISO方案存在弱网下视频卡顿的问题；Wi-Fi/BT共存性能：需要使用软件调试蓝牙跳频和Wi-Fi发射功率回退的问题；需搭配结构调优隔离度	Wi-Fi方案在MTK和Realtek当中选择；RTL8192/RTL8189FTV已在魔盒上大批量应用；也可以使用第三种方案的Wi-Fi+第一种方案的蓝牙组合
第二种方案：内置Wi-Fi+外置蓝牙芯片	BT的方案选择：RTL8761 BTV	RTL8761 BTV：约0.45美元	BT可以选择BT5.0（价格便宜）	MESH需重新开发，需增加2个月时间；单2.4G SISO方案存在弱网下视频卡顿的问题；Wi-Fi/BT共存性能：需要使软件调试蓝牙跳频和Wi-Fi发射功率回退的问题；需搭配结构调优隔离度	MTK无单纯的蓝牙芯片
第三种方案：Wi-Fi/BT Combo芯片外置	Wi-Fi&BT的方案选择：2.4G/5G SISO方案：MT7658；2.4G/5G MIMO方案：MT7668/RTL8822CS	MT7658约1.2美元；MT7668约1.6美元；RTL8822CS约1.3美元	Wi-Fi/BT共存性能：单芯片调节，开发工作量少，且问题排查方便；若搭配MT7658或者MT7668，MESH部分的开发工作量很小	需搭配结构调优隔离度；价格稍贵；若非MTK的芯片，所有BLE MESH需要重新开发	
第四种方案：内置Wi-Fi+外置蓝牙SOC	BT SOC方案选择：洛达、CSR、RTL、BES、BENK、炬芯等	0.5～1.2美元不等	可选蓝牙SOC方案比较多	需搭配结构调优隔离度；芯片价格不一，且需要单独开发SOC系统，开发会复杂一些；BLE MESH需要重新开发	可参考蓝牙信箱选型评估，此种方案缺点太多。暂不纳入范围之内。后续可以作为方案评估的参考

在表 4-8 中，我们从方案实现、供应芯片价格、项目开发优缺点等方面做了评估。尽管只是一个表格，我们却能从中看出评估的思路。在方案评估会议上，经大家一起评审，决定选取第二种方案作为 CCL 开发方案。硬件的难点也就在这里，一旦选定一个方案，整个团队就会行动起来，过程中如果再变动方案的话，前面做的所有的工作就会推倒重来。

4.4.2 技术沉淀

1. 射频方案的选型流程

射频方案评估流程如图 4-11 所示。

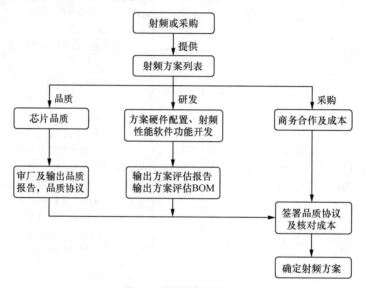

图 4-11 射频方案评估流程

2. 射频方案的选型基准

射频方案的选型要符合产品定义的要求，同时满足产品的射频验收标准。

（1）产品定义分析

根据产品定义，确定产品的应用环境和使用功能，进行场景应用分析，确定产品所需 Wi-Fi/BT 的性能及功能要求。

以天猫精灵某款有屏的产品定义为例，如图 4-12 所示。

在产品定义里，我们要关注以下几点。

① 产品的使用环境。若产品需要处于高温、高湿或低温的使用环境，就需要对芯片的品质和工作范围有严格要求。

无线连接	Wi-Fi	MT 7658	支持 802.11 b/g/n/ac，1×1 天线 Wi-Fi 单天线，信号收发强度需要保证
			支持各种 SSID 类型（中文、英文、混合型等）
			支持电池状态下，无网络连接时 Wi-Fi 低功耗运行
			支持 2.4G+5G
			支持地址定位
			支持 DLNA 投屏（视频播放镜像投屏），视频播放投屏时产品其他功能可正常使用
	BT	BT4.2	蓝牙名称为 TG_S3
			独立天线
			支持 BT MESH 组网
			支持双模式运行（传统模式和低功耗模式）
			支持通过蓝牙模式接受手机等其他设备的音频播放
			蓝牙工作时，不能影响正常的 Wi-Fi 通信
			在隐藏 SSID 模式时，支持手机等其他设备通过已连接列表直接连接
			支持记录多个配对信息（重置时信息可被清除）
			支持远距离传输
			支持 BT source
			支持 A2DP V1.2 及以上
语音输入	麦克风	2×MIC（模拟麦）娄氏：SPH6611LR5H-1	2 路麦
			支持 3m 范围内唤醒，达到内部测试指标要求
			支持多组快捷唤醒词
			支持正常家用环境的 MIC 密封要求
			支持 MIC 产线自检/远程诊断
图像输入	摄像头	500万	像素尺寸：不低于1.12μm
			镜头：定焦，树脂镜片（3pcs）
			焦距：40cm
			封装：CSP / COB 不限
			FOV 115°~120°
			视频通话最小不低于480p, 15 f/s
图像输出	屏幕	10寸触摸屏：框贴G+G IPS屏	分辨率 800像素×1280像素
			IPS全视角
			亮度：大于230cd/m² (盖上TP及盖板后)
			贴合方式：框贴 / 全贴（成本优先）
			盖板：G+G
			色温：暂不做管控
			色坐标：Wx 0.30±0.03;Wy 0.32±0.03
			漏光：ND6
			灵敏度：7mm，5点触摸
			均匀度：75%（9点）
认证	3C认证	3C认证	
	BQB认证	通过BQB认证	
	SRRC认证	SRRC实验室认证	
	CQC	满足电池强制要求安全认证	

图 4-12　某产品的产品定义

② Wi-Fi/BT 的规格。评估产品 Wi-Fi/BT 规格能否满足产品功能的需求。除了常规功能，其他的特殊功能点也要进行评估。比如低功耗，投屏应用，BT source 功能等。

③ 摄像头应用中使用的视频码流、屏的分辨率和播放视频的码流，用这三个参数来推算产品对网络带宽的需求。

④ 认证需求。尤其注意带外杂散这项指标。

（2）射频方案的评估项目

具体的射频评估项目，主要关注射频器件的射频指标，射频链路设计的复杂度、功耗及兼容性，还需要了解射频方案的使用环境。

评估项目列表如表 4-9 所示。

表 4-9　射频方案的评估项目

序号	评估项目	评估内容	备注
1	RF方案电路设计	RF路径、电源电压/电流、晶体（是否需要RTC及内置RTC精度等）、通信接口等	参考规格书、设计指南
2	RF方案的参考PCB设计	芯片器件封装、ESD、散热、屏蔽、RF路径走线要求、所需PCB层数、电源走线、通信接口走线等	
3	RF方案参考BOM	关键器件（是否有定制物料）、成本	参考BOM或关键器件清单
4	射频性能	射频指标（TX、EVM、MASK和RX）和杂散；方案工作温度是否满足产品需要；推荐的屏蔽措施	参考规格书和自测试报告
5	Wi-Fi/BT共存	共存下的Wi-Fi吞吐性能；共存策略	共存自测试报告；共存策略：与软件一起评估是否可实现
6	BT版本	要求BT 4.2以上的版本	BT4.2以下版本已不能做BQB认证
7	功耗	最大工作电流；是否支持低功耗模式，若支持，电流是多少	参考规格书和自测试报告
8	驱动	射频方案支持哪些系统版本	与软件一起评估
9	兼容性	Wi-Fi适配过哪些路由器 BT适配过哪些蓝牙设备	厂商可提供自测试列表（非强制）

注：评估的项目一定要符合产品的射频性能标准，以及产品定义对射频方案的需求。

4.5　天线设计

在所有无线通信中，天线是其中最重要的一环。可以说有了天线，产品才具备了可移动的属性。天线的种类繁多。天猫精灵每款产品的天线都是根据不同的 ID 和结构来定制的。实际上天线在不同产品上直接复用是比较少见的，大多数情况下需要对天线微调整来适配不同的产品外形。

所有天猫精灵的天线都是内置在产品中的。天线的性能与它周围的环境有很大关系。具体是什么关系，可以参考下面的案例及设计指导。

4.5.1　案例详解

以 CCL 为例，CCL 采用的是 Wi-Fi 和 BT 双独立天线的设计。对于天线来说如何选择？思考流程如图 4-13 所示。

图 4-13　思考流程

先介绍结论，我们在 CCL 上对 Wi-Fi 采用 FPC 天线，对 BT 采用了板载天线的设计，其中考虑了性能也考虑了成本。基于整机架构、成本最优，BT/Wi-Fi 的 2 个天线布局在 CCL 左右两边的区域。

再介绍 CCL 中 Wi-Fi/BT 哪个更重要。CCL 作为一个有屏音箱，播放音视频是它的主要属性，所以 CCL 对 Wi-Fi 的性能要求更高。反观 BT，由于其传输速率比较慢，且还有 MESH 功能，它对天线的性能要求可稍微降低。当然，性能要求依然要符合标准。

基于上面的思考和评估，开始对天线进行建模仿真或者模拟测试验证。这个过程涉及的知识点和调试手段已介绍过，经过多次模拟仿真，验证了这个思路是可行的。最终验证该方案满足产品设计要求，也验证了设计方案是可落地的。

4.5.2　技术沉淀

1. 天线设计关注的参数

在天猫精灵产品天线设计中，不仅仅包含天线本身，还要包含天线电路设计。

（1）天线电路设计

天线电路设计包含原理图设计及 PCB 设计。

① 原理图设计。匹配电路示意图如图 4-14 所示。

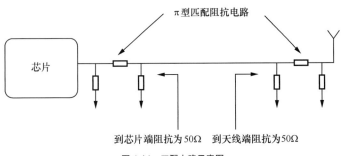

图 4-14　匹配电路示意图

　　理想情况下，传输线的阻抗为 50Ω，从传输线的 50Ω 参考点到芯片端的阻抗必须是 50Ω，到天线端的阻抗也必须是 50Ω。这样才能保证发送端的能量完全通过天线辐射出去，不会在传输线中产生损耗（或者天线接收到的能量能无损的传输给芯片），但在实际情况中，由于板材的介电常数、布线线宽、铜箔厚度等因素的影响，未必能保证芯片端到天线端的传输线阻抗为 50Ω，所以通常会在线路中间预留 T 型或者 π 型网络，以便对传输线阻抗进行调试匹配。

　　在匹配线路上，选取的电感和电容要采用高 Q 数值的器件，以确保匹配电路的偏差和插损最小。

　　② PCB 设计。

　　PCB 设计时，除了保证从芯片端到天线端之间的这段传输线的阻抗匹配，π 型匹配电路的布局布线也是非常重要的。π 型网络器件的布局要尽量靠近，走线时不要出现无用的短枝节，两侧的接地过孔也不要超出净空区域，布局方式如图 4-15 所示。

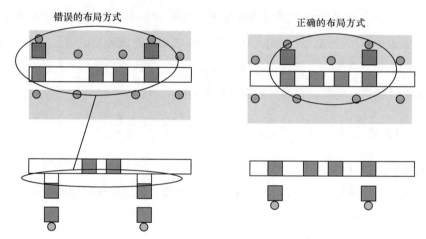

图 4-15　布局示意图

　　图 4-15 中错误的布局方式存在 2 个问题：一个是存在走线短枝节，另一个是匹配器件没有集中放在一起。

　　（2）天线的参数

　　天线的详细参数如表 4-10 所示。

表 4-10　天线的详细参数

序号	项目	规格要求	备注
1	驻波比（VSWR）	小于等于2（高频：大于等于1.7GHz） 小于等于3（低频：小于等于1GHz）	在PCBA天线端口处测试的数据

续表

序号	项目	规格要求	备注
2	天线效率	大于等于50%（高频：大于等于1.7GHz） 大于等于40%（低频：小于等于1GHz）	不小于50%，为OEM/ODM音视频类产品的要求 不小于30%，为小型化IoT和穿戴式产品的要求
3	天线增益	2.4G Band：小于等于3.5dBi 5G Band：小于等于4dBi	一般天线增益可按此要求执行。如果天线有特殊要求，天线增益可做调整（如路由器类产品，天线增益不小于5dBi）
4	双天线隔离度	Wi-Fi MIMO：小于等于-20dB Wi-Fi/BT：小于等于-30dB（2.4G Band） Wi-Fi/4G：小于等于-30dB（2.4G Band） BT/4G：小于等于-30dB（2.4G Band）	隔离度需要考虑软件共存算法需求
5	方向性（不圆度）	小于等于12	桌面式：H面不圆度要不大于12dB 壁挂式：E1/E2≤12dB（针对整机产品壁挂式不圆度在0～180°）

注：① 天线不圆度的要求，非必须满足项目（在MIMO应用时，需要此项要求）。可根据具体产品特性和业务需要来做调整。
　　② 表4-10中的天线参数，是针对相对大的产品。对于小型化穿戴天线，规格可根据实际产品形态进行调整。

2. 天猫精灵天线设计的基本原则

（1）天线设计的基本流程

天猫精灵的天线设计流程图如图4-16所示。

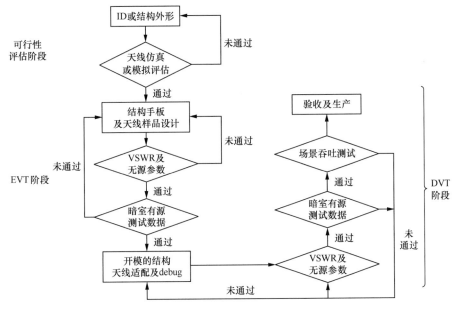

图 4-16　天线设计流程图

（2）天线形式的选择及设计原则

不同形态的天猫精灵产品所选取的天线形式是不一样的。目前，天猫精灵都采用内置的天线，常规使用的有 3 种天线形式：贴片陶瓷天线、板载 PCB 天线、FPC 天线。

① 陶瓷天线。陶瓷天线体积小，带宽比较窄，常用于单 2.4G 的产品，比如蓝牙耳机，传感器 IoT 设备等 PCB 空间比较小的产品。在陶瓷天线设计上，要注意天线的净空和摆放位置。天线的净空，一定要符合陶瓷天线规格书的设计要求。

②板载 PCB 天线。板载 PCB 天线也存在各种形式，比如倒 F 天线，单极天线。由于板载 PCB 天线的尺寸约为 1/4 波长，所以此类天线应用在相对较大的产品中。板载 PCB 天线对产品的形态有要求，所以其设计比较受限。如果产品 ID 和结构空间比较大，可采用此种形式。

设计板载 PCB 天线需注意以下几点。

- 每个产品的板载 PCB 天线的走线形式都不同。因此其设计只能借鉴，不能复用。需要根据不同的产品形态，对天线进行仿真测试验证。

- 板载天线根据 PCB 的板型选择摆放的位置。圆形板框，天线放在板边；方形板框，天线必须放在 PCB 的角落；其他异形 PCB 板，天线放在不可被遮挡的地方。

- 板载天线，要远离主板上的干扰源，比如高速数字信号线、数字音频线、CPU/DDR、MIPI/HDMI 等强干扰信号。

- 板载 PCB 天线的天线净空，推荐 9mm 以上。具体可根据产品性能要求。

- RF 馈电走线要尽可能短，且预留好匹配电路。

③ FPC 天线。FPC 天线设计和装配比较灵活，FPC 天线是天猫精灵最常用的一种天线。FPC 也存在 2 种装配方式，一种是用支架或顶针进行装配，另一种是采用 RF Cable 线加 I-PEX 端子的形式进行装配。

采用支架和顶针进行装配的 FPC 天线的设计要点与板载 PCB 天线一样，重点关注 PCB 板的净空。净空面积越大，天线性能会越好。

采用 RF Cable 线引出天线，设计上需要注意以下 5 点。

- FPC 天线的放置位置要远离屏、高速排线、主板等强干扰源。同时要避开金属位置。

- FPC 天线的装配外壳要采用塑料外壳，且外壳有天线固定位或在天线上有固定限位孔。

- FPC 的焊点要小于等于 1.5mm，天线上要有手撕位。
- RF Cable 线要避免与高速信号线平行，且应有限位槽。
- RF Cable 线要求：单 2.4G 天线，线长 200mm 以上建议采用低损线；2.4G/5G 双频天线，线长 150mm 以上，建议采用低损线。

另外还有 LDS（Laser Direct Structuring，激光直接成型技术）天线，其设计注意点与板载 PCB 天线和 FPC 天线相似，可参考 FPC 天线的要求。

4.6　射频系统链路预算

链路预算作为射频器件选型的一部分，是在数学上把射频指标能够达到的程度做了计算。基于链路预算可以评估整个产品的射频链路的性能是否满足认证和企业标准，以及射频方案实现的难易程度。链路预算可以对射频器件选型提供理论支持，也可以根据预算结果指导性能调试。

4.6.1　案例详解

以一个有屏项目为例。链路预算需要对产品先建模再计算，先把射频设计框图画出来，然后再根据实际选取的关键器件来计算。

某项目的射频设计框图，如图 4-17 所示。

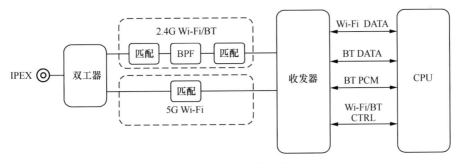

图 4-17　某项目的射频设计框图

我们根据设计框图，绘制原理图，如图 4-18 所示。

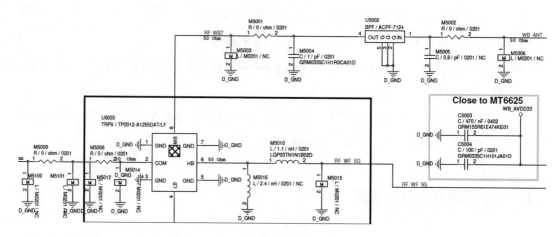

图 4-18　射频原理图

选择关键的射频器件时，要考虑每个器件的特性，Diplexer（双工器）和 BPF 是两个关键器件。现在我们对链路进行计算。T 表示 Typical（典型值），W 表示 Worst（最差值），TX 表示发射端口，RX 表示接收端口，如表 4-11 所示。

表 4-11　链路计算

	模式	Path Loss（路径损耗）												Total Loss（总损耗）		芯片 TX	芯片 RX	Sens.		RX 标准	TX 能耗		TX 标准
		Ant-C		π		Diplexer		π		BPF		π											
		T	W	T	W	T	W	T	W	T	W	T	W	T	W			T	W		T	W	
Wi-Fi	11b	0.1	0.1	0.1	0.3	0.68	0.88	0.1	0.3	1.1	1.4	0.1	0.3	2.18	3.28	20.0	−89.5	−87.32	−86.22	−87.00	17.8	16.7	16
	11g	0.1	0.1	0.1	0.3	0.68	0.88	0.1	0.3	1.1	1.4	0.1	0.3	2.18	3.28	17.5	−76.5	−74.32	−73.22	−73.00	15.3	14.2	15
	11n	0.1	0.1	0.1	0.3	0.68	0.88	0.1	0.3	1.1	1.4	0.1	0.3	2.18	3.28	17.0	−74.0	−71.82	−70.72	−71.00	14.8	13.7	14
	11a	0.1	0.1	0.2	0.5	0.78	0.98	0.2	0.5	0	0	0	0	1.28	2.08	17.0	−76.5	−75.22	−74.42	−73.00	15.7	14.9	15
BT	2DH5	0.1	0.1	0.1	0.3	0.68	0.88	0.1	0.3	1.1	1.4	0.1	0.3	2.18	3.28	5.5	−93.0	−90.82	−89.72	−90.00	3.3	2.2	3
	LE	0.1	0.1	0.1	0.3	0.68	0.88	0.1	0.3	1.1	1.4	0.1	0.3	2.18	3.28	6.0	−97.0	−94.82	−93.72	−90.00	3.8	2.7	3

我们以此来推算产品的射频设计性能能够达到的最优程度，以及最差的情况下射频性能的恶化程度。这些预算结果为产品的后续测试、验证及调试提供了理论参考。

4.6.2　技术沉淀

1. 发射链路预算

以 LTE 为例，其发射链路示意图如图 4-19 所示。

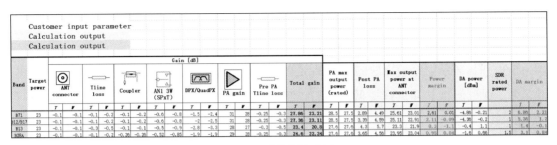

图 4-19 发射链路示意图

① 根据设计的射频链路器件的数据表，找出器件 I.L（Insert Loss，插损）的典型值及最差值，计算出 Pre-PA I.L 与 Post-PA I.L。

② 根据 PA 额定的 Max Power - Post-PA I.L 所得到的值，以检查功率最大时的余量。

③ 根据 Target Power - Total Gain（即 PA Gain + Pre-PA I.L + Post-PA I.L）得到 DA（Driver Amplifier）的最小值，以检查 DA 的余量。

④ 为保证良好的发射功率的余量，保持射频前端（即 Transceiver 到天线的射频电路部分）的低 I.L 是很有必要的。为了保证低 I.L，可选择更低插损的滤波器、更短的射频走线，选择增益更大、输出功率更高、线性度更好的 PA，但是这些选择都会带来高成本，因此通过链路预算选择合适的器件是很重要的。发射机除保证输出功率能满足以外还需考虑对带外指标的影响。根据目标输出功率预留合理的余量，以满足 PCB、RF 器件、贴片工艺、生产测试夹具等不一致导致的性能差异。

⑤ 其他指标，如谐波杂散等指标也可以用类似的方案计算。

2. 接收链路预算

以 LTE 为例，接收链路示意图如图 4-20 所示。

LTE	Band	Rx frequency [MHz]	BW [MHz]	Ant connector		Tline loss		Diplexer		Ant SW (SPxT)		DPX/QuadPX /Rx SAW		me/mismatch loss (est)		Total		C/N requirement [dB]	Sensitivity [dBm]	
				T	W	T	W	T	W	T	W	T	W	T	W	T	W		T	W
TDD HB	B39	1880～1920	10	0.1	0.1	0.4	0.6	0.46	0.65	0.48	0.6	1.3	2	0.4	0.6	3.14	4.55	-1	-100.65	-99.24
	B34	2010～2025	10	0.1	0.1	0.4	0.6	0.46	0.65	0.48	0.6	1.3	2	0.4	0.6	3.14	4.55	-1	-100.65	-99.24
	B40	2300～2400	10	0.1	0.1	0.4	0.6	0.65	0.8	0.65	0.8	2.6	3	0.4	0.6	4.8	5.9	-1	-98.97	-97.87
	B38	2570～2620	10	0.1	0.1	0.4	0.6	0.65	0.8	0.62	0.72	1.9	4.2	0.4	0.6	4.07	7.02	-1	-99.70	-96.75
	B41	2496～2690	10	0.1	0.1	0.4	0.6	0.65	0.8	0.62	0.72	1.9	4.2	0.4	0.6	4.07	7.02	-1	-99.70	-96.75

图 4-20 接收链路示意图

① RF 天线端口的灵敏度水平为 -174dBm/Hz + 10×lg（BW）+ NF + C/N + IL_FE。

② -174dBm/Hz + 10×lg（BW）为 LNA（Low Noise Amplifier，低噪声放大器）输入处的热噪声。

③ NF（Noise Figure，噪声系数）表示 LNA 及后级的噪声系数。

④ C/N 表示解调信号所需的信噪比。

⑤ IL_FE 表示射频前端总的 I.L。保证射频前端的低 I.L，是保证良好灵敏度余量的关键。为了保证低 I.L，可选择更低插损的滤波器、更短的射频走线，LNA 摆放更靠近 ANT（Antenna，天线）。

⑥ 为什么只计算 LNA 输入前的插损？

根据噪声系数级联公式：$F=F1+（F2-1）/G1+（F3-1）/G1G2+\cdots+（Fn-1）/G1G2\cdots Gn$。其中 NF 是设备（单级设备、多级设备，或整个接收机）输入端的信噪比与这个设备输出端信噪比的比值。F 表示噪声因子，与噪声系数为对数关系 $NF=10logF$。若 LNA 的增益（Gain）为 18dB，则 $G1=63$，LNA 的后级 $F2$ 与 $G1$ 计算后比 $F1$ 小一个数量级，在 $F2$ 没有明显大于 $F1$ 的情况下，F 主要受 $F1$ 的影响。除了保证灵敏度的要求，接收通路还需确认带内或带外干扰信号对接收机的影响，方法同样可采用链路预算。

4.7 De-sense问题

什么是 De-sense？ De-sense 是指产品在工作状态下，自身的噪声辐射干扰影响射频模块，导致接收 TIS 恶化的程度。

从定义上来看，要解决 De-sense 问题，本质就是要解决噪声辐射干扰问题。但实际上，产品中 De-sense 问题往往是最难的一个问题。产品内部产生噪声的环节太多，大多数功能模块都存在不同程度的噪声辐射，而且噪声辐射干扰是看不见摸不着的，这也进一步加大了解决 De-sense 的难度。所以要分析和解决 De-sense 问题，需要大量的实践经验，同时更要依据理论知识分析论证。

4.7.1 案例详解

我们就以 CCH 项目解决 De-sense 问题的过程来给介绍 De-sense 的来源、调试手段，以及解决办法。在这个案例中，尽管不能解决所有噪声的问题，但是却可以提供一个思路和调试办法。

合理设计一款产品可以大大减少后期的调试工作。对于 De-sense 问题来讲也是一样，在产品架构设计时把存在 De-sense 的风险模块罗列出来，并在设计上有针对性地采取降低噪声辐射的措施。

第一步，在 CCH 架构设计时，对 CCH 在架构设计阶段可能存在 De-sense 风险的模块进行划分。De-sense 风险模块如图 4-21 所示。

图 4-21　De-sense 风险模块

第二步，分析这些可能存在的风险模块，以及改进措施，De-sense 风险模块及对策如图 4-22 所示。

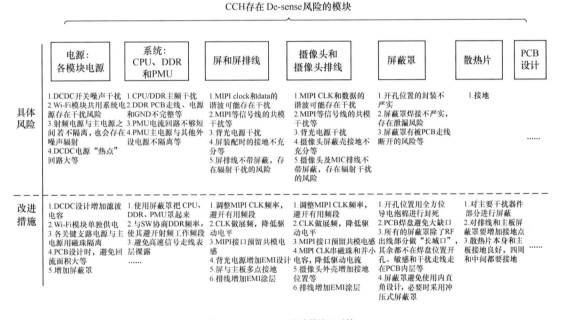

图 4-22　De-sense 风险模块及对策

把能想到的可能存在的风险都罗列出来，并给出对策。这点在架构设计评估风险时非常重要，也为后续 De-sense 调试打基础。

第三步，将相应的应对措施导入方案设计。

第四步，对各个模块进行测试验证。如果存在干扰问题，就按照一定的步骤和方法进行调试，方法如下。

① 使用频谱仪扫频。查看存在的干扰点是否会对 Wi-Fi 和 BT 造成性能的恶化。CCH 项目扫频时发现屏和摄像头以及相应排线上存在比较大的干扰点，主干扰频率点是 MIPI CLK 的倍频。

② 对屏和摄像头的 MIPI CLK 谐波进行计算，使用软件调整 CLK 的频率，使干扰谐波不落在有用频段内。对其整改后再进行扫频查看干扰点，MIPI CLK 的倍频干扰已在有用频带外，但是发现屏排线上存在 DDR 的辐射，经过分析这些辐射是屏排线与 PCB 走线耦合造成的。摄像头排线上存在 MIPI CLK 的 1/4 和 1/8 的倍频干扰，但软件无法再通过调整 CLK 来避开干扰。可以先进行暗室 OTA（Over The Air，天线辐射测试系统）测试，再进行摸底测试，毕竟 1/4 和 1/8 CLK 倍频干扰能量已经没有主频倍频干扰能量大。

③ 摸底测试结果为：播放高清视频时，Wi-Fi/BT 存在 De-sense 问题。经分析发现屏排线与散热片靠得太近，屏排线上的信号参考地为排线地层和散热片，排线上的 DDR 噪声耦合到散热片上并通过散热片辐射出去，也就造成 Wi-Fi/BT 的 De-sense 性能恶化，归根结底还是接地的问题。基于此思路，减掉散热片与屏排线平行装配的部分，排线信号参考地只剩排线地层，传输线模型从带状线变为微带线，可减少屏排线和散热片之间的耦合。整改后播放高清视频和摄像头工作时，Wi-Fi/BT 的 OTA 达标。

④ 至此，整个 CCH 产品的 De-sense 问题都已解决。上面提到的 Camera 的 1/4 和 1/8 CLK 倍频干扰并没引起 De-sense 问题，主要原因是干扰并没有被天线接收到，且倍频在空间传输过程中衰减损耗掉了。这也是天线设计中要求天线远离干扰源的主要原因。至于天线要离干扰源多远，或者能容忍多大干扰源能量，这些都是很难通过数学建模得出具体数值的，只能具体问题具体分析。

记住一句话：有干扰不一定会引起 De-sense 问题，但存在 De-sense 问题就一定有干扰存在。存在 De-sense 的情况下，有的干扰信号可以被频谱仪扫出来，有的干扰信号用频谱仪也扫描不出来。扫描不到且存在的干扰点，是源于测量系统的低噪声高于干扰信号的部分。扫频扫得到的干扰点，就可以按照上面的思路进行整改。频谱仪扫描不到的干扰怎么办？在这种情况下，要固定多个变量，每次只调整一个变量来进行测试验证。首先可按照架构设计时对产品功能模块进行分类。然后针对每个功能模块单独进行测试验证。按照这种方法，快速定位是哪个功能模块或区域存在问题。采用这种方法能找到辐射模块，问题已经解决大半了。下一步就是如何进行整改了。具体整改措施可以参考调试方法。

4.7.2　设计规则

1. 设计及导入流程

De-sense 设计流程如图 4-23 所示。

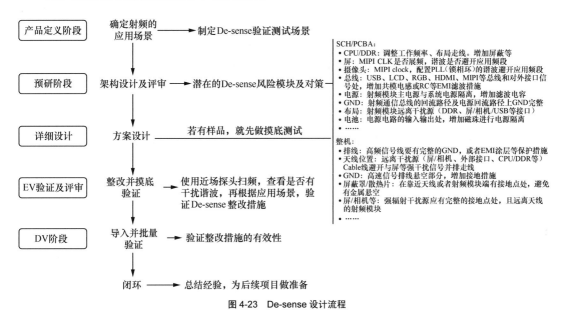

图 4-23　De-sense 设计流程

2. 调试步骤

对于整机来说，有干扰不一定会引起 De-sense 问题；但有 De-sense 问题，就一定有干扰存在。所以发现 De-sense 问题，要先进行测试验证。De-sense 调试步骤如图 4-24 所示。

3. 常规调试方法

（1）调试传导干扰的方法

在确认存在传导干扰前，要确保射频电路的阻抗匹配良好，模组输出的功率是正常的。常规测试方法是直接测试传导接收灵敏度。

以一个标准的射频模块为例，其模块测试点如图 4-25 所示。

① 屏蔽。在 A 点测试灵敏度，结果未通过测试；在 B 点测试灵敏度，结果通过测试。说明干扰源在屏蔽罩外的 RF 走线部分。先排查是否有数字信号走线或是否存在强干扰的工作电路靠近 RF 模组和 RF 走线。如果存在这两种状况，可以采取屏蔽 RF 走线或隔断数字信号线，或者屏蔽强干扰工作电路等手段进行测试验证，也可按照排查辐射干扰的方法进行排查。

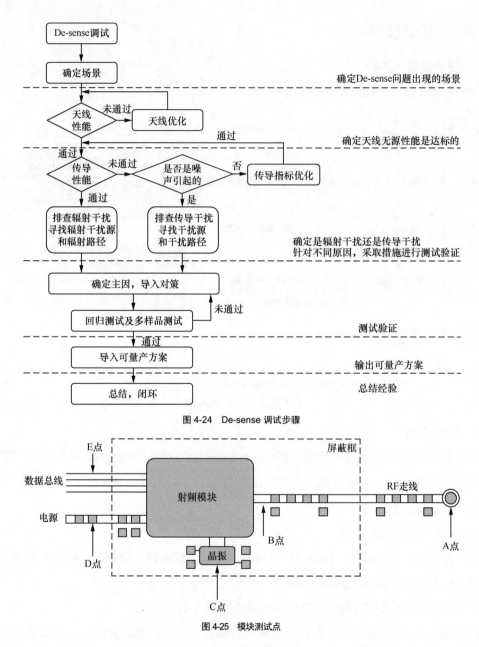

图 4-24   De-sense 调试步骤

图 4-25   模块测试点

② CLK（时钟）信号。检查 C 点。通过测量 TX 信号，查看频偏是否良好。如果频偏过大，需先调整频偏再进行传导干扰排查。

③ 电源。在确认 A/B/C 点后，RX 性能若还是未通过测试，可排查 D 点。确认电源电压、纹波和供电电流是满足芯片要求的。同时确定芯片引脚的电源支路走线是按照星状线走

线，且退耦电容都靠近芯片引脚。用磁珠把 RF 模组的供电电路与主电源隔离开，必要时可以采用外部干净的电源单独供电给 RF 模组进行排查。

④ 信号完整性。测量 E 点，测量信号完整性。可以尝试在数据总线上串联电阻和并联电容 [在 PCIE(Peripheral Component Interconnect Express，高速串行计算机扩展总线标准）和 USB 上使用共模电感] 来解决信号完整性的问题，来验证是否是信号完整性引起的传导指标恶化。也可以降低驱动电流或者电平的方法来验证是否能改善此状况。

⑤ 地的完整性。分 4 部分来排查。第一部分，确认芯片底部的参考地是否完整。如果不完整，把关键 GND 跳线连接，进行测试验证。第二部分，确认 D 点和 E 点的参考地是否完整。如果不完整，把关键 GND 跳线，连接进行测试验证。第三部分，确认模组部分的地与主板数字地是分开还是连在一起的。如果是连接在一起的，可以先将它们切割开进行验证；如果是分开的，可以先将它们连接起来再进行验证。第四部分，用导电胶布将射频模组和散热片连接在一起。这种情况只适用单板测试结果是好的，但增加外部器件后传导指标恶化的情况。

（2）调试辐射干扰的方法

在开始调试前要确定产品射频传导性能指标没有恶化。调试辐射干扰的问题，需要寻找干扰源或者干扰路径，一般通过近场探测方法进行排查。

近场探测方法采取的工具有频谱仪和近场探头。在没有近场探头的情况下，可以用一个 2.4G 或者 5G 的 FPC 小天线自制一个近场探头，如果能再加一个 20dB 的 LNA 就更好了。近场探头选取的一般的规则是从大号的探头到小号的探头，扫描时逐渐缩小扫描范围，确定辐射源或路径。

还有一种可以替代近场探头的诊断方式是采用芯片内部的射频接收机。比如 Realtek 支持用 Wi-Fi 的接收机扫描信号频谱，也可以采用这样方式进行诊断。采用外置探头或外置天线，再加上 PSD(Power Spectral Density，功率谱密度）的扫频功能，也能够定位干扰辐射源或路径。

一般由于干扰信号的谐波信号落在有用信号频段内的能量比较小，近场探头采取的又是耦合的测试方法，所以在不增加 LNA 放大的情况下比较难测试干扰信号。因此，要么增加一个 LNA 对信号进行放大后再测试，要么根据测试验证引起 De-sense 的功能模块。在干扰电平比较小的情况下，建议将增益 LNA 进行放大。

① 首先确定存在 De-sense 问题的应用场景。比如产品在亮屏状态存在 De-sense 问题，在灭屏时就不存在，就可以先排查屏相关的辐射干扰。根据不同的场景可以快速确

定引起 De-sense 的功能模块，再结合近场探头测量，可以快速定位问题。往往引起 De-sense 的功能模块不止一个，需要逐个排查。

② 用近场探头探测天线和 Cable 线附近的干扰，来确定耦合的路径。确定干扰信号是从天线端耦合进入的，还是从 Cable 线上耦合进入的。可以采用本地天线代替近场探头，直接连接频谱仪或者加 LNA 后连接频谱仪进行排查。如果干扰信号是从天线端耦合进入的，则可以移动大的探头找到辐射最强的地方。如果干扰信号是从 Cable 线引入的，则可以在相应 Cable 线附近寻找干扰源或者调整天线走线方式。

③ 探测出功能模块的干扰频率，如果其是单个干扰频点或者窄带干扰，则可以通过调整 CLK 的频率让干扰谐波避开有用信号，来测试验证。如果把整个有用信号频段的底噪都抬起来，就只能把干扰源屏蔽或者把排线屏蔽，又或者移动天线和 Cable 线的位置避开干扰源。

④ 常规调试干扰源和辐射路径有如下方法。用屏蔽罩或者吸波材料把干扰模块覆盖，进行测试验证；用磁环减少排线的辐射；用屏蔽的排线减少辐射；也可以尝试用导电泡棉接地改变辐射路径，让强干扰点避开天线和 Cable 线。

在后期解决传导干扰和辐射干扰引起的 De-sense 问题，往往需要付出较高的成本。所以一般在架构设计和详细设计时，把可能存在的 De-sense 风险提出来，并在设计中进行改善措施。在 EVT 测试验证时，就会节省大量的时间和成本。所以设计时需要严格按照 De-sense 设计流程进行设计，比如提早确认屏和摄像机 MIPI CLK 信号，在设计之初就调整 CLK，让其谐波避开有用信号频段；PCB 设计时，让干扰信号全部走在内层，用两层 GND 把干扰信号包裹起来；在外接连接器的信号上预留 RC 或 EMI 器件等。

4.8 射频测试工具简介

在射频设计与研发阶段、认证与生产阶段需要用到射频测试工具，射频工程师借助工具来调试和优化射频指标，使其满足规范要求。无线终端类产品用到的射频测试工具主要有：矢量网络分析仪、频谱分析仪（信号分析仪）、综合测试仪及 OTA 测试系统。

4.8.1 矢量网络分析仪

矢量网络分析仪是一种能在宽频带内测量网络参数的仪器，如图 4-26 所示。它可直接测量有源或无源、可逆或不可逆的（单端口或者多端口）网络的复数散射参数，并以扫频的方式给出各散射参数的幅度、相位频率特性。矢量网络分析仪能对测量结果进行逐点误差修正，并换算出其他几十种网络参数，如输入反射系数、输出反射系数、电压驻波比、阻抗（或导纳）、衰减（或增益）、相移和群时延等传输参数、隔离度和定向度等。

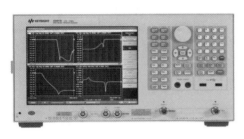

图 4-26　矢量网络分析仪

矢量网络分析仪能够将电磁能量输入待测设备（电路、天线等），并且精确地测量通过被测设备端口的传输和反射功率。由于被测设备的每个端口产生电磁波，矢量网络分析仪能够同时测量通过被测设备的反射波和透射波。测量结果的准确性和处理测量结果能力是矢量网络分析仪的关键能力，通过对射频网络的测量和分析，我们可以获得重要的测量结果，如插入损耗、反射、传输和多端口 S 参数信息等，这些测量结果能够表示被测设备的射频特性。

4.8.2　频谱分析仪

频谱分析仪主要用于测量输入信号的频谱（幅值、相位、频率）关系，如频谱的功率，它还可用于测量信号的失真度、调制度、频谱分布、频率稳定度和交调失真等参数，也可用于测量放大器和滤波器等电路系统的射频性能，如图 4-27 所示。通过分析射频信号的频谱，我们可以观察无法轻易通过时域波形检测的信号失真、谐波、带宽和其他频谱成分，这些参数用来表示射频指标是否满足规范要求。此外，频谱分析仪也可用于电磁干扰兼容性测试。

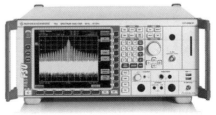

图 4-27　频谱分析仪

频谱分析仪的主要技术指标有频率范围、RBW/VBW、SPAN、扫描时间、扫频点数、灵敏度、检波方式等。频率范围是指频谱分析仪所能测试信号的频率区间。RBW/VBW是指频谱分析仪在显示器上能够区分最邻近的 2 条谱线之间频率间隔的能力，RBW/VBW 与滤波器型式、波形因数、带宽、本振稳定度、剩余调频和边带噪声等因素有关，分辨带宽越窄越好。SPAN 又称频率跨度，是指频谱分析仪在一次测量分析中能显示的频率范围，可等于或小于仪器的频率范围。灵敏度是指频谱分析仪显示微弱信号的能力，受频谱分析仪内部系统噪声和器件线性度的限制，通常要求灵敏度越高越好。动态范围是指在显示器上同时观测的最强信号与最弱信号之比，目前频谱分析仪的动态范围可达80dB。检波方式通常有峰值检波、RMS（Rate Monotonic Scheduling，单调速率调度）检波等。

4.8.3 综合测试仪

随着无线通信的发展，为满足日益增长无线数据带宽的增加，更多的无线协议、无线频段被开发。例如，手机的蜂窝功能的多模多频能力持续加强，手机的蓝牙、GPS（Global Positioning System，全球定位系统）、Wi-Fi、NFC（Near Field Communication，近场通信）、UWB（Ultra-Wideband，超宽带）等通信需求也在不断增加。为了满足多样化的测试和测试效率需求，单台终端综合测试仪需要具备各种通信制式的空口协议栈模拟能力，以适应终端研发对网络侧模拟的要求，同时终端综合测试仪应具备通过集成和开放接口搭建射频、协议、RRM 一致性测试系统的能力。综合测试仪如图 4-28 所示。

图 4-28　综合测试仪

由于测试频段、带宽、通道数大幅扩展，综合测试仪需要支持从 400MHz 到 6GHz 的测试频率，甚至也需要支持 5G 毫米波测试。综合测试仪应满足各个工作频段下的测试精度及测试性能的一致性和稳定性，并能通过功能扩展实现多载波聚合，以及多通路 MIMO（Multi Input Multi Output，多输入多输出）的验证。在无线终端研发中，综合测试仪多用于射频传导一致性测试，发射功率、接收灵敏度、EVM、ACLR（Adjacent Channel Leakage Ratio，相邻频道泄漏比）等关键射频指标测试，也用来验证射频电路的工作状态是否合理。

4.8.4　OTA 测试系统

OTA 测试系统用于判断整机天线系统的辐射能力。在移动终端天线性能测试中，整机天线辐射性能越来越被重视，这种辐射性能反映了终端的空间覆盖能力。目前主要有两种方法测试终端的辐射性能，一种方法从天线自身的辐射性能进行判断，是较为传统的天线测试方法，被称为无源效率和方向图测试；另一种方法是测试 TRP（Total Radiated Power，总辐射功率）和 TIS，被称为有源测试。有源测试能体现整机射频电路和天线的整体效果，已成为主流的 OTA 测试指标。随着测试系统不断完善，OTA 测试系统也可以完成模拟环境下的吞吐量测试，即 MIMO OTA 测试，其测试结果能够评判多天线系统的指标，甚至包括芯片收发算法对整机性能的影响，进而可以为产品的整机无线性能优化提供依据及方向。

OTA 测试系统由微波暗室、综合测量仪、射频组件、PC 及自动化测试软件组成，用于测试无线设备的辐射性能。其中，微波暗室是一个能够屏蔽外界电磁干扰、抑制内部电磁多路径反射干扰、吸收大多数来波的相对寂静的电磁测量环境。OTA 微波暗室是指具备测试通信产品整机 OTA 性能的微波暗室，根据测量方法，可将其分为单探头暗室和多探头暗室，分别如图 4-29 和图 4-30 所示。

单探头暗室通过一根放在远场的标准扬声器天线收发数据，它通过转轴控制终端在 3D 空间全方位转动，最终获得 DUT（Device Under Test，被测器件）的所有数据。它的优点是比较精确，缺点是机械转动较为耗时。

多探头暗室使用多个探头组成环状形态来收发数据，它在一个环上均匀放置多根天线（16、24、32、64、128 根等），且环上的天线是交叉极化的。它的优点是速度很快，缺点是近场折算远场测量方案精度稍低。

图 4-29　单探头暗室

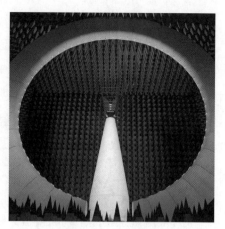

图 4-30　多探头暗室

第 5 章

硬件开发之结构篇

5.1　结构团队介绍

谈到结构，我们就不得不把记忆拉回到过去。人类最早用的打制石器如图 5-1 所示，石头被摔打并简单敲击后产生的锐利边缘，便于我们砍砸和切割东西。原始工具是人们对石料进行选择后，经历切割、磨制、钻孔、雕刻等各个工序最终形成的，如图 5-2 所示。那么，如何做一个好的石器工具呢？首先要设计，然后选择材料，最后加工制作。我们目前的结构设计工作与其基本一致，但现在我们有更好的想法、更好的设计工具和原材料。

图 5-1　石器

图 5-2　原始工具

当然，在我国历史发展长河里，出现了一大批杰出的工匠。其中，有土木工匠的鼻祖鲁班，他发明的鲁班锁，结构十分巧妙，为传世经典之作。有东汉的张衡，他发明了地动仪，《续汉书》记载："地动仪，以精铜铸其器，圆径八尺，形似倾樽；其盖穹隆，饰以篆文；外有八龙，首衔铜丸，下有蟾蜍承之。其牙发机，皆隐在樽中，周密无际，如一体焉。地动机发，龙即吐丸，蟾蜍张口受丸，声乃振扬。司者觉知，即省龙机，其馀七首不发，则知地震所从起来也。合契若神，观之莫不服其奇丽。自古所来，未尝有也。"有诸葛亮，他发明了木牛流马；还有近代空间技术专家戚发轫，他设计了东方红一号及神舟系列载人飞船等。科技的发展推动了材料、冶金、表面处理工艺的发展，将结构设计推到了一个新的高度。

结构是一门基础学科，是集机械、材料、结构力学、流体学、热力学、CNC 机加工和成型等一体的综合学科，结构团队的工作贯穿产品设计的始终。

作为天猫精灵结构团队，我们的主要工作职责是什么呢？估计还有很多人会问："结构，什么是结构？""结构团队的工程师是不是就是用软件画图的？是不是每天拿着卡尺、螺钉等工具这里测测，那里钻钻的？""是不是一天到晚都在跟 ID 团队纠结 0.05mm 和 0.1mm 的那群人？""他们很忙，在办公室基本看不到人！仿佛每天他们不是在工厂就是在去工厂的路上！"

是的，就是有这样一群人，他们每天跟 ID 团队争夺毫厘空间，每天跟各职能部门唇枪舌剑，每天蹲在模厂的模具旁边，每天在生产线一站大半天，看到产品出来，总是乐得合不拢嘴！

这就是结构部门的工程师：他们不仅要懂技术，还要能沟通，他们就是大家常说的"多面手"。

结构团队的使命和价值如图 5-3 所示。

◆ 使命：为天猫精灵产品提供"最优性价比"的架构和结构设计方案

图 5-3　结构团队的使命和价值

产品的结构设计过程可以分为 6 大节点：架构设计阶段、详细设计阶段、模具设计阶段、产品生产验证阶段、模具验收阶段及售后问题追踪。总的来说，从产品定义到产品 EOL 的整个生命周期，都能看到结构人员的影子。

产品定义与架构和结构设计阶段如图 5-4 所示。

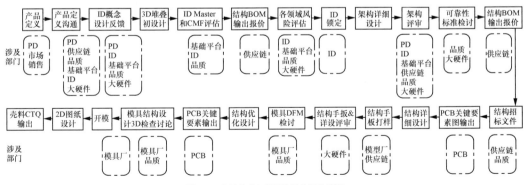

图 5-4　产品定义与架构和结构设计阶段

产品测试和生产阶段如图 5-5 所示。

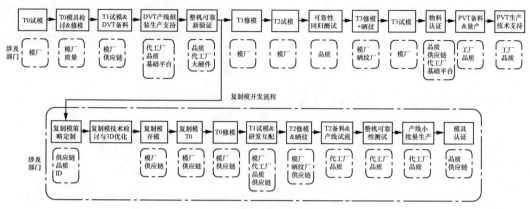

图 5-5　产品测试和生产阶段

产品量产和原模认证阶段，如图 5-6 所示。

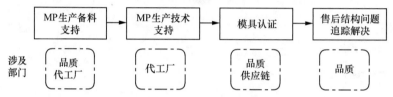

图 5-6　产品量产和原模认证阶段

备注：大硬件包括电子、射频、结构、声学、光学、器件、PCB。

结构研发各阶段交付件情况如图 5-7 所示。

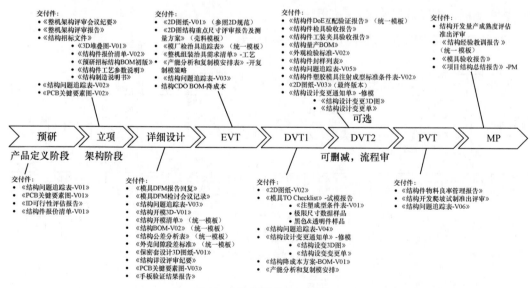

图 5-7　结构研发各阶段交付件情况

来吧朋友们！结构篇，既能让你体验零点零几的快感，又能带你领略各领域的内在乾坤：架构、结构、材料、工艺、塑料、五金、模具、模切等，任何一个领域都能顶半边天，任何一个领域都有精彩篇！

5.2　架构设计

如果我们把产品看作一个人，"架构"就是我们的骨骼，"结构"就是我们骨骼上的肉，电子线路是血管，而 ID 就是我们的皮肤，软件就是大脑。以上足以看出架构设计在整个产品结构设计中的作用。一个产品结构设计的好坏，取决于架构设计是否合理。合理的架构要兼顾各功能，平衡产品成本，因此架构设计成为产品设计的重中之重。本节重点介绍天猫精灵产品各产品形态的架构方式及后续的发展方向，帮助大家进一步了解产品设计的流程。

5.2.1　案例详解

天猫精灵 X1 打开市场后，阿里急需一款抢占市场的普惠产品，方糖项目应运而生。方糖项目扩展了产品形态，从 X1 的柱形衍生到方形（市场上也找不出该形态的产品，更无经验可借鉴）。同时，普惠带来的最大挑战是成本控制，以及"618"的巨量交付，这一切对架构的要求就更加苛刻。因此，方糖项目（C 系列）的架构设计在定稿之前经历了二次"乾坤大挪移"，其点胶槽设计如图 5-8 所示。

第一次"乾坤大挪移"是在前壳分件上设计"卡扣＋螺钉"，以及选择了自动化高的点胶工艺，成功平衡了振音与组装，让产品成为业内首款无缝隙音箱，其自动化程度大幅提升，为"618"千万级

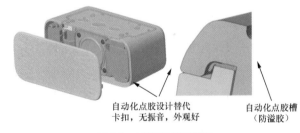

自动化点胶设计替代
卡扣，无振音，外观好

自动化点胶槽
（防溢胶）

图 5-8　方糖项目点胶槽设计

出货打下了坚实的基础。第二次"乾坤大挪移"是将主板与 MIC 板统一成一块板，这种设计使每件产品节省了 2 元成本，成为"方形"音箱的经典架构，也成为友商模仿的对象。

5.2.2　无屏系列整机架构方案

案例1　"X"系列架构的发展与展望

天猫精灵 X1 项目是阿里第一款圆柱音箱，当时我们真的是"一穷二白"，面临着不可想

象的困难。一群新手做智能语音音箱，且对语音算法半知半解，一切都是摸着石头过河，就在这样的情况下，靠着大家的努力，我们做成了。天猫精灵 X1"双 11"百万台销量使其一炮走红！销量所带来的巨大市场效应足以说明天猫精灵 X1 整体设计的成功。同时，内部架构和结构设计的精致度也使其成为业内非常具有代表性的作品之一。

"X"系列架构方案如图 5-9 和图 5-10 所示。

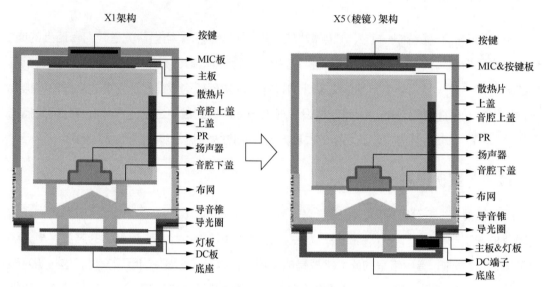

图 5-9 "X" 系列架构方案 1

架构说明如下。

（1）X1 架构设计采用"叠汉堡"的方式，如图 5-11 所示，4 块板（主板、灯板、MIC 板和 DC 板）串行设计，整体紧凑、精致。

（2） X5（棱镜）的架构设计如图 5-12 所示，它吸取了 X1 设计的优点，虽然还是采用"叠汉堡"的方式，但是对 PCB 的数量做了大量优化，最终采用 2 块板，主板 & DC 板和 MIC& 按键板串行设计，且主板上的 LED 也从 X1 的 12 个优化到 8 个，X5 仅从架构设计上就能节省 6 元成本。

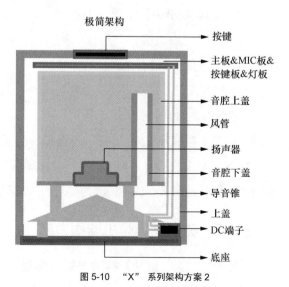

图 5-10 "X" 系列架构方案 2

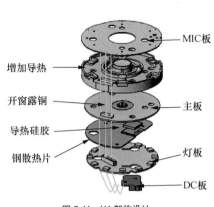

MIC板

增加导热

开窗露铜

导热硅胶

钢散热片

主板

灯板

DC板

图 5-11　X1 架构设计

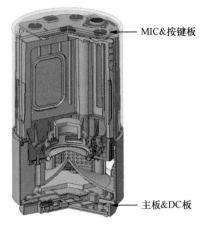

MIC&按键板

主板&DC板

图 5-12　X5（棱镜）架构设计

（3）"X"系列未来架构要进行极简架构设计，即主板、按键及 MIC 做成一体，只有一块板，如图 5-11 所示，灯效做在顶部，DC 插座直接锁附在壳体上，用 Cable 线（有线电视电缆）与主板连接。该架构方案唯一的挑战就是如何解决顶部的温升问题。

案例2　"C"系列架构的发展与展望

阿里第一款"C"系列架构设计是方糖项目的经典架构。普惠是架构的基本出发点，所以如何控制成本成为我们的首要任务。

我们将 MIC 板与主板合为一块板。该项目的前壳采用"卡扣 + 螺钉"还是点胶抑或是超声焊接？"卡扣 + 螺钉"的振音问题将是量产路上的"拦路虎"，不利于自动化生产。超声可能会影响 MIC 器件，造成器件损坏。而点胶则会一劳永逸，也有利于自动化生产，经过多轮论证，架构阶段我们选择了点胶工艺。

"C"系列架构方案如图 5-13 所示。

架构说明如下。

（1）"C"系列前壳采用点胶处理，独立音腔，扬声器侧放且正对用户。顶部 MIC 板与主板合二为一，DC 做单独小板，用 Cable 线连接。

（2）如图 5-14(右) 所示，大力水手系列架构方案采用"一体腔"设计，增大音腔空间，提升扬声器性能，同时直接取消 DC 小板，降低成本。前壳仍采用点胶处理，扬声器侧放，PR 同扬声器面。该架构方案成本更低，采用"一体腔"设计基本无振音。

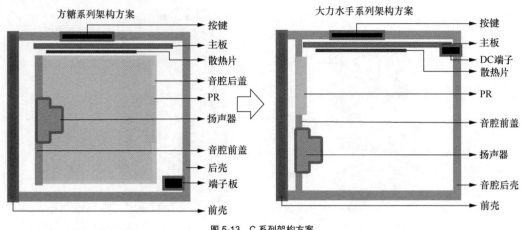

图 5-13　C 系列架构方案

5.2.3　有屏系列整机架构方案

案例1　"梯形"项目架构方案（CC）的发展与展望

CC 项目 ID 先行，架构的设计理念是高度还原 ID，满足 ID 的要求。整体来看，"梯形"的架构设计在同类产品中基本一致，而 CC 项目之所以出彩是因为采用了全贴合屏幕，而在架构设计过程中充分考虑了成本与全贴合屏幕显示效果的平衡。

"梯形"架构方案如图 5-14 所示。

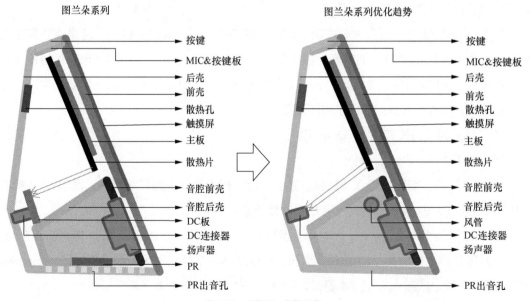

图 5-14　"梯形"架构方案

架构说明如下。

（1）"梯形"架构方案跟市面上大多数产品的架构类似，主板放屏幕背面，DC 小板是单独的，屏幕温升与主板温升重叠。该方案内部空间的隔离很重要，如图 5-14（左）所示，CC 项目充分考虑到这一点，将后壳顶部开孔，有 1℃的温升收益。同时充分考虑到软件的功能扩展，以及全贴合屏幕的漏光问题，将散热片凸起部分直接拉到底部，两颗螺钉锁附，充分支撑前壳，保证了前壳的平面度，如图 5-15 所示。

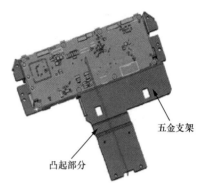

五金支架

凸起部分

图 5-15　CC 散热片设计

（2）对该形态的架构来说，终极目标是取消 DC 小板，直接将特制 DC 座锁附在壳体上。另外音腔可以考虑风管方式，也就是铁氧体扬声器加上风管的设计方式，如图 5-14 所示（右）。

案例2　"d"形态架构方案（CC系列）的发展与展望

"d"形架构是结构架构先行的典型案例，其上段极薄的设计，给用户提供了良好外观效果和使用体验；并成为低成本有屏项目的标配。

代表项目是 CCL（轰炸机），其架构提出"空间换温升"的理论及"标准化模块"的设计理念，ID 配合架构进行优化，从而使 CCL 项目成为有屏系列的经典之作，同时收获两项创新专利。

"d"形态架构方案如图 5-16 所示。

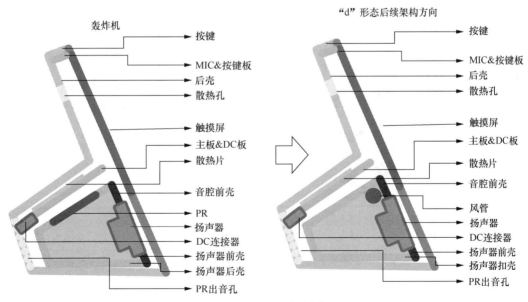

图 5-16　"d"形态架构方案

架构说明如下。

（1）"d"形态架构是在"梯形"项目的基础上演变而来的，CCL 项目架构过程围绕以下三大难题展开。

① 小空间的系统散热方案。

- 顶部空间小。

- 竞品屏幕与 PCBA 距离近，导致触屏温度升高，引起客户投诉。

- 主芯片内建射频，导热硅胶仅覆盖芯片的一半。

② 提高生产线效率。

③ 降低研发成本。

- 竞品采用 3 块板设计，成本高。

- 有屏音箱软板、主板和辅料多，物料组装成本高，效率低。

因此，CCL 项目在架构设计过程中汲取了图兰朵的设计经验，对整个架构做了以下创新。

① 采用 2 块板设计。取消了 DC 板，直接将 DC 板移植到主板上，并对后壳模具做斜抽芯设计。效果明显优于友商的 3 块板设计，成本节省了 2 元左右。

② 主板斜放，远离屏幕发热区域，避开了主板与屏幕两个热源。

③ 采用音腔 PR 鼓风散热（散热收益 2℃），业内首创，散热成本比图兰朵低 10 元。

④ 采用 7 大模块化设计，其爆炸图如图 5-17 所示。物料精简，组装提效，UPH=450（每小时产量为 450），UPPH=4.73（绩效指标为 4.73，而图兰朵的绩效指标只有 1.9）。

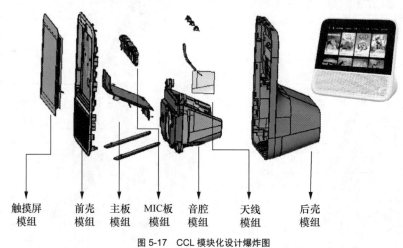

| 触摸屏
模组 | 前壳
模组 | 主板
模组 | MIC板
模组 | 音腔
模组 | 天线
模组 | 后壳
模组 |

图 5-17　CCL 模块化设计爆炸图

（2）该系列后续架构方向如图 5-16（右）所示，用风管替代 PR 或"一体腔"设计（"一体腔"对 ID 的限制比较大）。

5.2.4 经验总结

在产品设计过程中，架构设计是基础，是产品设计的重中之重。一个好的架构设计要以性能、成本为前提，不断创新设计出最优解整体方案。天猫精灵系列产品就是如此，其整体性能、成本均在同类竞品中处于领先位置，为市场销售输出了有力的"炮弹"。

5.3 防振音设计

在音箱行业，振音是无法避免的一道坎，它涉及声学、结构、工艺、电子等领域，是一个系统性问题，天猫精灵经过产品的迭代，形成了一套行之有效的解决振音的方法论，能够快速解决振音问题。

5.3.1 案例详解

案例 IN糖DC板振音

【问题描述】

IN 糖智能音箱如图 5-18 所示。它在 DVT2 试产时出现振音，且以前试产无此频点的振音。

图 5-18 IN 糖智能音箱

【问题分析】

首先，找振音区间。通过机器内部播放扫频音乐，我们听出机器在 400～600Hz 有一个振音频点。

其次，定点振音频点。机器连接蓝牙，通过手机软件扫频，确定振音频点在 523Hz 左右。

接着，找到振音位置。通过听、摸、拆"三部曲"来找振音位置，IN 糖智能音箱前壳为铁网点胶固定，强拆会影响振音分析，通过听、摸，可以定位到振音位置在机器的 DC 区域，将此位置拆开，检查是哪个位置产生了 523Hz 的共振频率，最终发现是 DC 板的 EVA 没有贴好，导致板子与壳体之间共振，如图 5-19 所示。

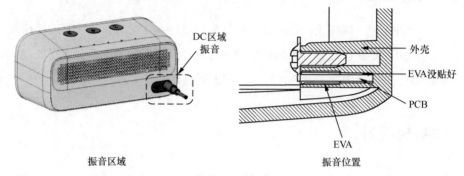

振音区域   振音位置

图 5-19　IN 糖振音区域

最后，解决振音问题。我们发现员工在组装机器时不注意导致 EVA 卷起，于是我们更新 SOP，规范员工作业，并且增加一个检查工序。

5.3.2　解决振音的方法论

1. 振音的定义

在音箱类产品中，受扬声器工作的影响，结构零部件会产生不同程度的共振，共振幅度的大小决定了部件之间应该设计的最小间隙，当两个部件之间设计的间隙小于两个部件共振幅度之和时，部件会发生碰撞，产生杂音。或零件结构偏弱，扫频时振动大于零件结构强度，引发共振，从而引起振音。

2. 振音的影响

振音的存在会干扰音效的输出，降低产品的档次，而在智能音箱中，MIC 拾音非常灵敏，振音会导致其唤醒率降低，降低客户体验。振音声学测试波形图如图 5-20 所示。

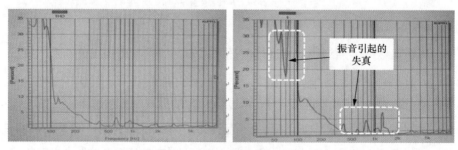

图 5-20　振音声学测试波形图

天猫精灵智能音箱失真标准为：在 200Hz ～ 20kHz，失真度不超过 5%。

3. 解决流程

解决振音的流程如图 5-21 所示。

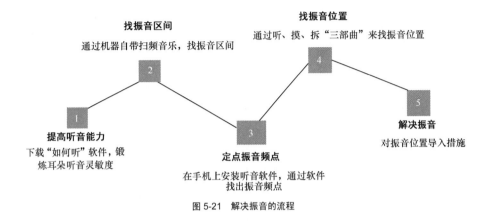

找振音区间
通过机器自带扫频音乐，找振音区间

找振音位置
通过听、摸、拆"三部曲"来找振音位置

提高听音能力
下载"如何听"软件，锻炼耳朵听音灵敏度

定点振音频点
在手机上安装听音软件，通过软件找出振音频点

解决振音
对振音位置导入措施

图 5-21　解决振音的流程

5.3.3　技术沉淀

解决振音主要有两个准则，一是降低振源的振动，二是增加部品的强度和加大零件之间的间隙。

1. 腔体防振设计

（1）上下壳尽量采用双止口配合、中间夹 EVA 等柔性材料的密封设计方式，这样在密封的同时也可以防振音；音腔腔体壁厚通常设计为 2.5 ～ 4mm，容积较大的腔体壁厚要厚，同时需要设计补强结构，避免腔体本身振音，加强筋示意图如图 5-22 所示。

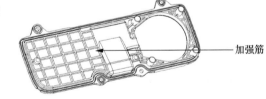

加强筋

图 5-22　加强筋示意图

（2）固定上下壳的螺丝柱并做补强设计以保持足够的连接强度，间距通常保持在 60 ～ 100mm。

（3）扬声器为振动源，壳体固定扬声器处需补强设计，保证足够的强度。

（4）音腔壁厚设计参考通常如表 5-1 所示。

（5）采用超声工艺，超声线的参考尺寸如图 5-23 所示。

2. 电池盖防振音

当机器有电池需求时，为方便拆卸，一般电池盖均采用扣位装配；电池及电池盖为硬性物体，易造成振音，故需对其进行防振处理，常用的方式为加 EVA 垫，使用预压量为 0.5mm，硬度为 38 的 EVA，设计时需考虑它的预压位置。

表 5-1 音腔壁厚设计参考

扬声器功率	建议箱体壁厚	防振垫
不大于3W	2mm	不需要
3～5W	2.2～2.5mm	需要
5～10W	3mm以上	需要
10W以上	3.5mm以上	需要

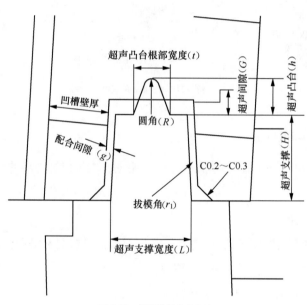

图 5-23 超声线的参考尺寸

3. 线材防振音设计

在音箱内部，常见的连接线材用 EVA 包裹，FPC 用海绵包裹，这些材料可以预防振音，如图 5-24 所示。

扬声器线材表层可以用柔软的 PVC（聚氯乙烯）材料并在表层增加缓冲肋骨以防振音。切面成齿轮形状，也称齿轮线，如图 5-25 所示。

4. 扬声器防振音设计

焊线后，线材因为不能弯曲而直接接触到扬声器进而产生振音，所以要避免扬声器端子焊线后碰触到塑料壳产生振音，扬声器焊线端子间隙需求示意图如图 5-26 所示。

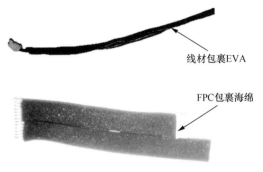

线材包裹EVA

FPC包裹海绵

图 5-24　线材和 FPC 防振设计示意图

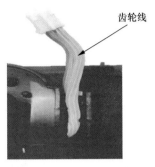

齿轮线

图 5-25　扬声器齿轮线示意图

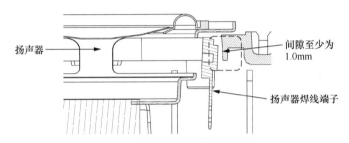

扬声器

间隙至少为
1.0mm

扬声器焊线端子

图 5-26　扬声器焊线端子间隙需求示意图

　　设计扬声器的位置时，需评估其振动幅度，看扬声器前鼓纸是否会弹到正面的铁网或网架而产生振音，扬声器前鼓纸边与铁网之间需保持足够距离（需与电声部门确认），如图 5-27 所示。

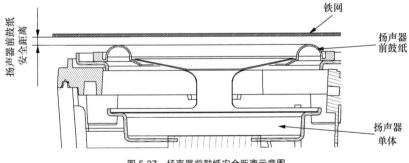

扬声器前鼓纸安全距离

铁网

扬声器
前鼓纸

扬声器
单体

图 5-27　扬声器前鼓纸安全距离示意图

　　建议扬声器后端与后面支撑筋之间设计 1mm 间隙，扬声器后端贴 1.5 ～ 2mm 的 EVA，使其不容易振动，从而减少振音，如图 5-28 所示。

5. 布网防振音设计

　　布网的防振音结构设计，需综合考虑跨度、编织布网的松紧度、布的材料及扬声器的功率，根据实际情况来设计，布网与前壳至少保持 1mm 的设计间隙以防振音。考虑强度要求，建议优先设计加强骨架，我们采用局部支撑布网的方式，布网设计示意图如图 5-29 所示。

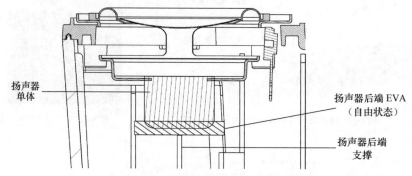

图 5-28　扬声器后端 EVA 防震措施示意图

当 ID 高度不满足预留间隙时，可以采用喷胶方式固定布网，布网黏结区域示意图如图 5-30 所示。

6. PCB防振音设计

（1）PCB 元器件防振音

PCB 上的元器件相距较近时也会产生振音，故一般会在元器件上点白胶使其固定（通常是插件的电解电容、不屏蔽的插件电感等元器件产生振音），如图 5-31 所示。

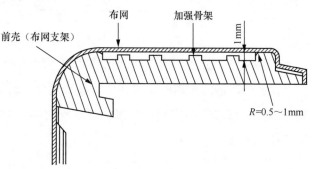

图 5-29　布网设计示意图

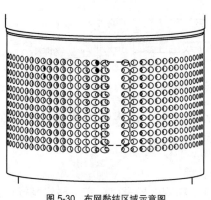

图 5-30　布网黏结区域示意图

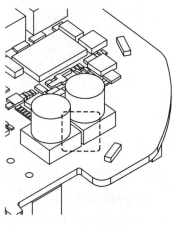

图 5-31　PCBA 元器件点白胶示意图

（2）PCB 装配防振音设计

当 PCB 装配紧固不充分时，两螺丝间距超过 100mm 容易产生振音，PCB 扣位固定处也容易产生振音。垫 EVA 或增加锁螺丝固定 PCB 可防振音。音腔中固定 PCB 的螺丝柱要补强，以保持足够的连接强度，且 PCB 板边与扬声器的距离通常要保持 2mm 以上，如图 5-32 所示。

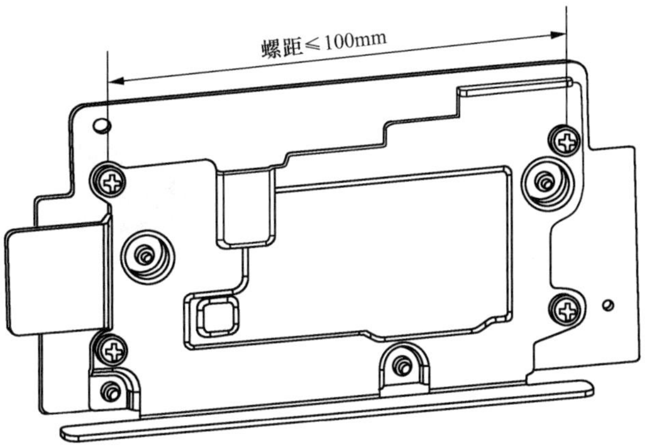

图 5-32　PCB 装配防振音设计

7. 按键防振音设计

（1）按键材料选择

主壳体一般为 ABS（丙烯腈 - 丁二烯 - 苯乙烯共聚物）、PC（聚碳酸酯）等硬胶制成，按键触发柱及弹力接触臂建议采用硅胶或 TPU（热塑性聚氨酯）软胶，避免按键与主壳体因共振产生振音。

（2）按键弹性臂设计

如按键采用 ABS 硬胶材料，适当加强按键弹性臂的宽度 A（2～4mm）与厚度 B（0.6～0.8mm）来增强按键强度，从而减少按键振动幅度，改善振音，双料按键设计如图 5-33 所示。

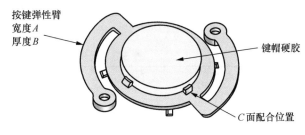

图 5-33　双料按键设计

（3）按键触点设计

如按键材料为 ABS 硬胶，按键触点与轻触开关之间的预留间隙为 0.15～0.2mm，那么间隙位置贴 0.5mm 的 EVA；如按键材料为 TPU 双色注塑，那么就增加弹性臂和 C 面设计，弹性臂顶住按键，C 面使按键自动找正，间隙均匀，避免振音。按键防振音设计如图 5-34 所示。

8. 振音的模拟仿真

使用 ANSYS 软件对振频进行模拟仿真，输入频点的频率，确认音腔容易产生共振的位置，针对薄弱位置提前采取措施，减少振音产生的概率，提高设计效率。

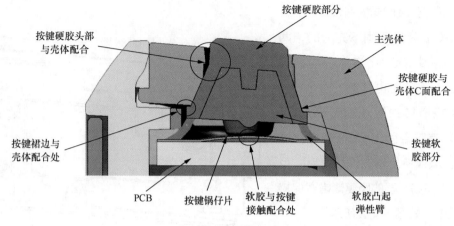

按键硬胶头部
与壳体配合

按键硬胶部分

主壳体

按键硬胶与
壳体C面配合

按键裙边与
壳体配合处

按键软
胶部分

PCB　　　　按键锅仔片　　软胶与按键　　软胶凸起
　　　　　　　　　　　　接触配合处　　弹性臂

图 5-34　按键防振音设计

天猫精灵 X5 项目模拟仿真参数设置及频率如表 5-2 和表 5-3 所示。

表 5-2　天猫精灵 X5 项目模拟仿真参数设置

序号	材料名称	弹性模量	泊松比	密度/(kg/m³)
1	ABS+PC	2.41×10^9	0.39	1200
2	SPCC*	2.1×10^{11}	0.3	7800

注：*SPCC是一般用冷轧碳钢薄板及钢带。

表 5-3　天猫精灵 X5 项目模拟仿真频率表

序号	阶数	频率/Hz
1	1	0
2	2	1.1647×10^{-3}
3	3	1.0124×10^{-2}
4	4	17.4
5	5	19.341
6	6	27.949
7	7	516.87
8	**8**	**572.26**
9	9	779.26
10	10	857.25
11	**11**	**890.25**
12	12	944.71
13	13	987.59
14	**14**	**1003.1**
15	15	1134.1

序号	阶数	频率/Hz
16	16	1187.6
17	17	1405.3
18	18	1530.8
19	19	1630
20	20	1678.6

（1）第 9 阶频率为 779.26Hz，下振型，其仿真图如图 5-35 所示。经分析可知，振音发生的主要位置在模型上壳和扬声器处，上下振动，与扬声器振动方向相同，扬声器振动的振音强，出现振音可能性大，我们的对策是在此位置增加加强筋。

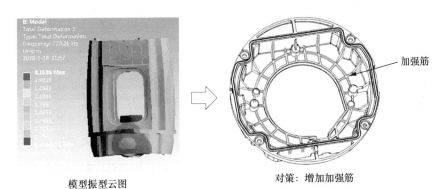

模型振型云图　　　　　　　　　　　　　对策：增加加强筋

图 5-35　第 9 阶频率仿真图

（2）第 11 阶频率为 890.25Hz，下振型，分析仿真图后可知，振音发生的位置在模型侧面，左右振动，与扬声器振动方向不相同，但与无源辐射器振动方向对称，需加强整体强度，降低振动幅度，我们的对策是在此位置增加加强筋，如图 5-36 所示。

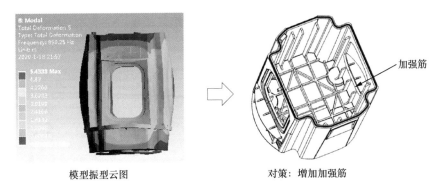

模型振型云图　　　　　　　　　　　　　对策：增加加强筋

图 5-36　第 11 阶频率仿真图

（3）第 14 阶频率为 1003.1Hz，下振型，振音发生的位置在模型四角，左右振动，与扬声器振动方向不相同，但与无源辐射器振动方向对称，需加强整体强度，降低振动幅度，我们的对策是在此位置增加加强筋，如图 5-37 所示。

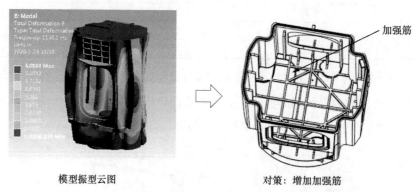

模型振型云图　　　　　　　　　　　　对策：增加加强筋

图 5-37　第 14 阶频率仿真图

5.3.4　经验总结

细节决定成败！经过这么多年的实战经验，我们总结了有效设计和解决振音的方法，特别是"按键 C 形定位"，该方法在解决振音的同时也解决了按键对中的问题，同时引入共振模拟仿真，从理论上去解释设计的合理性。天猫精灵拥有高品质的音箱效果，降低了对算法的要求，提高了语音的识别率，进一步提升了用户体验。

5.4　密封及气密性设计

智能音箱从两个方面提出密封要求。一方面，智能音箱是一个音箱，音箱中的音腔对密封性是有要求的，天猫精灵对音腔的密封设计常采用超声、点胶、EVA 等手段。另一方面，智能音箱对语音唤醒有一定要求，需要对 MIC 做密封处理，我们常用硅胶、VHB 胶等手段实现密封。

5.4.1　案例详解

天猫精灵较为经典的有屏类产品尺寸为 7 英寸、8 英寸、10 英寸等，无屏类产品为方糖、IN 糖、IN 糖 2 等。

天猫精灵智能音箱的音腔统一采用超声工艺，经过多项目验证，质量可靠、效率高、成本低、性价比最高。MIC 密封设计统一采用前后都密封的方案，前密封采用 VHB 胶，后密封采用硅胶套并治具预压的方案，如图 5-38 所示。

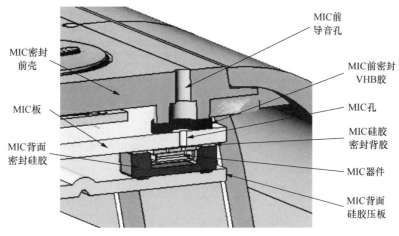

图 5-38　MIC 密封设计方案

音腔腔体主要分独立腔体和一体腔体，腔体的密封主要体现在扬声器本体、扬声器线材、音腔上下盖等，具体的密封设计方式如下。

① 超声密封：适用于独立的音腔设计。

② EVA 密封：适用于独立腔体或一体腔设计，扬声器本体及线材的密封。密封面最好采用平面、侧面。

5.4.2　技术沉淀

1. 超声密封设计

音腔超声密封设计标准示意图如图 5-39 所示。

对超声设备的要求如下。

① 超声焊接采用低振幅、高频率的正弦超声振动产生能量，使两塑料件接触表面之间产生分子摩擦，熔化形成焊接相连。

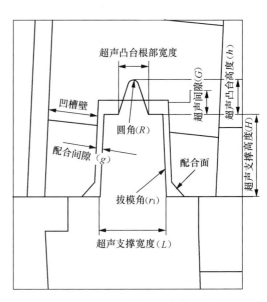

图 5-39　音腔超声密封设计标准示意图

② 超声焊接在 20 ~ 50kHz 的频率范围内发生，一般超声的振幅在 15 ~ 60μm。15kHz（较高振幅）的低声频有时用于较大制件或较软材料。焊接过程通常发生在 0.5 ~ 1.5s，焊接工艺变量包括焊接时间、焊头位置和焊接压力。

③ 超声焊接设备一般在 20kHz 或 40kHz 频率下运行，20kHz 更常用。

详细的设计推荐参数如下。

① 超声支撑宽度：L=0.6 ~ 1.0mm。

② 超声支撑高度：H=0.8mm。

③ 超声凸台根部宽度：t=0.4 ~ 0.6mm。

④ 超声间隙：G=0.2mm。

⑤ 超声凸台高度：h=0.6mm。

⑥ 超声凸台顶部圆角：R=0.2mm。

⑦ 超声支撑拔模角：r_1=3°。

⑧ 超声支撑与凹槽配合间隙：g=0.15mm。

⑨ 配合面：C0.2 ~ C0.3mm。

IN 糖音腔设计要求规范如图 5-40 所示。

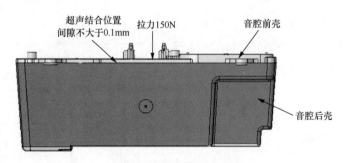

图 5-40　IN 糖音腔设计要求规范

① 通过超声气密性测试，可以规定气压值、保压时间、气压范围数据（不同的测试设备数据不一样，需研发人员确认），例如 IN 糖音腔测试数据：气压值为 10kPa，保压时间为 5s，气压值在 6 ~ 10kPa 则通过测试。

② 超声后前后壳需通过 150N 拉拔力测试，且不能出现裂痕、分离。

③ 剪开首件，以检查其超声线是否完好。

④ 超声结合位置间隙不大于 0.1mm。

2. EVA密封设计

为方便 EVA 作业，腔体转角处最好采用圆弧过渡，EVA 硬度一般为 30（邵氏硬度），当密封长度大于 15cm 时 EVA 采用单条来料。

（1）平面密封

根据 EVA 的不同，常用的平面密封主要分为以下两种方式。

① EVA 顶部密封。顶部间隙为 0.3mm，侧边间隙为 0.5mm，如图 5-41 所示。

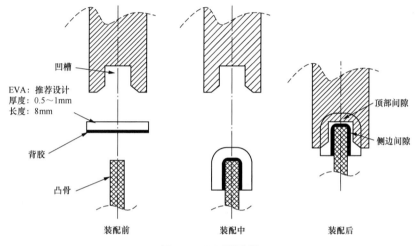

图 5-41 EVA 顶部密封

② EVA 侧面密封。顶部间隙为 0.5mm，侧边间隙为 0.1mm，如图 5-42 所示。

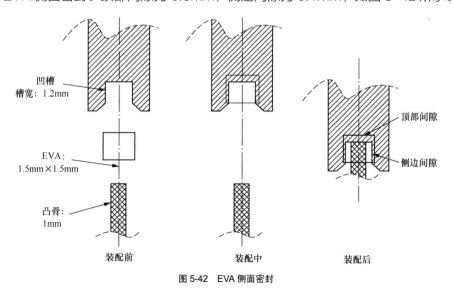

图 5-42 EVA 侧面密封

（2）斜面密封

音箱类产品前后壳尽量采用平面密封方式，而不采用斜面密封。上下盖一般采用斜面密封方式，如图 5-43 所示。其缺点是：密封性差；易引起主体变形，有外观不良风险；存在高温存储时斜面变形的风险。

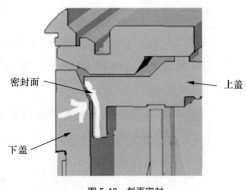

图 5-43　斜面密封

在 ID 限制的情况下，即使采用斜面密封方式也要增加一段 0.5mm 以上的平面密封，如图 5-44 所示。设计前期，为避免下盖结构刚度不够，一般可以采用增加加强筋等方法，而阿里产品内部空间一般较小，没有很多地方可设计加强筋，因此，我们采用增加壁厚和止骨位等措施来防止下盖变形。

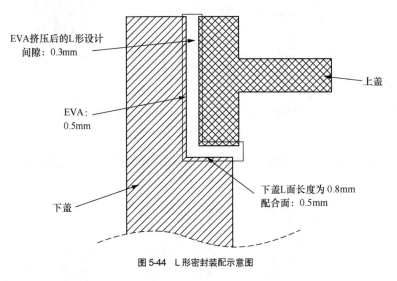

图 5-44　L 形密封装配示意图

（3）"T"形密封

上下盖、扬声器等的密封，不建议采用"T"形密封（交叉密封）方式，如果无法避免，一定要注意以下两点。

① 采用槽内压入 EVA 的密封方式，EVA 横截面需做成正方形，并超出壳体 0.5 ～ 1mm，做两次密封。

② 假如 EVA 密封是外发给供应商的，在包装及运输过程中，超出壳体的 EVA 会翘起，导致上下盖装配时漏气，合壳时全检此处，若有翘起则压回。

（4）腔体内按键密封设计

当腔体内有按键且空间有限时，我们可以在面壳上设计围骨，将按键四周围起来，靠 PCB 压在骨位上对按键密封，此方式同样适用于端子处的密封，如图 5-45 所示。

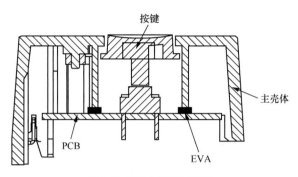

图 5-45　腔体内按键密封设计

EVA 可先组装在密封骨位上或贴在 PCB 上，并且 EVA 厚度首选 1mm 以上的规格。

此种密封方式组装简单，成本低，适应性广。

（5）端子盖密封设计

当腔体内端子接口不与主板拼在一起，且与外接设备相连时，端子盖就需单独密封，如图 5-46 所示，在高光面位置的输入输出区域，为了预防插头端子刮伤高光面，如果空间足够，则需要其高出高光面 0.2 ～ 0.3mm。

EVA 装配方式与腔体装配方式类似，此种密封方式结构可靠，但成本较高，适用于前后盖不能密封端子接口的机型。同时，线材用点胶密封方式，也有线材包 EVA 做卡槽密封处理。

（6）扬声器密封设计

扬声器单元质量较大，跌落时易发生 BOSS 柱断裂，扬声器装配应优先选择从前往后装的方式，同时应考虑扬声器装配面的密封设计。用扬声器的盆架来预压 EVA，从而正面密封音腔，正装扬声器密封设计如图 5-47 所示。

扬声器的缓冲 EVA 一般由塑料厂贴在面板上，厚度为 1mm，单面背 3M 胶，硬度为 30，预压高度建议为 0.5mm。

由于受空间限制，不能采用正装的扬声器，可以采用背装，背装扬声器密封设计如图 5-48 所示，扬声器一般自带密封圈，并且密封圈的预压高度在 0.4 ～ 0.6mm。当密封圈宽度小于 2mm 时，扬声器密封圈直接与塑料平面预压来完成密封；当扬声器密封圈宽度大于等于 2mm 时，塑料上长三角筋与扬声器密封圈预压来完成密封。

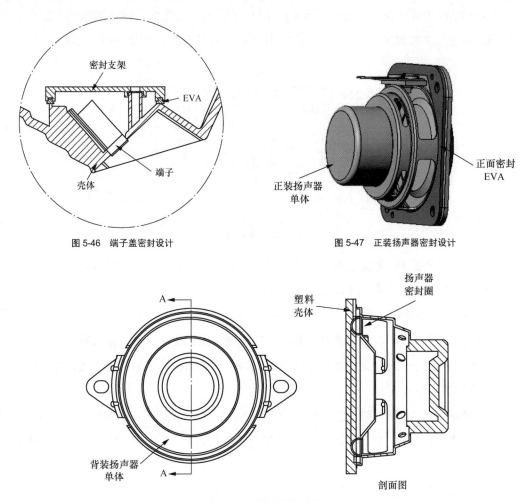

图 5-46 端子盖密封设计

图 5-47 正装扬声器密封设计

图 5-48 背装扬声器密封设计

扬声器需要有定位设计对其固定，优选盆架对角定位方式。

3. 音腔线材密封设计

天猫精灵项目中，音腔线材穿声腔部分主要采用打胶或包裹 EVA 做密封处理。其中，对于锂电池穿线超过 3 根线的，采用包扎 EVA 加热熔胶的密封方式，即在打热熔胶的基础上增加包 EVA，防止线与线之间的漏风。

在成本允许的前提下，还会采用音箱线材包裹 SR（Silicone Rubber，硅胶）做音腔密封处理，以下是我们收集及实验验证的相关数据，现已形成规范，具体如下。

① SR 外形根据所使用的线材外径大小和 PIN 数进行调整，采用与壳体单边过盈 0.1mm 的设计，如使用无线卡设计，可参考图 5-49 和图 5-50。

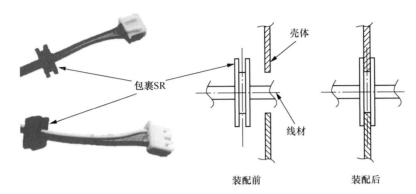

图 5-49　无线卡设计示意图一

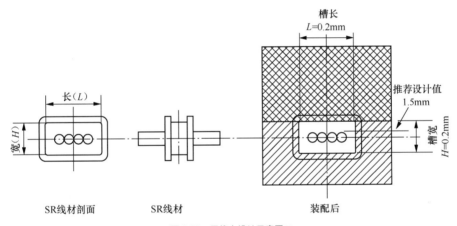

图 5-50　无线卡设计示意图二

② 音腔卡线结构类型及方式标准化。卡线结构尺寸列表如表 5-4 所示。

表 5-4　卡线结构尺寸列表

扬声器线径	内径×外径	卡线槽尺寸（$L \times H$）	备注
1.5mm×2引脚	内径ϕ3×外径ϕ8mmEPE管	3.5mm×4.0mm	开口处需要做圆角，半径（R）要大于1.0mm
1.5mm×4引脚	内径ϕ8×外径ϕ12mmEPE管	5.8mm×5.5mm	
2.8mm×1引脚	内径ϕ3.0×外径ϕ8.0mmEPE管	4.5mm×4.5mm	

线材卡线槽开口在不影响密封效果时需要做大圆角，避免卡破线，如图 5-51 所示。同时线槽公差走下偏差减少 0.1mm。

FFC（Flexible Flat Cable，柔性扁平电缆）排线过音腔结构设计如图 5-52 所示。

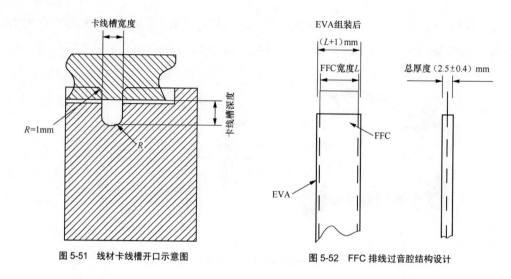

图 5-51 线材卡线槽开口示意图　　图 5-52 FFC 排线过音腔结构设计

　　FFC 排线包裹厚度为 1mm、硬度为 38 的 EVA，图 5-53 中，L 的尺寸根据 FFC 规格书标准设计。组装后排线宽度为（L+1)mm，采用正公差 1mm。

　　扬声器线过音腔包裹 EVA 的卡线槽设计如图 5-53 所示。

　　22#24#26#28# 扬声器线，包厚度 1mm 的 EVA 1.5 圈，注意事项如下。

　　① 设计卡线槽根部需要倒圆角，圆角半径为 1.5mm，防止根部漏风。

　　② 线材包 EVA，密封位置要求包 1.5 圈。

　　③ 卡线槽开口倒圆角，圆角半径为 0.5mm，防止卡破 EVA。

　　注：PEF 泡棉无毒无味，能二次发泡且具有密度低、重量轻，以及良好的隔音、隔热、防水、缓冲性能。

4. PR密封设计

（1）组件介绍

　　PR(Passive Radiator，无源辐射器) 也被称为被动盆，主要由油压硅胶和配重铁组成，其结构示意图如图 5-54 所示。

（2）PR 的固定

　　PR 常用螺钉锁附及点胶这两种方案固定。螺钉锁附方案一般用于面积及配重较大的产品，PR 需要增加金属支架，这种方案成本较高。天猫精灵的 PR 尺寸普遍较小，点胶方案即可满足。

　　PR 点胶设计示意图如图 5-55 所示。

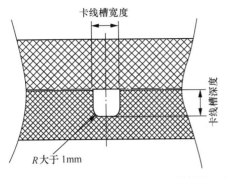

图 5-53　扬声器线过音腔包裹 EVA 的卡线槽设计示意图

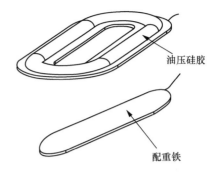

图 5-54　PR 结构示意图

5. MIC气密性设计

天猫精灵智能音箱一般采用 SMT 工艺，MIC 单体为底部拾音，因此需要做前后密封。

（1）MIC 后密封方式

SMT 工艺会影响底部拾音 MIC 密封的一致性，因此需要在 MIC 本体上增加密封硅胶套设计，做加强密封或打胶密封。后密封硅胶示意图如图 5-56 所示，硅胶套与五金支架过盈量推荐 0.15mm，同时硅胶套与 PCB 采用双面胶密封，推荐背胶：3M9495LE。

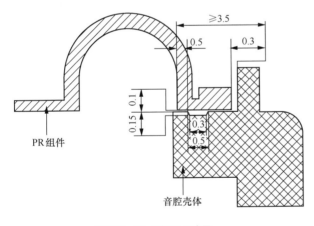

图 5-55　PR 点胶设计示意图

图 5-56　后密封硅胶示意图

（2）MIC 前密封方式

前密封方式采用 3M VHB 胶，黏结 MIC 板与外壳，过盈量为 0.2mm。

关于 MIC 其他方面的设计，补充推荐如下。

① MIC 出音孔通道长度设计推荐：从 PCB 开孔到外壳边缘不大于 6mm。

② MIC 防尘设计：PCB MIC 孔需要增加防尘网（推荐纱帝网纱 032HY、背胶 3M9075），如图 5-57 所示。

③ MIC 间距设计：建议间距为 30mm，此尺寸需与声学和算法团队确认，如图 5-58 所示。

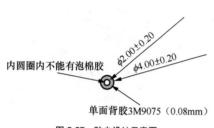

图 5-57　防尘设计示意图

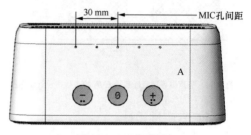

图 5-58　MIC 间距设计

6.　其他常用密封设计规范

（1）腔体内螺丝柱密封设计

腔体内螺丝柱密封设计，如图 5-59 所示。

腔体内若螺丝柱配合的不好，会对腔体内的密封产生影响，故需对螺丝柱的配合间隙做如下要求。

① 前壳螺丝孔直径为 3.2mm。

② 前后盖配合间隙预留 0.1mm。

③ 螺丝选型为 M3.0，同时根据具体锁紧力要求和咬合螺纹情况设计详细的螺丝规格。

（2）电池布密封设计

使用电池布方便从机器中取出电池，而电池布在腔体内，这时就需要对电池布进行密封。

步骤：首先，使用烫印工艺将布烫在面壳上；其次，打胶将布黏在面壳上；最后，贴 EVA 密封。如图 5-60 所示。

（3）打胶密封结构设计

当腔体内存在一些小的间隙，但使用 EVA 进行密封又无法保证腔体密封性良好，这时就需要用密封胶水进行密封，因为胶水流动性良

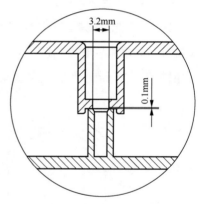

图 5-59　腔体内螺丝柱密封设计

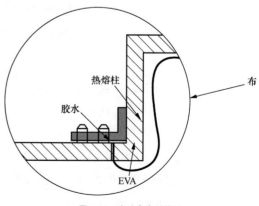

图 5-60　电池布密封设计

好，靠其自身的重力作用可迅速地填充微小的间隙。

一般主机常用的密封胶水为热熔胶，其经常使用在 FFC 排线孔的密封处。FFC 排线密封方式是先将 FFC 排线穿过密封孔，后打胶，再接线。目前，天猫精灵使用的热熔胶只有两种，第一种为白色热熔胶，直径为 7mm；第二种为黄色热熔胶，直径为 10mm。黄色热熔胶的熔点高，且不容易出现气孔，避免漏风，首选黄色热熔胶，但是因为其直径大，相应的要用到大的胶枪（目前只是针对天猫精灵内部），并且在设计时要注意以下几点。

① 开孔尺寸设计。在密封排线开孔时，开孔尺寸比排线尺寸单边大 0.2 ～ 0.3mm，如果排线有加贴 EVA，开孔尺寸比排线贴 EVA 后尺寸大 0.1 ～ 0.2mm。如果开孔尺寸过大，打胶时会渗透到另一边，影响密封效果，造成干涉等。我们会优先使用带泡棉的线材，以防维修过程中拆卸导致排线报废。

② 打胶部分应远离装配结构部位。因为打胶作业时溢胶形状不可控，打胶点与装配结构部位至少有10mm 的距离。

③ 储胶槽设计。储胶槽有利于热溶胶定形，减少热熔胶的用量。储胶槽进线方向增加 C 角便于穿线，增加斜度便于胶更好的固定到结合缝隙处，如图5-61 所示。

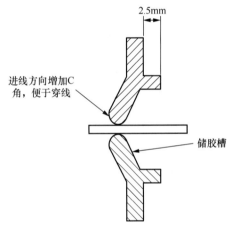

图 5-61　储胶槽设计

5.4.3　气密性检测标准

为满足声学、算法团队对扬声器、MIC 的气密性要求，在扬声器、MIC 的气密性设计上，我们采用一定的冗余设计，从而更好地实现天猫精灵音箱及语音唤醒的功能。MIC 气密性测试具体要求如表 5-5 所示。

表 5-5　MIC 气密性测试具体要求

序号	测试项目	规格	测试条件
1	气密性	大于等于20dB	堵孔和不堵孔的气密性测试差值不小于20dB
2	信号一致性	大于-2dB且小于2dB	±1.5dB @1kHz，其他频点按金机校准曲线待定
3	灵敏度	-38dB	94dBSPL@1kHZ
4	失真	小于等于1%	
5	频响	大于-3dB且小于3dB	

5.4.4　经验总结

天猫精灵核心功能是语音识别功能，MIC 和音腔是天猫精灵的耳朵和嘴巴，因此它们的气密性尤为重要，两者的气密性直接影响天猫精灵的听觉和说话效果。故需要从底层设计出发，从设计到生产制造都要确保其气密性和密封效果满足要求，这样天猫精灵才能够准确听到声音，并能清晰回复。

5.5　钣金设计

本节介绍了天猫精灵常用的五金件设计工艺规范。

5.5.1　案例详解

案例1　主板散热片平面度超标，引起的整机振音不良问题

【问题描述】

方糖项目在 DVT1 试产阶段整机听音测试中，出现 10% 比例的振音不良。振音频率及位置的一致性很高，初步定位振音不良是同一个区域或同一个零件引起的。主板散热片如图 5-62 所示。

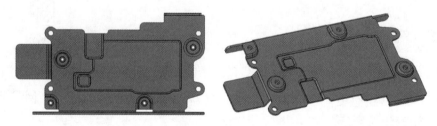

图 5-62　主板散热片

【分析及对策】

结合初步的听音和固定频率点扫频分析，初步定位产生振音的部件是主板散热片；根据此基础，接下来进行更加详细的分析，具体步骤如下。

首先，进行部件的交叉验证。使用另外一厂家已量产过的散热片进行替换，前提是确认更换的部件是合格的，且要排除尺寸、外观等因素。

其次，精确定位。确定振音是从散热片的哪个部位发出的，使用声音扫频进行区域确定，找到造成振音的区域，确认振音是散热片的一个悬臂振动导致的。

再次，拆出散热片进行单体确认。遵循外观、尺寸等要素分析原则，经过测量后，发现散热片的平面度超标。此零件组装后有一个悬臂位置和初始设计位置不一致，悬臂偏移，壳体间隙减少，导致接触式异响。

最后，确认问题。新开钣金模具设计时，压件不够导致散热片平面度超标。考虑到该项目快进入量产阶段，我们决定先替换散热片，保证项目进度；之后，对散热片进行改模更新，确认其合格后再上线生产。

从该分析过程中可以看出，遇到问题时，要抽丝剥茧、耐心分析，结合项目实际情况，给出切实有效的解决方案。

案例2　钣金二次冲压凸台设计

【问题描述】

天猫精灵产品 PCB 上主芯片的热设计主要依靠散热片，散热片除满足热设计的需求外，还需要满足射频屏蔽 EMC、ESD 接地、低成本等需求，故在设计时需做兼容设计考虑，难度系数高。

【分析及对策】

（1）散热角度

① 材料选用导热系数高的铝板材，厚度为 1.5mm 或 2mm。

② 散热片设计时，在不增加材料及加工成本的基础上，采用折弯设计，确保散热片面积尽可能大，具体可参考图 5-63。

（2）屏蔽角度

① 散热片与 PCB 之间距离为 6.5mm，存在有效接地需求，故在设计散热片时，使用单臂抬脚结构，将螺丝锁紧使其与 PCB 之间有效接地。

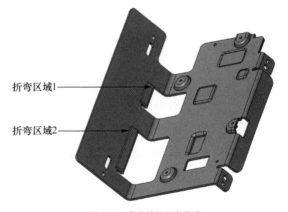

折弯区域1

折弯区域2

图 5-63　散热片的折弯区域

② 散热片与屏蔽罩之间高度为 4.5mm，故屏蔽效果差。采用散热片冲压凹台 4mm，使散热片与屏蔽罩的间隙在 0.5mm，再通过导电泡棉处理，达到有效屏蔽，散热片屏蔽角度示意图如图 5-64 所示。

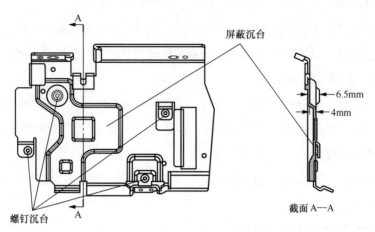

图 5-64 散热片屏蔽角度示意图

5.5.2 技术沉淀

1. 冲裁工艺

冲裁就是将零件从成块或成卷的原材料中分离出来的工序，通常可分为落料及冲孔。冲裁工艺应注意以下几点。

① 冲裁件的形状要尽可能简单对称，并且符合常用板料的经济尺寸，使剪料及排样时废料最少。

② 冲裁件的外形及内孔应避免有尖角，在直线或曲线的连接处要有圆弧连接，圆弧半径不小于 $0.5t$（t 为材料壁厚）。

③ 冲裁件应避免有窄长的悬臂与狭槽，一般情况下冲裁件的凸出或凹入部分的深度和宽度应不小于 $1.5t$。

④ 冲孔优先选用圆形孔，冲孔最小尺寸一般不小于 1mm，如表 5-6 所示。

表 5-6 冲孔尺寸要求

材料	圆孔直径R	矩形孔短边宽b
高碳钢	$1.3t$	$1.0t$
低碳钢、黄铜	$1.0t$	$0.7t$
铝	$0.8t$	$0.5t$

⑤ 零件的冲孔边缘离外形的最小距离有一定要求，当冲孔边缘与零件外形边缘不平行时，

该最小距离应不小于材料厚度 t；平行时，应不小于 1.5t。

⑥ 折弯件及拉深件冲孔时，其孔壁与直壁之间应保持一定的距离，如图 5-65 所示。

⑦ 冲裁断口毛边方向要求不能朝外（与 PCB 接触的五金毛边要求不能朝向 PCB）。

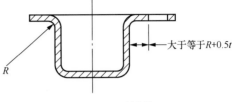

图 5-65　折弯件

2. 折弯工艺

折弯是使材料弯曲成一定角度的工序，其工艺应注意以下几点。

① 折弯件的最小弯曲半径有一定要求，材料弯曲时，圆角区外层受到拉伸，内层则受到压缩。当材料厚度一定时，内圆角半径越小，材料的拉伸和压缩就越严重；当外层圆角的拉伸应力超过材料的极限强度时，材料就会产生裂缝和折断，因此，弯曲零件的结构设计，应避免过小的弯曲圆角半径，通常折弯半径（外半径 R）不小于 1.0t，而且越硬的材料折弯半径要求越大。

② 折弯件的最小直边高度（H）不宜太小，一般 $H \geqslant R+2t$，如图 5-66 所示。

③ 如果需要折弯件的最小直边高度 $H \leqslant 2t$，则要加大弯边高度后再将其加工到需要的尺寸，或者在弯曲变形区内加工浅槽后，再对其折弯，如图 5-67 所示。

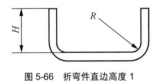

图 5-66　折弯件直边高度 1

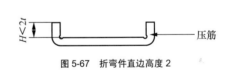

图 5-67　折弯件直边高度 2

④ 当弯曲侧边带有斜角的折弯件时，侧面的最小高度：H=2mm，T=3mm，如图 5-68 所示。

⑤ 导致折弯件回弹的因素很多，包括材料的机械性能、壁厚、弯曲半径及弯曲时的正压力等。折弯件的内圆角半径与板厚之比越大，回弹就越大。折弯件设计时，可以在变形区做加强筋改善回弹，也可以在模具折弯变形处增加压筋改善回弹。

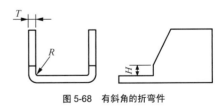

图 5-68　有斜角的折弯件

3. 拉伸成型工艺

为了增加内部空间，通常将底壳整体下沉 2.5mm，此时底壳周边要预留至少 4mm 的空间用于压料。拉伸压料边示意图如图 5-69 所示。

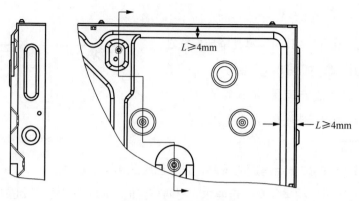

图 5-69　拉伸压料边示意图

4. 翻边孔工艺（针对电解板）

翻边孔工艺如表 5-7 所示。

表 5-7　翻边孔工艺

使用螺钉	M2.6	M3.0	M3.5	M4.0
所需孔径	$\varnothing 2.25^{+0}_{-0.05}$	$\varnothing 2.26^{+0}_{-0.05}$	$\varnothing 3.0^{+0}_{-0.05}$	$\varnothing 3.4^{+0}_{-0.05}$

翻边孔尺寸：

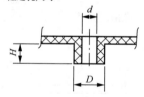 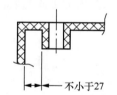

其中：$H=1.2T$；
　　　$D=d+2\times 0.7T$；
　　　T 为材料厚度

5.5.3　钣金零件尺寸公差标准

1. 两孔中心距离尺寸公差、孔中心与边缘距离尺寸公差

一般钣金件上两孔中心距离公差如表 5-8 所示，孔中心与边缘距离尺寸公差如表 5-9 所示。

表 5-8　两孔中心距离尺寸公差　（单位：mm）

材料厚度 t	距离的基本尺寸		
	小于等于≤50	50～150	大于>150
小于等于1	±0.1	±0.12	±0.2
1～2	±0.12	±0.2	±0.3
2～3	±0.15	±0.25	±0.35

表 5-9　孔中心与边缘距离尺寸公差　（单位：mm）

材料厚度 t	距离的基本尺寸			
	小于等于10	10～50	50～150	大于等于150
小于等于2	±0.1	±0.2	±0.4	±0.6
2～4	±0.15	±0.3	±0.6	±0.8

2. 角度偏差

角度偏差如表 5-10 所示。

表 5-10　角度偏差公差

短边长度/mm		小于等于10	10～50	50～150	大于等于150
精度等级	较高精度	±1°	±30′	±20′	±10′
	一般精度	±1°30′	±1°	±30′	±15′

3. 尺寸标注应符合冲压工艺要求

尺寸标注合理性如图 5-70 所示，其中，左图的尺寸标注不合理，这样标注，两孔的中心距会随着模具的磨损而增大；若改为右图的尺寸标注，则两孔的中心距与模具磨损无关，其公差值也会减小。

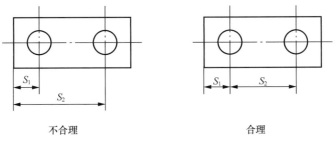

不合理　　　　　　　　　　合理

图 5-70　尺寸标注合理性

5.6　塑料设计

由于塑料材料的多样适用性、易加工性及低成本高附加值性，所以塑料产品设计成为一种精致的艺术。塑料产品设计知识涵盖面广，包含材料、模具、成型、力学、组装、表面处理、成本控制等知识。

5.6.1 案例详解

1. 按键对中设计方案

消费类电子产品一般都有按键，而按键作为人机交互的常用零件，对按键的外观要求非常高。市面上我们可以看到有很多的产品或多或少都存在按键不对中的问题，表现为按键的间隙不均匀，严重影响产品的品质和质感。传统的按键设计方式如图 5-71 所示，要解决不对中的问题就需要去控制定位 Pin 与孔的组装公差、定位 Pin 的直径和孔本身的公差及弹性臂的变形。这对结构设计人员和模厂及成型来讲都是极具有挑战的事情。如果同时存在大量复制模，这就是一个棘手的问题。那如何彻底解决这个问题呢？"C 面配合"自动对中的创新设计给出了满意的答案。

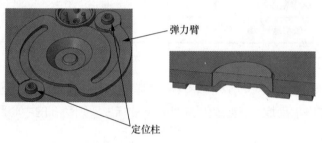

图 5-71 传统按键设计方式

如图 5-72 所示，创新的按键设计方式将裙边转角设计做了优化，直接对按键做一个大"C面"倒角，让按键与壳体的装配成一个"八字"环形装配，具体有如下 3 点。

① C 面装配间隙设计为零，直接零碰设计。

② 裙边配合间隙也设计为零。

③ 按键弹性壁与定位引脚之间的配合间隙需要 0.3mm 以上。

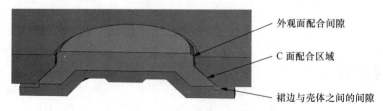

图 5-72 "C 面配合" 自动对中创新设计方式

在装配按键的过程中 C 面间隙为零，按键左右无法晃动，外观面的配合间隙就自动留出来了，不需要做任何的矫正。即使弹性臂的加工存在少许误差，由于定位 Pin 处的配合间隙留出来了，所以也不会影响按键外面的整体对中和配合间隙。

该设计方案目前已经成为天猫精灵音箱的标准设计，成功地解决了按键不对中和振音的老大难问题。

2. 音腔缓冲结构

如图 5-73 所示，天猫精灵 CCL 音腔使用悬浮缓冲结构来吸收扬声器 6 个自由度振动产生的能量，减小振动对主机及其他敏感器件的影响，另外也会使机器外部手感振动幅度减小。此方案已成为大功率扬声器缓冲标准设计。

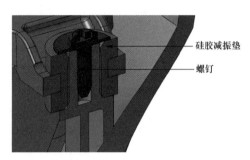

硅胶减振垫

螺钉

图 5-73　天猫精灵 CCL 音腔结构

5.6.2　塑料设计规则

1. 圆角设计

注塑圆角值由壁厚决定，一般取壁厚的 0.5 倍 ～ 1.5 倍，但不小于 0.5mm。

为了防割伤手，因此要有圆角设计，分型面的位置要慎重选择圆角，圆角部分需在模具另外一边，制作有一定难度，在产品圆角处会有细微的痕迹线。如图 5-74 所示。

2. 加强筋设计

为确保塑件制品的强度和刚度，但又不使

图 5-74　圆角设计

塑件的壁增厚，可在塑件的适当部位设置加强筋，这样不仅可以避免塑件变形，在某些情况下，加强筋还可以改善塑件成型中的塑料流动情况。

注塑工艺与铸造工艺类似，壁厚的不均匀会导致塑件缩水，一般情况下，筋的壁厚为主体厚的 0.4 倍，最大不超过 0.6 倍。筋之间的距离大于 $4t$，筋的高度低于 $3t$。为了增加塑件的强度和刚度，宁可增加加强筋的数量，也不增加其壁厚，加强筋设计如图 5-75 所示。

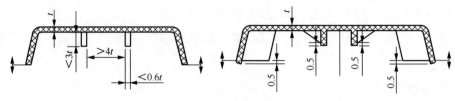

图 5-75 加强筋设计

螺钉柱子的筋需低于柱子端面 0.5mm，筋应低于零件表面或分型面 0.5mm。多条筋相交时，要注意相交带来的壁厚不均匀问题。

3. BOSS柱的设计

（1）镶嵌铜螺母的 BOSS 柱

镶嵌铜螺母（热熔，超声）的 BOSS 柱如图 5-76 所示，BOSS 柱的内孔 D_0、外孔 D_1 和螺母与 BOSS 柱上下两端的间隙 G_0、G_1 很重要。

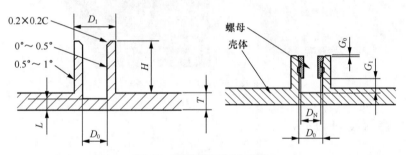

图 5-76 镶嵌铜螺母的 BOSS 柱

$D_0 = D_N + 0.05$，D_N 为螺母下端导向的直径。

$D_1 = D_0 + 2 \times 0.6T$，其中数值（$0.6T$）是保证铜螺母热熔时 BOSS 柱壁不破裂的最小壁厚，一般取 $0.6T$ 为 $0.85 \sim 0.9$mm。

$G_0 = 0.05 \sim 0.1$mm。

$G_1 \geqslant 0.5$mm（视空间而定）。

$L = 0.6 \sim 0.8T$（一般视空间而定）。

$H = 2T \sim 5T$（视空间、结构而定）。

注意：

1. 为了铜螺母热熔导向方便，一般在 BOSS 柱上端内孔上做 $0.2 \times 30°$ 的倒角；

2. BOSS 内孔拔模角不宜太大，以防铜螺母紧固力不够，一般取 $0.5°$ 拔模角；

3. BOSS 外侧面拔模角取 $1.0°$ 即可。

（2）不镶嵌铜螺母的 BOSS 柱

对于不需要镶嵌铜螺母的 BOSS 柱而言，其主要用于定位、热熔固定、加强，此时主要关注其缩水和强度两方面，如图 5-76 的左侧，对此：

$D_0=d_0+0.1\text{mm}$，d_0 为与 D_0 配合的 BOSS 柱（或者实心圆柱）外径；

$D_1=D_0+2\times(0.4T\sim0.6T)$，其中数值（$0.4T\sim0.6T$）一般取 0.7mm；

$H=2T\sim5T$，一般 H 取 $3T$；

BOSS 柱防缩水的一般结构及说明如下。

当 $T_1\geqslant0.8T_0$，$H\geqslant5\,T_0$ 时，图 5-77 所示的"火山口"防缩水形式是很有效的，具体的尺寸及细节形状一般由模具厂商根据经验确定。

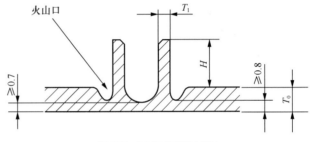

图 5-77　BOSS 柱防缩水设计

BOSS 柱强度加强设计一般结构如图 5-78 所示，对于比较高的 BOSS 柱，即 $H\geqslant5T$，一般采用在 BOSS 柱加 4 个三角形 RIB 的结构来加强 BOSS 柱，如图 5-78 所示，RIB 的宽度 $W=0.4T\sim0.6T$（不小于 0.8mm），$Hc=0.5\sim1.0\text{mm}$（一般根据空间结构而定，建议 RIB 不要与 BOSS 上表面齐平），$B=1.5T\sim4T$（一般取 $B=2T$）。

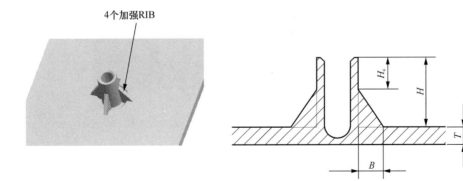

图 5-78　BOSS 柱强度加强设计一般结构

4. 孔的设计

① 孔与孔之间的距离，一般应取孔径的 2 倍以上。

② 孔与塑件边缘之间的距离，一般应取孔径的 3 倍以上，如孔因塑件设计的限制或作为

固定用孔，则可在孔的边缘做凸台来加强孔支撑力，如图 5-79 所示。

③ 侧孔的设计应避免有薄壁的断面，否则会产生尖角，易伤手也易缺料，如图 5-80 所示。

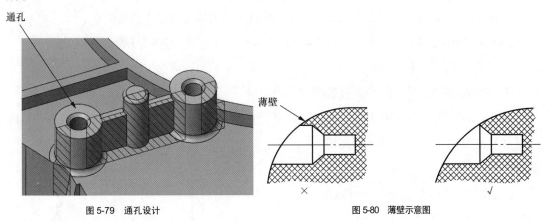

图 5-79　通孔设计　　　　　　　　图 5-80　薄壁示意图

5. "减胶"过渡的设计方案

减胶处应做斜角过渡或大圆弧过渡，斜度不小于 30°，如图 5-81 所示。

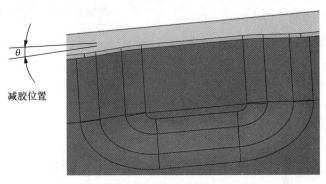

图 5-81　减胶过渡示意图

5.6.3　塑料止口设计规则

1. 止口的作用

① 设计止口使壳体内部空间与外界不直接导通，能有效地阻隔灰尘、静电等的进入。

② 止口用于上下壳体的定位及限位。

2. 壳体止口的设计

如图 5-82 所示，壳体止口推荐设计需要注意以下几点。

① 嵌合面的脱模斜度应在 3°～ 5°，端部设计应倒角或圆角，以利于装配。

② 上壳与下壳圆角的止口应配合，使配合内角的 R 角偏大，以增加圆角之间的间隙，预防圆角处相互干涉。

③ 设计止口方向，应将侧壁强度大的一端的止口设计在里边，以抵抗外力。

④ 美工线设计尺寸：0.5mm×0.5mm。是否采用美工线，可以根据设计要求进行。

如图 5-83 所示，对于上下壳静电墙，其有效配合深度要在 0.8mm 左右，并且要有足够的塑料壁厚以保证其强度及表面不出现喷漆缺陷。

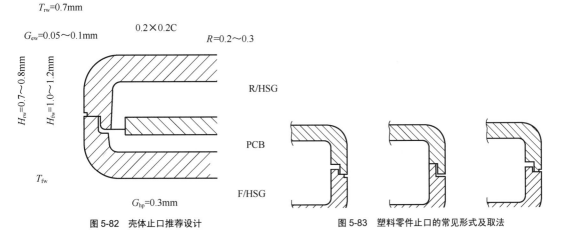

图 5-82　壳体止口推荐设计　　　　　　图 5-83　塑料零件止口的常见形式及取法

T_{fw}=0.9 ～ 1.1mm，一般保证在 0.9mm 以上，视空间结构及壁厚适当调整。

T_{rw}=0.7 ～ 1.0mm，一般保证在 0.7mm 以上，视空间结构及壁厚适当调整。

G_{ew}=0.05 ～ 0.1mm，上下壳静电墙的配合间隙，一般单边取 0.1mm 为宜。

H_{fw}=1.0 ～ 1.2mm，一般取 1.0mm 以上，以保证配合深度在 0.8mm 以上。

H_{rw}=0.7 ～ 0.8mm，建议取 0.8 ～ 1.0mm，根据 H_{fw} 的值，保证在垂直方向上有 0.3mm 以上的安全间隙，以满足配合深度在 0.8mm 以上。

$G_{\mathrm{hp}} \geqslant 0.3$mm，注意：$G_{\mathrm{hp}}$ 为塑料壳内壁到 PCB 边缘的间隙，一般要保证在 0.3mm 以上，在上下壳边缘有卡钩存在的位置处，还要留出卡钩卡合时的变形长度，即 $G_{\mathrm{hp}} \geqslant 0.3+L$（卡勾变形量）。

为了便于装配，一般在 R/HSG 凸缘上做 0.2x30° 的倒角；为便于成型，一般在 F/HSG 静电墙配合内部凹槽上倒 R 角，R 一般取 0.2 ～ 0.3mm，（要与 R/HSG 上的 C 角配合制作，以便满足上下 0.3mm 的间隙）。

3. 拔模角及分模面分析

如图 5-84 所示，静电墙拔模角一般取 1.5°～3.0°，F/HSG 和 R/HSG 的拔模方向及大小和拔模基准面要一致，以保证配合间隙和配合面积。

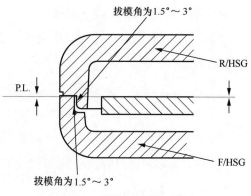

图 5-84　拔模角及分模面分析

4. 面壳与底壳断差的要求

① 装配后，在止口位如果面壳大于底壳，此段差为顺段差；底壳大于面壳，此段差为逆段差，如图 5-85 所示。可接受的顺段差小于 0.15mm，可接受的逆段差小于 0.1mm，无论如何，段差均会存在，尽量使产品装配后面壳大于底壳，且缩小面壳与底壳的段差。

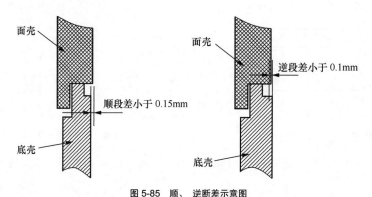

图 5-85　顺、逆断差示意图

② 防止止口段差，可在底面壳的周边增加插骨，以校正底面壳的段差问题，如图 5-86 所示。

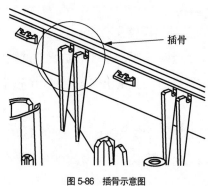

图 5-86　插骨示意图

5.6.4　塑料卡扣设计规则

1. 卡扣设计原则

总则：通常上盖设置跑滑块的卡钩，下盖设置跑斜顶的卡钩。

① 扣位提供了一种不但方便快捷而且经济的产品装配方法，因为扣位的组合部分与产品同时成型，所以装配时无须配合如螺丝、防松锁扣等其他紧锁配件，只须将组合的两边扣位扣上即可。

② 扣位的形状虽有多种，但其操作原理大致相同。当两个零件扣上时，其中一个零件的钩形伸出部分被相接零件的凸起部分推开，直至凸起部分与零件完全结合；之后，由于塑料的弹性，钩形伸出部分实时复位，其后面的凹槽亦即被相接零件凸起部分嵌入，此扣位已形成互扣状态。

③ 如以功能来区分，扣位的设计可分为成永久型和可拆卸型 2 种。永久型扣位设计方便装但不容易拆，可拆卸型扣位设计装、拆均十分方便。其原理是可拆卸扣位的钩形伸出部分附有适当的导入角及导出角，方便扣上及分离的动作，导入角及导出角的大小直接影响扣及分离时所需的力度，永久型的扣位只有导入角而没有导出角，所以一经扣上，相接部分即形成自锁状态，不容易被拆下。

2. 卡扣布局

① 卡扣离产品的角不可太远（建议不超过 20mm），否则角会翘缝，如图 5-87 所示。

② 卡钩间距不应过大，建议不超过 40mm，否则易开缝，如图 5-88 所示。

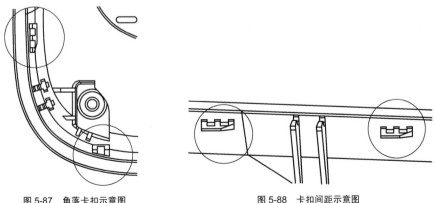

图 5-87　角落卡扣示意图　　　　　　　　图 5-88　卡扣间距示意图

3. 常用塑料材料

在任何一件工业产品设计早期，一定需要考虑成形物料的选择。因为物料与产品生产、装配和完成的时间有关。除此之外，品质检验水平、市场销售情况和价格等也在考虑之列。因此，需要通过一套系统性处理方法，来选择产品的材料，确保生产过程稳定，且符合产品需求。在此前提下，天猫精灵产品常用的塑料为 ABS、PC+ABS。

① ABS：高流动性，便宜，适用于对强度要求不太高的部件（不直接受冲击，不承受可靠性测试中结构耐久性的部件），如内部支撑架（键板支架、LCD 支架）等。还普遍用在电镀的部件上（如按钮、侧键、导航键、电镀装饰件等）。目前常用 ABS 为某厂的 PA-757、PA-777D 等。

② PC+ABS：流动性好，强度不错，价格适中。适用于高刚性、高冲击韧性的制件，如框架、壳体等。常用材料代号为某厂的 T85、T65。

③ PC：高强度，价格贵，流动性不好。适用于对强度要求较高的外壳、按键、传动机架、镜片等。常用材料代号为某厂的 L1250Y、PC2405、PC2605、PC1414 等。

④ POM（Polyformaldehyde，聚甲醛）：具有高的刚度和硬度、极佳的耐疲劳性和耐磨性、较小的蠕变性和吸水性、较好的尺寸稳定性和化学稳定性、良好的绝缘性等。常用于滑轮、传动齿轮、蜗轮、蜗杆、传动机构件等，常用材料代号为 M90-44。

⑤ PA（Polyamide，聚酰胺，俗称尼龙）：坚韧、吸水，但当水分完全挥发后会变得脆弱。常用于齿轮、滑轮等。若用于受冲击力较大的关键齿轮，需添加填充物。常用材料代号为 CM3003G-30。

⑥ PMMA（Polymethyl Methacrylate，聚甲基丙烯酸甲酯）：有极好的透光性，在光的加速老化 240h 后仍可透过 92% 的太阳光，放置在室外环境下 10 年透过率仍有 89%，紫外线达 78.5%。机械强度较高，有一定的耐寒性、耐腐蚀，绝缘性能良好，尺寸稳定，易于成型，质较脆，常用于有一定强度要求的透明结构件，如镜片、遥控窗、导光件等。

4. 塑料零件壁厚

壁厚的大小取决于产品需要承受的外力、是否作为其他零件的支撑、承接柱位的数量、伸出部分的多少，以及选用的塑料材料而定。一般的热塑性塑料的壁厚设计应以 4mm 为限。从经济角度来看，过厚的产品设计不但增加物料成本、延长生产周期（冷却时间），还增加生产成本。从产品设计角度来看，过厚的产品增加产生空穴（气孔）的可能性，大大削弱产品的刚性及强度。

最理想的壁厚分布无疑是切面在任何一个地方都是均一的厚度，但为满足功能上的需求，壁厚有所改变总是不可避免的。此情况下，由厚胶料过渡到薄胶料处表面应尽可能顺滑，太突然的壁厚过渡转变会导致冷却速度不同和产生乱流，造成尺寸不稳定和表面问题。

① 壁厚要均匀，厚薄差别尽量控制在基本壁厚的 25% 以内，整个部件的最小壁厚不得小于 0.4mm，且该处背面不是 A 级外观面，并要求面积不得大于 100mm²。

② 壁厚不均匀工件有缩水的风险，因此要求加强筋与主体壁厚的比值最好为 0.4，最大比值不超过 0.6。

③ 壳体的厚度尽量在 1.2 ～ 1.4mm，侧面厚度在 1.5 ～ 1.7mm；外镜片支承面厚度为 0.8mm，内镜片支承面厚度最小为 0.6mm。

④ 电池盖壁厚根据防火等级及跌落防护要求设计适当的壁厚。常用塑料的最小壁厚及常见壁厚推荐值见表 5-11。

表 5-11　常用塑料最小壁厚及常见壁厚推荐值

塑料制品的最小壁厚及常用壁厚推荐值（单位：mm）			
工程塑料	最小壁厚	小型制品壁厚	中型制品壁厚	大型制品壁厚
PA（尼龙）	0.45	0.76	1.50	2.40～3.20
PE（聚乙烯）	0.60	1.25	1.60	2.40～3.20
PS（聚苯乙烯）	0.75	1.25	1.60	3.20～5.40
PMMA	0.80	1.50	2.20	4.00～6.50
PP（聚丙烯）	0.85	1.45	1.75	2.40～3.20
PC（聚碳酸酯）	0.95	1.80	2.30	3.00～4.50
POM（聚甲醛）	0.45	1.40	1.60	2.40～3.20
PSU（聚砜）	0.95	1.80	2.30	3.00～4.50
ABS	0.80	1.50	2.20	2.40～3.20
PC+ABS	0.75	1.50	2.20	2.40～3.20

针对天猫精灵无屏产品，壳体均采用 ABS 材质；有屏产品前壳采用 PC+ABS 材质，后壳采用 ABS 材质；所有音腔上下盖都采用 ABS 材质。

5. 脱模斜度

通常为了能够轻易将产品从模具中脱离出来而需要在产品边缘的内侧和外侧各设有一个倾斜（出模角）。若产品附有垂直外壁并且外壁方向与开模方向相同，则塑料在成形后需要很大的开模力才能将模具打开，而且在模具开启后，产品脱离模具的过程也十分困难。如果该产品在产品设计时已预留出模角，并且所有接触产品的模具零件在加工过程中已经过高度抛光，则脱模就变得轻而易举。因此，出模角在产品设计中是不可或缺的。

因注塑件冷却收缩后多附在公模上，为使产品壁厚平均及防止产品在开模后附在较热的母模上，母模和公模上的出模角是应该相等的。不过，在特殊情况下若要求产品于开模后附在母模上，则可将相接母模部分的出模角尽量减小，或刻意在母模加上适量的倒扣位。

出模角的大小没有一定的要求，多数是凭经验和依照产品的深度来决定的，此外，其也与成型的方式、壁厚和塑料的选择有关。一般来说，高度抛光的外壁可使用 $\frac{1}{8}°$ 或 $\frac{1}{4}°$ 的出模角。深入或附有织纹的产品要求相应增加出模角，习惯上每 0.025mm 深的织纹，便需要增加 1° 的出模角。当产品需要长而深的肋骨、较少的出模角时，要特别处理顶针。具体选择脱模斜度时应注意以下几点。

① 取斜度的方向，一般内孔以小端为准，符合图样，斜度由扩大方向取得，外形以大端为准，符合图样，斜度由缩小方向取得。如图 5-89 所示。

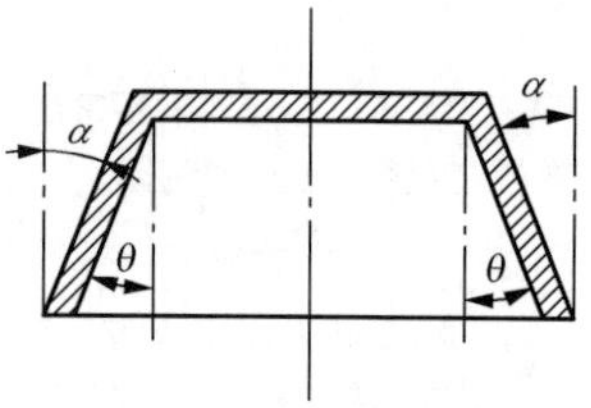

② 凡塑件精度要求高的，应选用较小的脱模斜度。

③ 凡较高、较大的塑件，应选用较小的脱模斜度。

图 5-89　脱模斜度示意图

④ 收缩率大的塑件，应选用较大的脱模斜度，如表 5-12 所示。

表 5-12　不同场景脱模斜度推荐值

序号	工况描述	脱模斜度
1	不同的塑料材质	PE、PP、PA可强制脱模，强制脱模斜度一般不超过型芯的5%； 硅胶，橡胶可强制脱模，强制脱模斜度一般不超过型芯的10%
2	透明工件	一般情况下，透明的工件一般取3°，比如PS脱模斜度应大于3°，ABS及PC脱模斜度应大于2°
3	带革纹、喷砂等外观处理的塑件侧壁	3°～5°的脱模斜度，视具体的咬花深度而定，一般的晒纹版上已清楚列出供参考用的要求出模角。咬花深度越深，脱模斜度应越大。推荐值为1°+H/0.0254°（H为咬花深度），如121的纹路脱模斜度一般取3°，122的纹路脱模斜度一般取5°
4	插穿面	1°～3°
5	外壳面（母模）	大于等于3°
6	无特殊要求的公模	脱模斜度为1°，也可以按照以下原则来取：低于3mm高的加强筋的脱模斜度取0.5°，3～5mm高的取1°，其余取1.5°；低于3mm高的腔体的脱模斜度取0.5°，3～5mm高的取1°，其余取1.5°（具体可以参见表5-13）

序号	工况描述	脱模斜度
7	落差太高的情况	脱模根部与顶部落差0.3mm
8	面壳出音孔（密集属性）	母模脱模斜度为5°，公模脱模斜度为7°，可参考图5-90

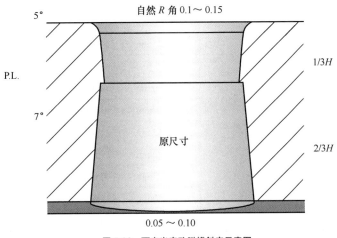

图 5-90 面壳出音孔脱模斜度示意图

⑤ 塑件壁厚较厚时，会使成型收缩增大，脱模斜度应采用较大的数值，如表 5-13 所示。

⑥ 一般情况下，脱模斜度不包括在塑件公差范围内。

表 5-13 不同场景加强筋脱模斜度推荐值

平均料厚	骨厚	加强筋高度	脱模斜度
1.5mm	1.1～1.2mm	$x \leqslant 5mm$	1.0°～1.5°
		$5mm < x \leqslant 10mm$	0.5°～0.8°
		$10mm < x \leqslant 15mm$	0.5°
2mm	1.4～1.5mm	$x \leqslant 5mm$	1.0°～1.5°
		$5mm < x \leqslant 10mm$	1.0°～1.5°
2mm	1.4～1.5mm	$10mm < x \leqslant 15mm$	0.5°～1.0°
		$15mm < x \leqslant 20mm$	0.8°
		$20mm < x \leqslant 25mm$	0.5°
		$25mm < x \leqslant 30mm$	0.5°

平均料厚	骨厚	加强筋高度	脱模斜度
2.5mm	1.8mm	$x \leqslant 5mm$	$1.0° \sim 1.5°$
		$5mm < x \leqslant 10mm$	$0.5° \sim 1.0°$
		$10mm < x \leqslant 15mm$	$0.5° \sim 1.0°$
		$15mm < x \leqslant 20mm$	$0.5°$
		$20mm < x \leqslant 25mm$	$0.5°$
		$25mm < x \leqslant 30mm$	$0.5°$
3mm	2.1mm	$x \leqslant 5mm$	$1.0°$
		$5mm < x \leqslant 10mm$	$1.0°$
		$10mm < x \leqslant 15mm$	$1.0°$
		$15mm < x \leqslant 20mm$	$1.0°$
		$20mm < x \leqslant 25mm$	$0.5° \sim 1.0°$
		$25mm < x \leqslant 30mm$	$0.5° \sim 1.0°$
		$30mm < x \leqslant 35mm$	$0.5° \sim 0.8°$
		$35mm < x \leqslant 40mm$	$0.5° \sim 0.8°$

6. 塑料的表面粗糙度

① 蚀纹表面不标注粗糙度。在塑料表面光洁度特别高的地方，将此范围圈出标注，表示表面状态为镜面。

② 塑料零件的表面一般平滑、光亮，表面粗糙度一般为 Ra（美国标准的粗糙度符号）$2.5 \sim 0.2\mu m$。

③ 塑料的表面粗糙度，主要取决于模具型腔表面的粗糙度，模具表面的粗糙度要求比塑料零件的表面粗糙度高一到二级。用超声波、电解工艺抛光模具，其表面能达到 Ra0.05。

④ 塑料上贴玻璃镜片或触摸屏的区域需要标识表面能，如贴触摸屏玻璃区域的表面能为大于 34A（A 为等级代号）。

5.7 表面处理工艺

表面处理是指在基体材料表面上人工形成一层与基体的机械、物理和化学性能不同的表层的工艺方法。表面处理的目的是满足产品的耐蚀性、耐磨性、装饰或其他特殊功能要求。

天猫精灵智能音箱壳体一般采用喷涂或丝印的方式。同时为了产品的定制化，"C"系列前壳塑料和铁网上采用喷绘工艺，以达到"千人千面"的效果，别具一格。

5.7.1　案例详解

案例　"C"系列喷绘工艺

为了满足客户定制化需求，"C"系列塑料前壳采用喷绘工艺，如图 5-91 所示。

从"C"系列到 IN 糖金属铁网项目、"KXO"定制版金属喷绘项目，均经历了"九九八十一"难，项目进度如图 5-92 所示。经过同事们的努力，我们彻底解决了百格测试未通过、盐雾测试未通过、边缘掉漆、包装脱漆，喷绘偏位等问题，产品顺利量产。

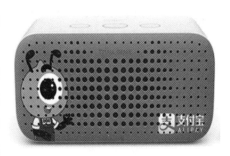

图 5-91　喷绘工艺

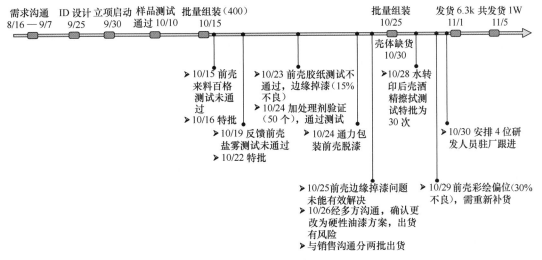

图 5-92　项目进度

所以无论如何处理表面，都要了解工艺流程，才能查找到问题的根本原因，快速定位，解决问题。

5.7.2　塑料表面纹理处理

抛光、喷砂、晒纹和火花纹等都属于模具表面处理范畴。

1. 抛光工艺

抛光工艺是指利用柔性抛光工具、磨料颗粒或其他抛光介质对工件表面进行修饰加工。抛光不能提高工件的尺寸精度和几何形状精度，它的目的是得到光滑的表面或镜面光泽，如表 5-14 所示。

表 5-14　抛光工艺

序号	类型	抛光材料	抛光等级	表面粗糙度
1	钻石抛光（适合镀镍和镀铬的工件）	#1-钻石膏：光学要求，高质量外观或镜片模具		
		#3-钻石膏：镜面，良好脱模和外观	#1	0～1
		#6-钻石膏：镜面，良好脱模，外观无须高光	#2	1～2
		#15-钻石膏：镜面	#2	2～3
2	砂纸抛光（工件有轻微高亮面，能良好脱模，用在装饰要求不高的场合）	600目砂纸，光面	#3	2～3
		400目砂纸，光面	#3	4～5
		320目砂纸，光面	#3	9～10
3	喷砂抛光（用于有网点和纹理的表面）	#11粗玻璃砂	#5	10～12
		#240氧化铝		26～32
		#24氧化铝		190～230

注：该表数据来源于塑料模厂

2. 喷砂工艺

通过一定气压的气枪将石英砂射向塑料模具，可以在其表面形成一层磨砂面，成型后塑料表面形成磨砂效果。一般喷砂分为细砂和粗砂两种，喷砂处理的缺点是塑料表面容易被抹掉。

3. 晒纹（皮纹）和火花纹工艺

晒纹通过化学药水腐蚀方法制成，塑料产品晒纹纹理示意图如图 5-93 所示。晒纹工艺可以在塑件上得到不同的纹理，现在一般用益新厂商的纹理作为参照。

电火花加工塑件后得到的纹理被称为火花纹，一般以 VDI 纹理执行，常用的 VDI 纹理有 VDI18、VDI21 及 VDI24 等，如果要得到 VDI 纹理，建议采用日本牧野电火花机加工，常用火花纹设计参考如表 5-15 所示。火花纹相对晒纹来说更耐刮。

图 5-93　塑料产品晒纹纹理示意图

表 5-15　常用火花纹设计参考

EDM规格	模具	深度/mm	脱模角度
VDI-15	MT-11000	0.00056	1°
VDI-18	MT-11010	0.0008	1.5°
VDI-21		0.00112	
VDI-24	MT-11020	0.0016	2.5°
VDI-27	MT-11030	0.00224	3°
VDI-30		0.00315	

5.7.3　塑料后处理工艺

塑料产品后处理工艺主要有喷涂、电镀、印刷、烫金、表面覆膜、IML（In Molding Label，模内镶件注塑）和 IMD（In-Mold Decoration，模内装饰技术）等。

1．喷涂工艺

喷涂是将涂料涂覆在被保护或被装饰的物体表面，形成牢固附着的连续薄膜，是塑料产品表面着色的常用工艺。

① 涂料的组成。

涂料主要由树脂、溶剂、颜料、添加剂 4 大类组成，具体如下。

- 树脂是涂料的主体成分，成膜物质多为固体或黏稠液体。
- 溶剂用于溶解树脂，多为小分子量的酮类、烷烃类、醇类等。随着环保要求的提高，也有越来越多的涂料采用水作溶剂。但常用的电子产品对测试要求高，所以目前水性涂料还极少应用在手机上。
- 颜料是对涂料着色的一类物质，我们熟悉的各种颜色，如黑色，咖啡色等颜色，这种颜色涂料是在底漆中加入不同的颜料形成的。
- 添加剂是涂料成分中质量百分比最小的一类物质，但是种类却十分多样，不同类型的涂料根据需求会加入不同类型的添加剂。

涂料工业经过多年发展，其工艺成熟度非常高，能实现极其丰富的效果。很多情况下，我们会在涂料中加入一些效果粉体，如银粉、珠光粉、玻璃粉等，以实现不同的视觉效果。

② 涂料的分类。

涂料的固化方式分为热固化和 UV 固化两大类，热固化分为单组分固化和双组分固化两种。单组分、双组分型油墨通过烘烤硬化干燥，有较佳的耐摩擦特性，当涂膜面在弹性涂料制程下，须以双液型或 UV 系统油墨作业。

UV 系统作业后的印刷面，其耐摩擦、耐化学品、耐候性等各项测试都极优秀，干燥方式较一般传统烘烤制程不同，需搭配特殊硬设备（紫外线照射炉），以达到干燥条件，但涂装后的不良品无法重做，需考虑成本。

一个产品的喷涂过程，根据 ID 及测试要求，有一涂一烤、两涂两烤、三涂三烤⋯⋯一般音箱类产品基本是两涂两烤。

- PU 光油。此种方法是产品在喷完底漆烘干后，表面再喷一层 PU 光油以达到耐摩擦效果及增加光泽度，一般的家电产品或日常用品很多表面都是经过 PU 处理的，如图 5-94（左）所示。

- UV 光油。此种方法是产品在喷完底漆后表面再喷一层 UV 光油，光泽度、手感和耐摩擦都可以达到理想的效果，如图 5-94（右）所示。

PU 级光油　　　　　UV 级光油

③ 喷涂产品结构设计规范。

图 5-94　不同光油外观效果

产品结构设计时要考虑其尺寸，要预留涂料的厚度，特别是配合部位的尺寸，产品 2D 图中要标识素材和喷涂后尺寸（建议标注两个尺寸）。

产品结构设计上的尖角、利边、厚薄胶、扣位、分模位置等对产品喷涂的性能及外观有很大影响，所以在设计前期就应综合考虑。

- 需要做表面处理的主要壳料，其棱角需在 0.3mm 以上，装饰件类产品棱角需在 0.2mm 以上，宽度最好能在 1.2mm 以上，以保证通过整机振动耐摩擦测试。
- 高光喷涂部件 PL 面需倒 R0.1 或者做 0.2mm 直伸边，避免尖角造成牙边问题。
- 外型轮廓的 R 角最好大于 0.3（建议 R 在 0.4 ～ 0.5mm）。
- 结构设计尽量避免出现连续的厚薄胶位。
- 高光喷涂、NCVM 部件的活动部位和经常被接触的部位，不能采用 CNC 加工，避免崩边。
- 大平面、孔边缘、直角边位置喷高亮 UV 光油，会存在积油问题，尽量避免使用。
- 建议 ID 工程师对产品外观表面做一点弧度，以便油漆流平。
- 产品喷涂红色油漆时，一般要在产品表面先喷一层底漆，然后再喷红色油漆。如有必要还可再喷一层 UV 光油。

- 对激光雕刻透光件的喷涂，建议采用三涂三烤，两涂两烤存在风险。

- 原料若使用透明 PC 材质，应采用涂装在公模面的加工方式。纯 PC 材质对溶剂中部分成分非常敏感，常会造成龟裂现象，所以使用的溶剂往往在侵蚀力和强度上都比原料弱，漆料与原料咬合力量较差状况下，应避免涂装有摩擦或滑动部位。另外材料内应力控制特别重要。成型后到涂装前，应将应力释放所需合理时间列入考虑，又因为全透明材料不易以目视判定，所以在材料检验上需由实际抽样试喷来获得较为可靠的结果。

- 双色涂装是目前使用相当广泛的外观设计，对于两色交界设计与涂装相互关系，分别提出以下几点设计建议。

a. 以美工沟槽设计作区隔（沟槽喷漆），如图 5-95 所示，建议宽度为 0.5 ～ 0.7mm，深度为 0.4 ～ 0.6mm，由于涂装沟槽会产生明显气流反弹现象，过深或太窄的设计将降低涂料的附着率。

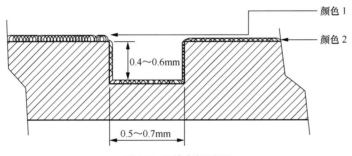

图 5-95　沟槽喷漆示意图

b. 以美工沟槽设计作区隔（沟底不喷漆），如图 5-96 所示，建议宽度为 0.8 ～ 1mm，深度为 0.5 ～ 0.7mm。

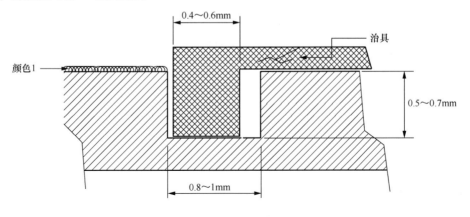

图 5-96　沟槽不喷漆示意图

c. 以高低落差方式设计作区隔（沟槽不喷漆），如图 5-97 所示，建议其落差为 0.6～0.8mm，为避免积漆，遮蔽方式只有一种选择。落差小会影响后续喷涂治具清洗次数，造成成本上升。

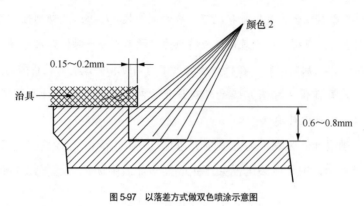

图 5-97　以落差方式做双色喷涂示意图

d. 导电油漆喷涂死角的设计优化。BOSS 柱子火山角斜面设计，如图 5-98 所示。

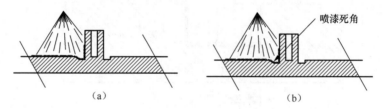

图 5-98　导电油漆喷涂死角的设计优化示意图

2. 电镀工艺

利用电解作用使金属或其他材料制品表面附上一层金属膜的工艺。主要作用：防腐蚀、抗磨损、防护装饰、满足工艺要求或电性能要求（提供导电或绝缘性的镀层）。其加工工艺易对环境造成污染，且材料具备金属属性，在天猫精灵产品中一般会较少选用。

（1）电镀的分类

根据所镀金属材质可分为镀锌，镀铜，镀金等，根据工艺可分为如下几类。

① 蒸镀：表面附着。

② 溅镀：表面交换。

③ 水镀：分子结合。

蒸镀和溅镀都是在真空条件下，通过蒸馏或溅射等方式在塑件表面沉积各种金属和非金属薄膜，这种工艺表面镀层非常薄，同时具有速度快、附着力好的突出优点，但是价格也较高，可以进行操作的金属类型也较少。

（2）电镀的工艺流程

电镀工艺流程：除油－水洗－粗化－中和、还原和浸酸－敏化－活化－还原或解胶。通过这样的过程后塑料电镀层一般主要由以下几层构成。

塑料基材 + 铜（8 ～ 12μm）+ 镍（6 ～ 8μm）+ 铬（0.12 ～ 0.3μm）。

（3）影响电镀的关键因素

影响电镀的关键因素，如图 5-99 所示。

图 5-99　影响电镀的关键因素

① 主盐体系。每一镀种都会发展出多种主盐体系及与之相配套的添加剂体系，每一体系都有自己的优缺点。

② 添加剂。添加剂包括光泽剂、稳定剂、柔软剂、润湿剂、低区走位剂等。使用不同厂商制作的添加剂，所得镀层在质量上也有很大差别。

③ 电镀设备。电镀设备中主要包括挂具、搅拌设备、电源等，方形挂具与方形镀槽配合使用，圆形挂具与圆形镀槽配合使用。圆形镀槽和挂具更有利于保证电流分布均匀；搅拌装置能促进溶液流动，使溶液状态分布均匀，消除气泡在工件表面的停留。直流电源，稳定性好，波纹系数小。这几种选择都会影响产品最终的表面效果。

④ 工艺参数。主要包括温度、镀液 pH、镀液成分等。这几个参数要符合要求，不达要求要尽快调整产品。

（4）电镀产品结构设计规范

① 基材最好采用 ABS 材料，ABS 电镀后覆膜的附着力较好，同时价格也比较低廉。

② 塑件表面质量一定要非常好，电镀无法掩盖表面的一些缺陷，而且通常会使这些缺陷更明显。

③ 在结构设计时要注意以下几点。

- 表面凸起最好控制在 0.1 ～ 0.15mm，尽量没有尖锐的边缘。

- 如果有盲孔的设计，盲孔的深度最好不超过孔径的一半，否则不要对孔底部的色泽作要求。

- 要采用适合的壁厚最好在 1.5 ～ 4mm，防止产品变形，如果壁需要做得很薄的话，要在相应的位置作加强的结构来保证产品的变形在可控的范围内，也可以采用治具来矫正电镀引起的产品变形。

- 在设计中要考虑电镀工艺的需要，由于电镀的工作条件一般在 60 ～ 70℃，在吊挂的条件下，产品结构不合理，产生变形难以避免，所以在塑件的设计中对水口的位置要关注，同时要选择合适吊挂的位置，防止在吊挂时对有要求的表面带来伤害，在结构设计时可以设计专门的孔来做吊挂。

- 塑件中最好不要有金属嵌件，因为两者的膨胀系数不同，在温度升高时，电镀液体会渗到缝隙中，对塑件结构造成一定的影响。

- 塑件要避免采用大的平面。塑件在电镀之后反光率提高，平面上的凹坑、局部的轻微凹凸不平都变得很明显，最终影响产品效果。这种零件可采用略带弧形的造型。

- 塑件要避免直角和尖角。初做造型和结构的设计人员往往设计出有棱角的造型。但是在棱角部位很容易产生应力集中而影响镀层的结合力。而且，这样的部位会造成结瘤现象。因此，方形的轮廓尽量改为曲线形轮廓，或用圆角过渡。造型上一定要要求方的地方，也要在一切角和棱的地方倒圆角，倒圆角半径 R=0.2 ～ 0.3 mm。

- 要考虑留有装挂时的结点部位，结点部位要放在不显眼的位置。可以放在挂钩、槽、缝和凸台等位置。对于容易变形的零件，可以专门设计一个小圆环状的装挂部位，等电镀后再将其除去。

- 标记和符号要采用流畅的字体，如：圆体、琥珀、彩云等。多棱多角产品不适于电镀。流畅的字体容易成形、电镀后外观好。文字凸起的高度以 0.3 ～ 0.5mm 为宜，斜度为 65°。

- 如果能够采用皮纹、滚花等装饰效果，要尽量采用，因为装饰效果能降低电镀件的反光率，有助于掩盖可能产生的外观缺陷。

- 小件或中空零件，在模具上要尽量设计成一模多件，以节省加工时间和电镀时间，同时也便于电镀时装挂。

3. 印刷工艺

印刷工艺主要有移印印刷和丝网印刷。

（1）移印印刷

移印的原理是把所需印刷的图案先利用照相制版的方法，把钢版制成凹版，再经由特制硅胶印头转印到被印刷物上，并且可依产品的材质不同，调制专用的油墨，以使品质得到保证。

移印机工作流程分为以下 4 点，如图 5-100 所示。

① 用毛刷将油墨均匀覆盖在钢版上。

② 用刮墨钢刀将多余油墨刮除。

③ 印头下降到钢版将图案内的油墨沾起。

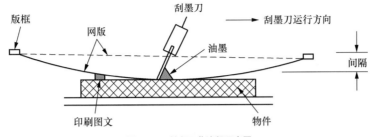

图 5-100 丝印工艺流程示意图

④ 移位下降至产品将图案盖在被印刷物上。

（2）丝网印刷

丝网印刷是孔版印刷术中的一种主要印刷方法。它是将丝织物、合成纤维织物或金属丝网绷在网框上，采用手工刻漆膜或光化学制版的方法制作丝网印版，通过刮板的挤压，油墨通过图文部分的网孔转移到承印物上，形成与原稿一样的图文印刷工艺。

① 丝网印刷分类。

可按其版式、印机品种、油墨性质及承印物的类型分成许多种类，但就其印刷方式而言，可分为以下几种。

- 平面丝网印刷

平面丝网印刷是用平面丝网印版在平面承印物上印刷的方法。印刷时，印版固定，墨刀移动。

- 曲面丝网印刷

曲面丝网印刷是用平面丝网印版在曲面印物（如球、圆柱及圆锥体等）上进行印刷的方法。印刷时，墨刀固定，印版沿水平方向移动，承印物随印版移动。

- 轮转丝网印刷

轮转丝网印刷是用圆筒形丝网印版，圆筒内装有固定的刮墨刀，圆筒印版与承印物做等线速同步移动的印刷方法，也称圆网印刷。

- 间接丝网印刷

前面 3 种方法均由印版对印件进行直接印刷，但它们只限于在一些规则的几何形体上印刷，如平、圆及锥面等。外形复杂、带棱及凹陷面等异形物体则须用间接丝印法来印刷。其工艺常由 2 个部分组成。

a. 间接丝印 = 平面丝印 + 转印。间接丝印即丝印图像不直接印在承印物上，而先印在平面上，再用一定方法转印到承印物上。

b. 丝印花纸 + 热转印。

c. 丝印花纸 + 压敏转印。

d. 丝印花纸 + 溶剂活化转印。

间接丝印已成为丝印业的重要领域。

② 丝网印刷由五大要素构成，即丝网印版、刮印刮板、油墨、印刷台及承印物，丝网种类特点对比如表 5-16 所示。

表 5-16　丝网种类特点对比

丝网种类	特点	适用范围
蚕丝丝网	与尼龙、聚酯丝网比，耐热性好，但是受潮湿影响，套印不准，耐磨性差，不是单丝编织	用于精确度不高的印刷；用于刻板法的印刷
尼龙丝网	耐磨性很好，和聚酯丝网比易印刷，但是，印刷时容易伸缩，尺寸精度不稳定	用于纸张，塑料等的一般印刷
聚酯丝网	耐磨性好，不易受潮。另外，和尼龙相比印刷时伸缩率小，印刷尺寸精准	用于印刷线路板，标牌等精密印刷
金属丝网	印刷时伸缩很小，印刷尺寸精确。但是，弹性差，用力过大会出现凸凹不平，破损现象，保管时应注意	用于电子材料等精密印刷

油墨：由原油、稀释剂、固化剂、色粉组成。丝印油墨一般分为 UV 油墨和 PU 油墨，PU 油墨不耐磨，所以只能印刷在底漆上，然后喷面漆保护；UV 油墨附着力强和抗耐磨，可以丝印在面漆上，大幅提高生产效率，目前生产上普遍使用。

③ 丝印不良情况及原因如下。

* 边缘锯齿毛刺

a. 网板本身显影不充分。

b. 网板清洗不干净，网孔被堵。

c. 网板与承印物的距离、刮板角度不当。

* 表面橘皮

a. 油墨黏度过高，流平不好。

b. 网板与承印物的距离太小，印刷时没有及时分离。

* 振动不耐磨、掉漆

a. 印刷厚度没有达到要求。

b. 烘烤不彻底。

c. UV 能量太低，固化不够。

4. 烫金工艺

烫金工艺，又被称为烫印，实质是转印，是利用热压转移的原理，将金属印版加热，使电化铝中的铝层转印到承印物表面以形成特殊的金属效果，烫金使用的主要材料是电化铝箔，电化铝箔通常由多层材料构成，基材常为 PE，其次是分离涂层、颜色涂层、金属涂层（镀铝）和胶水涂层。

（1）烫金纸构成

烫金纸构成如图 5-101 所示。

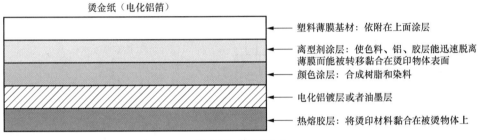

图 5-101　烫金纸构成

烫印模和箔是烫印工艺的两个关键组成，烫印模一般由镁、黄铜和钢构成，有的工艺会在金属烫印模表面上使用硅橡胶，将其用于不是很平整的表面。

印刷行业中常用的是将电化铝箔烫印在纸上，称之为烫金，烫金是一种工艺的统称。烫金并不是指烫上去的就是金色。烫金纸材料分很多种，其中有金色的、银色、镭射金、镭射银、黑色、红色、绿色等。

（2）烫印的分类

烫印可分为平烫和滚烫 2 种。

① 平烫，如图 5-102 所示，是指基准面是平面的印模，烫印在平面的工件上或工件的某一部分平面上（平烫平）。这种印模，可以是凸出的图文，烫印在平面上；也可以是平整的硅胶板，烫印在凸起的图文上。

② 滚烫，如图 5-103 所示，压印部分是被加热的硅橡胶辊，它可在平面上滚烫（圆烫平），也可以在圆弧面上滚烫（圆烫圆），如配上专用伺服机构还可在电视机外壳等壳体的四周滚烫。

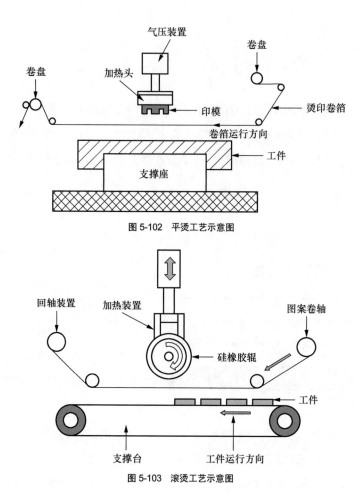

图 5-102　平烫工艺示意图

图 5-103　滚烫工艺示意图

③ 烫印产品结构设计规范。

- 烫金可以实现很多表面效果，如磨砂、镜面、抛光、金属化和全息效果等，用来提升产品视觉价值，烫金工艺可用色彩范围极广，适用于所有的 Pantone 色和 RAL 色谱。虽然烫金具有很高的细节质量，但是不同的烫金材料会产生不同的细节质量。如金银烫印厚度最小可达 1.5mm，而其他颜色则不能实现这种细节精度。

- 只有平面和卷形材可以被烫金，其中平面材料的压印和烫金成本最低；而卷形材则需要辅助模具，成本要高出很多，且不适合大批量制作。

- 用于烫金的材料，其长、宽尺寸受机床尺寸限制，一般不超过 A1（594mm × 841mm）。

5. NCVM工艺

VM（Vacuum Metalization，真空金属化）是指金属材料在真空条件下，运用化学、物理等特定手段进行有机转换，使金属转换成粒子，沉积或吸附在塑料的表面形成膜，也就是所说的镀膜。NCVM（Non Conductive Vacuum Metalization，真空不导电金属化）又被称为不连续镀膜技术或不导电电镀技术，是一种起缘于普通真空电镀的高新技术。它的加工工艺高于普通真空电镀，其加工制程比普通制程要复杂得多。

（1）镀层

镀层示意图如图 5-104 所示。

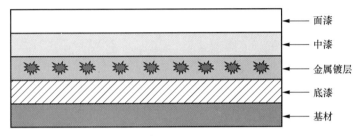

面漆
中漆
金属镀层
底漆
基材

图 5-104　镀层示意图

很多情况下为了提高底漆、中漆的附着性并提高产品抗水煮性，很多工厂采用在镀膜层上面喷涂一层处理剂（厚度 1 ～ 2μm）。

（2）NCVM 产品结构设计规范

① 素材材质一般采用 PC 或 PC+GF（10%），避免选用 PA+GF；主要是因为 PA+GF材料硬度高，表面极性小，不利于油漆附着。

② 素材表面的纹路：产品表面要求省光面，高光性为 NCVM 的装饰特性，如果产品表面经过 NCVM 后，产品表面会出现麻点，影响高光效果。

③ NCVM 的部件不采用金属材质，因为金属键采用 NCVM 工艺比较浪费，另外金属键采用 NCVM，外观及性能差。

④ 需要做 NCVM 的主要壳料，其棱角需 R0.5mm 以上，装饰件类产品 R0.3mm 以上，宽度 1.2mm 以上，以保证整机振动耐磨测试。

⑤ 部件的 PL 面需倒 R0.1mm 或者做 0.2mm 直伸边，避免尖角造成牙边问题。

⑥ 外形轮廓的 R 角大于 0.3mm（建议在 0.4 ～ 0.5mm）。

⑦ 尽量避免出现连续的厚薄胶位。

⑧ NCVM 颜色不能太深，若色浆添加比例 3% 以上会有产品水煮起泡、掉百格的风险。

⑨ 大平面、孔边缘、直角边位置采用 NCVM 会存在积油问题，尽量避免使用。

（3）镀膜常见问题与分析

① 镀膜偏黄或偏蓝。

镀膜材料质量过大会偏黄，过少会偏蓝。另如果真空镀炉气密性差，或真空规管出现异常，炉腔内真空度不够，会造成镀膜层整体发蓝。

② 少镀。

镀膜时产品放置的层间距太小会导致产品顶部和底部有少镀现象，需要通过在两层之间增加套筒以加大层间距来改善；有的产品结构比较复杂，造成某些背对蒸发源的部位少镀，一般通过降低产品放置密度来改善。

③ 镀膜层耐压测试击穿。

镀膜层太厚造成膜层电阻小，测试时呈导通状态。一般情况下我们需要减少镀材的质量，降低镀膜层厚度以提高其电阻。正常生产状态下会有极微小的概率出现耐压测试不通过，通过对镀膜机进行 2 次空载抽真空可以解决该异常；所以在打样及生产过程中都需要对每炉产品进行耐压抽测，要求至少达到 30kV 无击穿。

④ 镀膜后雾面

产品无金属光泽是因为 UV 底漆固化能量不够，而 UV 底漆未能完全固化可以通过提高底漆能量进行改善。有些超大或结构复杂的表面需要注意调整 UV 等的角度及距离，保证喷涂表面能照射到足量的 UV，如果有些部位照射不到会造成表面雾面、无金属光泽的现象。

6. IML工艺

IML（In Molding Label，模内镶件注塑）又称 IMF（In Molding Foil），是一种先把图案印刷在片状透明薄膜上，然后进行 3D 成型并裁切掉多余部分，最后将裁切好的 3D 塑件贴到注塑模腔中注塑成型得到成品的工艺。

IML 成品从外到内由 3 部分组成：膜片、油墨、塑料。

7. 金属拉丝工艺

（1）什么是金属拉丝

所谓的金属拉丝工艺就是使用研磨材料对金属表面进行来回机械相对运动和化学腐蚀使工件表面得到一层粗细分布均匀的宏观纹路。

相比其他表面处理，拉丝处理可使金属表面获得非镜面般金属光泽，就像丝绸缎面般具有非常强的装饰效果，以起到美观、抗侵蚀的作用，使产品兼备时尚和科技的元素，所以目前金属拉丝处理得到越来越多的市场认可和广泛应用。

拉丝工艺可用于不锈钢、铝、铜、铁等金属制品上。

（2）拉丝分类

拉丝的加工方式有手工拉丝和机械拉丝两种方式，本文重点介绍的是机械拉丝。

常见的机械拉丝的方式如下。

① 平压式砂带拉丝。

平压式砂带拉丝是很常见的一种拉丝方式，将工件固定在模具上，研磨砂带高速运转，砂带的背面有一个气动控制的可以上下移动的压块，下压后砂带贴附在被加工表面进行拉丝。

② 不织布辊刷拉丝。

工件由传输带传送通过不织布辊刷，辊刷高速旋转对工件表面进行拉丝。拉丝时可以采用辊刷振动和辊刷不振动两种方式，同时配合不同加工速度从而在工件上产生长短不同的线纹。这种方式可以适合大面积拉丝，同时拉丝表面可以带一定曲率，甚至是小突台或文字标识等。可以同时产生 2 种拉丝线纹效果。

③ 宽带拉丝。

这种拉丝方式是最传统的拉丝方式，用于平面拉丝，特别适合板材加工。

④ 无心磨拉丝。

这是采用无心磨的方式进行拉丝的方式。使用的研磨产品是不织布拉丝轮或者砂带。适用于圆管形工件，例如把手握柄等。这种方式拉丝的线纹通常是短丝纹，丝纹的长短与工件的旋转速度、研磨产品的旋转速度和研磨产品本身有关。

⑤ 抛光机拉丝。

这种拉丝方式采用机器的转速带动尼龙轮，通过人工的技术进行打磨产品。适用于不规则电镀产品。

（3）拉丝纹路介绍

① 拉丝可根据装饰需要，制成直纹、乱纹、螺纹、波纹和旋纹等几种纹理。直纹拉丝是指在铝板表面用机械摩擦的方法加工出直线纹路。它具有刷除铝板表面划痕和装饰铝板表面的双重作用。直纹拉丝有连续丝纹和断续丝纹 2 种。连续丝纹可用百洁布或不锈钢刷通过对铝板表面进行连续水平直线摩擦（如手工研磨或用刨床夹住钢丝刷在铝板上摩擦）获取。改变不锈钢刷的钢丝直径，可获得不同粗细的纹路。断续丝纹一般在刷光机或擦纹机上加工制得。制取原理：采用 2 组同向旋转的差动轮，上组为快速旋转的磨辊，下组为慢速转动的胶辊，铝或铝合金板从 2 组辊轮中经过，刷出细腻的断续直纹。

② 乱纹拉丝是在高速运转的铜丝刷下，使铝板前后左右移动摩擦所获得的一种无规则、无明显纹路的亚光丝纹。这种加工对铝或铝合金板的表面要求较高。

③ 波纹拉丝，如图 5-105 所示，一般在刷光机或擦纹机上制取。利用上组磨辊的轴向运动，在铝或铝合金板表面磨刷，得出波浪式纹路。

④ 旋纹拉丝也称旋光，如图 5-106 所示，是采用圆柱状毛毡或研石尼龙轮装在钻床上，用煤油调和抛光油膏对铝或铝合金板表面进行旋转抛磨所获取的一种丝纹。它多用于圆形标牌和小型装饰性表盘的装饰性加工。

图 5-105　波纹拉丝纹理示意图

图 5-106　旋纹拉丝纹理示意图

⑤ 螺纹拉丝是用一台在轴上装有圆形毛毡的小电机，将其固定在桌面上，与桌子边沿成 60°左右的角度，另外做一个装有固定铝板压花的拖板，在拖板上贴一条边沿齐直的聚酯薄膜用来限制螺纹精度，利用毛毡的旋转与拖板的直线移动，在铝板表面旋擦出宽度一致的螺纹纹路。

利用薄膜的拉丝处理，使塑料达到金属拉丝效果的外观。达到此种表面拉丝工艺效果，有 2 种方法，一种是机械拉丝，把材料表面破坏，直接做成拉丝效果；另一种是运用表面涂布工艺。前者的缺点在于批量产品纹路不一致、材料表面污染、材料表面纹路高低不均，后加工时会产生品质影响；后者的表面涂布工艺可改善上述情况，但纹路深度不易做深。

8. 铁网水转印工艺

水转印定义：水转印技术是利用水压将带彩色图案的转印纸或者塑料膜进行高分子水解的一种印刷技术，如图 5-107 所示。

水标转印：将转印纸上的图文完整转移到承印物表面的工艺，主要完成文字和写真图案的转印，不能拉伸扭曲图案。

水披覆转印：对物体的全部表面进行装饰，工件的原本表面被遮盖，能够对整个物体表面（立体）进行图案印刷。

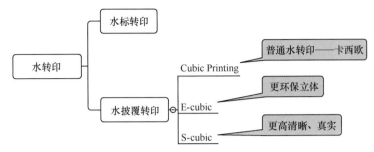

图 5-107 水转印定义

水披覆转印工艺流程图如图 5-108 所示。

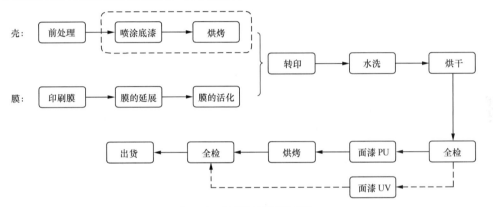

图 5-108 水披覆转印工艺流程图

水转印特点如图 5-109 所示。

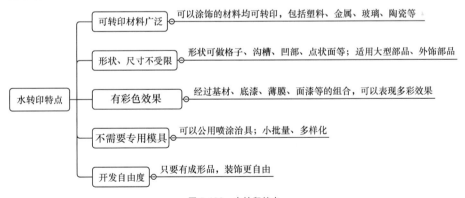

图 5-109 水转印特点

9. 铁网喷绘工艺

（1）UV 喷绘工艺定义

UV 喷绘工艺是指利用紫外线固化油墨的一种新型喷绘工艺，是一种大型打印机喷绘工艺。

设备拥有 UV 油墨跟 UV 灯，UV 油墨里面的成分在紫外线特定波长照耀下发生交联聚合反应，加快油墨成膜，可达到即打即干、立等取样，还解决了白墨不能与彩墨一起使用的问题，形成了独特的艺术风格。

（2）UV 喷绘打印材质分类

①UV 卷材喷绘。

②UV 平板喷绘。可喷绘在亚克力、铝板、雪弗板、PVC 板、结皮板、玻璃、手机壳、木地板、瓷砖等所有的硬质平面类的材质上。

（3）UV 墨水分类

UV 墨水分为硬性墨（主要针对板材打印，附着力强）、软性墨（适用于皮革、PVC 等软性材料，不容易开裂脱落）、中性墨，效果如图 5-110 所示。

图 5-110　喷绘照片

UV 喷绘工艺流程图如图 5-111 所示。

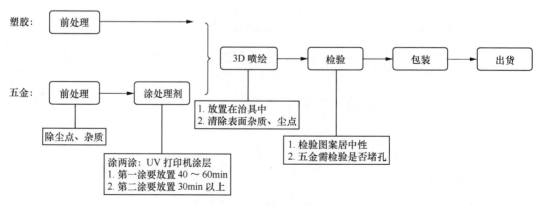

图 5-111　UV 喷绘工艺流程图

5.8　硅胶件设计

硅胶具有柔软舒适、颜色多样、耐高低温、易清洗、寿命长、环保无毒等优点，在消费电子产品中大量使用。主要用于天猫精灵产品的脚垫、音腔缓冲垫和 IP 定制保护套等。

5.8.1　案例详解

天猫精灵音箱产品在出厂前都必须经过严格的"播放位移"测试。要求样机在音量最大、低音最强的模式下，在大理石、玻璃和实木三种平台上按要求播放 6 首音乐，连续播放 4h 后，产品位移不能超过 3cm。影响位移测试的因素很多，有声学调试的 EQ(Equalizer，均衡器)、ID 造型的人机功能学，以及架构结构设计的合理性。通过这几年的沉淀，我们逐渐摸索出一整套的设计方案，尤其在产品硅胶脚垫的设计上。为了使产品与桌面良好接触，提高脚垫和桌面摩擦力，我们在脚垫两端增加了圆顶凸条设计，特征高度为 0.6mm，宽度为 0.8mm，长度在 4.5 ～ 5.5mm，如图 5-112 所示。这样的一个小创新设计很好地解决了机器在工作中的飘移问题。

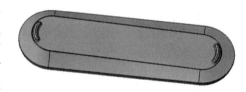

图 5-112　脚垫圆顶凸点设计示意图

5.8.2　技术沉淀

1. 硅胶部品装配设计规范

（1）双面胶粘贴

硅胶的表面活性很差，很难被双面胶黏合，通常在硅胶表面刷一层处理剂，待处理剂固化以后再将双面胶黏在硅胶件表面（处理剂表面），通常用于硅胶黏结的处理剂有 3M9495LE、3M9448 和 3M300LSE。为使接触面积小的异形硅胶有足够的黏合力，背胶面积应最大化，故背胶范围经行业规范，双面胶纸离硅胶外形距离 H 在 0 ～ 0.3mm，双面胶纸首选 3M9080 与 3M9448，3M9448 黏合力好于 3M9080，但 3M9080 可被反复拆卸方便维修。双面背胶设计示意图如图 5-113 所示。

当已贴好双面胶的硅胶件需要黏合在塑件表面时，如果塑件表面有喷橡胶漆、UV 油、手感油等工艺处理，则双面胶会黏合不牢，造成硅胶翘起等现象，所以在前期报价和实际开发中，塑件需按照双面胶粘贴区遮喷。

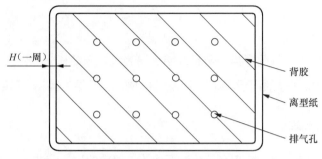

图 5-113　双面背胶设计示意图

为解决硅胶件背胶时硅胶和背胶之间困气不良造成的装配后硅胶件表面起鼓的问题，在设计背胶区域时，要在背胶面开设排气孔，开孔直径 D 在 2 ～ 3mm，数量和位置要根据实际排气效果来定。另外，因为开设的排气孔处未背胶，耐 UV 测试后需重点检查小孔对应的硅胶正面是否有孔印，外观如有孔印，相应的背胶排气孔应取消。

（2）胶水黏合

有两种类型的胶水将硅胶和其他材料黏合起来。

一是单组分室温硫化硅橡胶（慢干胶，简称 RTV-1 胶），即利用硅羟基与其他活性物质之间的缩合反应，在室温下它们可交联成为弹性体的硅橡胶，可以在 -60 ～ +200℃ 下长期使用，具有优良的电气绝缘性能和化学稳定性，能耐水、耐臭氧、耐气候老化，对多种金属和非金属材料有良好的黏合性。其优点是耐高低温性能好，不腐蚀被黏合物体表面；其缺点是固化时间长（完全固化 24h，初步固化通常需要 4h），黏合力较弱。天猫精灵产品一般使用慢干胶类。

二是烷氧基氰基丙烯酸乙酯胶水 403、406、502 胶水（快干胶），此类胶水的特点是黏力强，固化时间很短（通常 5min 就可以完全固化），但其缺点是耐温性较差，一般工作温度范围在 30 ～ 80℃，有白化腐蚀被黏物体的表面的现象。通常硅胶件硅胶表面有油污、脱模剂等影响黏合力的物质，黏合前为了提高黏合可靠性需要在硅胶黏合表面涂抹促进剂。为了使胶水能够很好地扩散到黏合表面并使硅胶件能与被黏结的物体很好的黏合，点胶完成后需要用治具压紧硅胶件 5s 以上。为避免胶水黏合硅胶时出现溢胶的现象，通常需要在硅胶或塑料外侧设计一圈溢胶槽。溢胶槽的尺寸及距离外侧的距离示意图如图 5-114 所示。

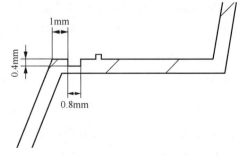

图 5-114　溢胶槽的尺寸及距离外侧的距离示意图

2. 硅胶外观件设计规范

（1）硅胶外观件公差设计规范

硅胶本身的材质特性决定其尺寸具有不稳定性。为解决此问题，从以下 3 个维度进行试验总结，确定一个合适的公差标准的浮动范围。

① 产品的克重公差值对缩水率的影响。确定尺寸上限与下限哪个值浮动范围会更小，需供应商提供相应的测试数据。

② 喷油及工艺的区别影响产品的缩水率，有没有喷油及工艺有多少道都会导致尺寸浮动范围发生变化。

③ 在前期 3D 设计时考虑需基于以上两个维度进行有效的前期预防。

制定本设计规范如下。

① 尺寸设计公差范围最严定为 0.3%。

② 克重公差值最严定为 ±0.1g，基数值要依据供应商提供的最稳定的克重。

③ 产品设计时，硅胶件和配合的塑件（五金件）公差范围注意以下两点。

- 硅胶件最大尺寸件配合塑件（五金件）最小尺寸的过盈量不超过 0.3mm。
- 硅胶件最小尺寸件配合塑件（五金件）最大尺寸的间隙量不超过 ID 要求。

（2）硅胶外观件过间隙装配设计规范

由于过盈装配，3D 图纸设计时按以下尺寸及规范进行，故需做沉台设计或 C 角设计，便于产线组装。

① 沉台设计。上表面为外观面，当过间隙配合时，沉台部分尺寸内缩距离在 0.2 ～ 0.5mm，以减少装配时预压的厚度，便于装配。硅胶过间隙装配示意图如图 5-115 所示。

② 斜角设计。尺寸在 0.2 ～ 0.5mm，同时在自裁边不影响外观的情况下，斜角尽量往前模方向靠近，如图 5-116 所示。

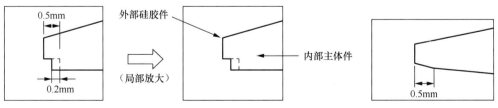

图 5-115　硅胶过间隙装配示意图　　　　　图 5-116　斜角设计示意图

3. 硅胶滴胶设计规范

① 需要设计 0.3mm×0.3mm 的挡胶槽或 0.5mm 高的分色台阶防止串色。

② 滴胶面弧度落差不建议超过 3mm。

4. 硅胶双色或多色模压设计规范

需要设计 0.3mm×0.3mm 的挡料槽，方便定位，防止串色。

5.8.3　硅胶上粘贴标签设计准则

1. 硅胶上粘贴标签的可靠性测试规范

（1）标签贴纸的测试

温湿度：−30℃ ～ +60℃。时长：72h 温度循环 +1h 检查。

测试方法如下。

① 将各类标签各 5 张贴于预定贴附区（外壳或纸箱），将其放入温湿度柜中。

② 经 75min 从 25℃ 降温至 −30℃，储存 3h，再经 75min 升温至 25℃，保持 2h。经 75min 升温至 60℃，40%RH，储存 3h，再经 75min 降温至 25℃，此为一个循环，共进行 6 个循环。

③ 储存结束后，移至常温恢复 1h。

标准：检查标签贴纸是否起翘或者脱落。

（2）整机

① 高温包装存储（温湿度：60℃，90%RH。时长：48 小时）

② 低温包装存储（温度：−25℃。时长：48 小时）

③ 包装温度循环（温湿度：−20℃～ 60℃，40%RH。时长：60 小时温度循环）

标准：检查标签是否起翘或者脱落。

（3）贴纸印刷附着力测试

① 使用沾水的布，擦拭 15s。

② 在纱布上沾 0.5ml 的酒精，并对印刷表面施加 500g/cm² 的力，以每 2s 来回 1 次的速度擦拭样品印刷表面 20 次。

③ 使用橡皮对印刷表面施加 500g/cm² 的力，以每 2s 来回 1 次的速度擦拭样品印刷表面 30 次。

标准：测试后丝印清晰，允许颜色变淡，但不能影响识别。

2. 硅胶贴纸的设计规范

① 硅胶上做丝印框，丝印框比贴纸小 0.3mm，贴纸完全覆盖丝印框。

② 贴纸表层材料：白色硅胶 PET。

③ 贴纸胶水材质：硅油胶或 Tesa-61532（推荐设计）。

④ 印刷方式：银底黑字。

⑤ 表面工艺：覆有底哑膜。

⑥ 厚度：0.05mm。

5.8.4　硅胶产品相关注意事项

1. 硅胶制品设计注意事项

（1）收缩率与公差配合的选择

① 硅胶制品的收缩率与硅胶的硬度、热硫化温度、产品的结构及加料量的多少有关，通常硅胶制品的收缩按表 5-17 选取。

表 5-17　硬度与收缩率对应表

硬度	收缩率
20度	1.035～1.04
30度	1.032～1.034
40度	1.03～1.032
50度	1.025～1.03
60度	1.025～1.028
70度	1.02～1.024
80度	1.018～1.02

② 硅胶制品公差选取参照国家标准 GB/T 3672.1-2002，如表 5-18 所示，若零件配合需要将硅胶件的精度做得较高，则可按下面的办法处理。

表 5-18　硅胶制品公差参考表

硅胶制品尺寸	公差要求
$0 < L \leq 4$	±0.10
$4 < L \leq 6.3$	±0.12
$6.3 < L \leq 10$	±0.15

续表

硅胶制品尺寸	公差要求
10<L≤16	±0.20
16<L≤25	±0.20
25<L≤40	±0.25
40<L≤63	±0.35
63<L≤100	±0.40
100<L≤160	±0.18
160<L	0.40%

a. 对于硅胶件与塑料或五金外形紧配型，根据产品的尺寸大小和配合要求可以将配合公差设为负公差，模具制造缩水率选取小于正常值。

b. 片材类硅胶件如果外形或内部的孔尺寸要求较高，可以采取其硫化成型后再用刀模冲裁的办法提高产品的精度。

c. 对于较大尺寸的胶件，如果其配合精度无法满足要求，可以采取设计易变形结构或局部做薄，使其易变形，调整配合公差。

d. 如果硅胶件与塑料或五金件配合要求高，硅胶件的公差难以满足装配需要，根据实际情况可选择包胶生产工艺。

（2）胶厚的选择

① 硅胶件的胶厚 T 要求通常为 0.7mm ≤ T ≤ 10mm（必要时做掏胶处理），特殊情况可做到 0.4mm，过厚硅胶硫化时难熟化，过薄成型填充困难且易出现拆边破损。硅胶可被挤压，但不能被压缩，即体积不会改变，设计时要留有足够空间。

② 硅胶外观件厚度设计。

硅胶外观件应保证厚度 T ≥ 1.5mm，当厚度 T < 1.5mm 时硅胶件容易透底、硅胶件尺寸偏差变大；且当硅胶件是采用背胶黏合装配时，外观面容易出现鼓包不良。

如果因设计原因无法做到厚度 T ≥ 1.5mm，则需要使用硬度大于或等于 70 度的硅胶，且前期验证时需要重点关注外观问题和尺寸公差（备注：厚度 T 不包括背胶厚度）。

（3）脱模斜度的选择和出模倒扣的设计

硅胶件易变形，因此通常高度小于 30mm 的硅胶件可以不做脱模处理，高于 30 mm 的建议增加 1° 脱模斜度，否则易出现出模困难，导致破损。有倒扣的硅胶件，如果其模具设计可以做到硅胶倒扣在出模时有变形空间，则可以采用强脱的方式出模，否则将会出现出模破损。硅胶包塑料及五金的胶件，因塑料和五金零件限制硅胶的变形，所以出模方向不能有倒扣。

（4）模具精度

① 需要采用可靠的模具结构设计及模具加工精度。

② 硅胶试验模在产品开发及验证中的运用。

一般硅胶制品在开大模之前一般需要开一套硅胶试验模。开硅胶试验的目的主要有两点。

a. 确认结构设计的合理性及尺寸公差是否满足要求，因用于量产的大模通常穴数较多，如果结构没有定型，直接开大模修模将会非常困难。

b. 确认模具设计与制造的合理性。

2. 硅胶制品胶料及成型工艺选择原则

（1）硅胶制品胶料选择原则

① 硅胶制品如果有大倒扣或出模方向，且深度大于 30mm、没有脱模或较高弹性等要求的硅胶件，均需要选用气相胶或添加气相胶。

② 较易出模且不要求高弹性的胶件如普通机脚垫、导电胶，选用沉淀胶。

③ 若塑件为选用 AB 胶加铂金硫化剂的 PC 料，其硫化温度为 110～130℃；若塑件为尼龙加玻纤料且选用沉淀胶加过氧化物硫化剂，其硫化温度为 170～190℃。采用铂金硫化剂硫化的硅胶，生产时应避免和采用硫黄类硫化剂的产品在一个车间生产，以避免硅胶"中毒"导致不熟化（铂金硫化剂影响胶水黏性，黏合件时不建议使用）。

④ 如果硅胶外观件颜色是深色的，应避免在胶料里添加硬脂酸并进行二次硫化，同时需通过喷霜试验，以避免硅胶件表面发白的现象。

⑤ 气相硅胶耐候性强，30% 含量才可能通过阿里内部 UV 测试标准。

普通硅胶（沉淀硅胶）和气相硅胶（纯硅胶）性能对比如表 5-19 所示。

表 5-19　普通硅胶（沉淀硅胶）和气相硅胶（纯硅胶）性能对比

名称	普通硅胶（沉淀硅胶）	气相硅胶（纯硅胶）
外观	外观不透明或半透明	外观高透明
拉伸强度	4～6.9MPa	7.8～10.0MPa
伸长率	150%～300%	500%～1000%
抗撕拉能力	拉伸会发白	使用29.4～49kN/m的力拉伸不会发白
成本	低	高

环保	低	高，主要用于食品级、医疗级
抗黄化能力	低	高
成本	低	高
工艺	普通硅胶是使用硅酸钠里加入硫酸后使二氧化硅沉淀出来的。细度为300～400目	气相硅胶是四氯化硅和空气燃烧所得的二氧化硅，细度达1000目以上

（2）硅胶制品成型工艺选择原则

① 非外观硅胶件或外观要求不高及尺寸精度要求不高的硅胶件选用模压成型工艺。

② 外观要求较高或尺寸精度要求较高的硅胶件选用转铸或液态注射成型工艺。

③ 医用或食品级的硅胶制品需要选用液态注射成型工艺。

④ 多颜色、小批量硅胶件宜采用模压或转铸成型工艺，不宜采用液态注射工艺。

3．硅/橡胶缺陷分析方法

了解了橡胶模压制品产生缺陷的原因，对硅胶件的缺陷产生原因、制品设计、生产跟进、零件检测、合格品签样等有很大帮助。硅胶件的生产手段主要是模压成型，与橡胶模压一致。

橡胶类模压制品产生废次品的原因较多，但主要有下列几种情况。

① 橡胶收缩率计算不准。

② 成型、硫化工艺不正确。

③ 模具结构不合理。

④ 胶料本身存在缺陷。

⑤ 制品尺寸公差过小。

橡胶模压制品的废次品分析见表5-20。

表5-20　橡胶模压制品的废次品分析

废品类型	废品特征	产生的原因
尺寸不准	制品厚度不均，外形尺寸差	设备模具平行度不良； 收缩率计算不准； 模具加工不良； 硫化烘烤温度不当
缺胶	制品没有明显的轮廓，形状不符合图样要求，制品有明显的轮廓且存在局部凹陷、欠缺	装入的胶料重量不足； 压制时模具上升太快胶料没有充满型腔； 排气条件不佳

续表

废品类型	废品特征	产生的原因
飞边增厚	制品在模具分型处有增厚的现象	装入的胶料超量过多； 模具中没有必要的余料槽或余料槽过小； 压力不够
气泡	制品的表面和内部有鼓泡	压制时型腔内的空气没有全部排出； 胶料中含有大量水分或易挥发性物质； 模具排气条件不佳； 装入的胶料重量不够
凸凹缺陷	制品表面有凸凹痕迹，如低洼、麻点	模具工作面有留下的加工痕迹； 胶料本身有缺陷，如黏度大或超期； 模具排气条件不佳
裂口	制品上有破裂现象	起模取出制品时未注意； 型腔内涂刷隔离剂过多而造成胶料分层的现象； 模具结构不合理； 胶料成型方法不正确
褶皱、裂纹、离层	制品表面褶皱，制品表面和内部有裂纹或离层的现象	型腔内装入了脏污的胶料； 型腔内涂刷隔离剂过多； 不同胶料相混； 工艺操作成型、加料方法不正确； 胶料超期
杂质	制品表面和内部混有杂质	胶料在塑炼、混炼及保管、运输过程中混入杂质； 模具没有清理干净，包括飞边、废胶等
分型面错位缝	制品在分型面处有明显甚至较大的错位	模具制造精度有误差和加工精度不准； 模具定位不良
卷边、缩边	制品在分型面处有明显的向内收缩的现象	胶料加工性能差； 模具结构不合理，厚制品应采用封闭式结构模具
表面质量不好	制品表面粗糙度不符合有关标准的相应要求	模具型腔表面粗糙度大； 镀铬层有部分脱落； 有些胶料腐蚀型腔表面
结合力不强	金属嵌件与橡胶结合不好	金属嵌件镀铜或吹沙的质量不好； 没有严格执行涂胶工艺规程，使用过期胶黏剂或混炼胶； 压制地点的环境相对湿度太大； 胶料与金属黏结剂选择不当

废品类型	废品特征	产生的原因
孔眼	制品有孔眼缺陷	杂质脱落； 气泡破裂； 装入的胶料重量不够
接头痕迹	制品有接头痕迹	成型、加料不正确； 模具结构不合理； 胶料流动、结合性能差

5.8.5 硅胶按键图纸技术要求

说明：以下为硅胶图纸的技术要求，工程师可根据需要参考。

① 公差尺寸为关键尺寸，须确保制作精度；所有定位柱、按键中心位置公差为 ±0.1；其他未注公差尺寸按表 5-21 公差要求。

表 5-21 硅胶按键公差要求表

尺寸	$L<10$	$10<L\leq20$	$20<L\leq30$	$30<L\leq50$	$50<L\leq100$	$L>100$
公差	±0.08	±0.10	±0.15	±0.20	±0.4%	±0.5%

注：角度公差要求±0.2°。

② 未注尺寸、不规则曲面及脱模斜度严格按 3D 模型制作。

③ 硅胶硬度：邵氏硬度（邵氏 A）±5 度（推荐单一材料设计，硬度 50±5 度或 45±5 度）。

④ 零件飞边溢边的成型位置须经技术人员确认，飞边需清除干净，飞边厚度不得大于 0.15mm。

⑤ 颜色依照 ID 色板制作要求及内部颜色管控规范制作。

⑥ 表面丝印后滴软胶，滴胶需牢固、无脆性、色泽晶莹，同时注意图面尺寸为滴胶后尺寸。

⑦ 激光雕刻要求所雕刻的字符、图案边界清晰。

⑧ 严格控制产品表面和内部质量，不得有气泡、裂纹、离层等缺陷，按键本体色泽须均匀一致，无缺胶、麻点、孔眼、杂质、刮痕等任何外观缺陷。

⑨ 制品必须进行二次硫化，确保使用过程中无硅油等挥发物析出。

⑩ 背胶要求视产品需要，背胶不干胶使用 3M9731 硅胶专用胶。

⑪ 在指示区域蚀刻零件编码及版本、模穴号。

5.8.6　硅胶表面处理方式

（1）印刷和移印

各类数字、文字或图形可通过丝印直接印刷于硅胶表面；丝印的线条宽度最小可做到0.3mm，丝印处与硅胶产品边缘一般应留有至少 0.5mm 的距离。

在上凸和下凹的键面上都可做丝印，但过于凹凸会给丝印带来困难，会造成一定的键面变形，建议曲率不大于 2mm。

（2）喷油

为增加硅胶表面丝印的耐磨性、提高抗静电能力，可在硅胶表面喷涂一层涂料。丝印后的表面处理一般有喷雾面油、喷金油、喷耐磨油及滴胶等，应在图纸技术要求上注明。

对其耐磨性能测试有纸带耐磨测试 RCA 和橡皮耐磨测试 2 种，该 2 种测试意义相同。

橡皮耐磨测试常用荷重有 200g 和 500g 的橡皮，橡皮硬度有 40 度和 70 度 2 种，一般要求为来回磨 1000 至 1500 次丝印清晰、不影响识别为合格，做到 2000 次为较高的要求。

纸带耐磨测试常用荷重有 150g 和 175g，分为点放式与平拉式 2 种规格，点放式是指纸带按一定频率间断性地摩擦按键表面，平拉式则是连续摩擦。相对而言，纸带耐磨测试比橡皮耐磨测试更严酷一些。

用局部薄壁调整公差，薄壁厚度可设计为 0.5 ～ 0.8mm，可以考虑用喷雾面油的方式来防止卡键，但需注意喷雾面油会增大按键的按压力、降低按键寿命，使按键颜色变得更黄些。

（3）激光雕刻

激光雕刻是指用激光去除表层油墨，露出底层油墨的一种雕刻工艺，可刻出各种图案、文字。

5.9　塑料模具

模具就是一个模型，按照这个模型做出产品来；做出的产品的外形基本一致，也就是俗话说的一个模子翻出来的一样；但是模具是怎样生产出来的呢，可能除了模具专业人士，大多数人回答不出来；但模具的确在我们生活中起了不可替代的作用，我们的生活用品大部分离不开模具，比如电脑、电话机、传真机、键盘、杯子等这些塑料制品，另外像汽车和摩托发动机的外罩这一类产品也是用模具做出来的，仅一个汽车所用的模具就有 2 万多个。所以只要需要批量生产的产品就离不开模具，因此模具素有"工业之母"的称号；我们的天猫精灵也不例外，其大部分零部件材料均为塑料，它们都是靠各种各样的模具做出来的，下面将带大家走进模具的世界。

5.9.1 案例详解

案例 "X"系列圆筒零件模具设计开发实例

1. 背景

X5 项目上盖与底壳为圆筒，采用两边行位开模、咬花 VDI21 纹，理论上相切位置在脱模时容易拖伤（见图 5-117），针对这个问题我们与模厂一同调研，采用特殊结构设计及哈夫行位模具设计，使 X5 项目顺利进入量产阶段，也为后续圆筒设计开发提供参考。

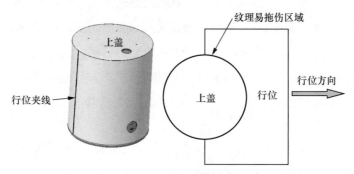

图 5-117　纹理易拖伤区域示意图

2. 为什么选择哈夫行位

哈夫是英文"half"的译音，就是一半，即 1/2 的意思，两边滑块（行位）不作为前后模使用，就是指模具是由两半拼合的结构，如图 5-118 所示；其与普通后模行位的对比如表 5-22 所示。

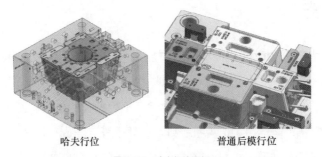

哈夫行位　　　　　　　普通后模行位

图 5-118　哈夫行位图例

表 5-22 哈夫行位与普通后模行位对比

名称 项目	哈夫行位	普通后模行位
加工方式	可以整体放电	只能单件加工
开模方式	沿导轨运动	斜导柱拨动行位
夹口调整程度	可以通过挤块调整	必须上机放电
生产稳定性	不容易出现摆动	易出现摆动

3. 哈夫行位设计方法论流程

前期分析: 现天猫精灵配合的两家模厂均设计并生产过的类似产品, 它们都有拖伤或亮印 (不圆) 问题, 如图 5-119 所示。

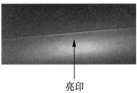

拖伤　　　　　　　　亮印

图 5-119 拖伤和亮印图片

汇总结论有以下 2 点。

① 整圆方案: 外观满足要求, 但对模具精度要求高, 并存在拖伤、量产性低的风险, 需使用以下对策降低风险。

- 提高模具精度, 行位开模瞬间避免模具摆动。
- 提高冷却系统冷却效果, 使开模时产品与行位之间有间隙。
- 尽量降低保压压力。

② 脱模方案: 外观脱模位置容易产生光影, 相比整圆方案模具的精度要求低, 针对光影问题, 需使用以下对策来降低风险。

- 合理的结构设计。
- 模具设计及加工到位。

4. 方案详细设计

(1) 整圆内部设计

① 筋位宽度不大于 0.8mm, 降低注塑压力。

② 后模预留空间做充足水路, 如图 5-120 所示。

注: 塑料模具水路是指在塑料模具模架、模仁中利用机械加工出来的贯穿性的孔, 某种介质

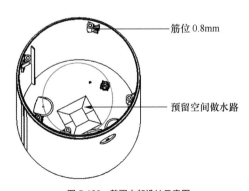

筋位 0.8mm

预留空间做水路

图 5-120 整圆内部设计示意图

（如水、油）不停地在孔里循环。

（2）脱模详细设计步骤如图 5-121 所示。

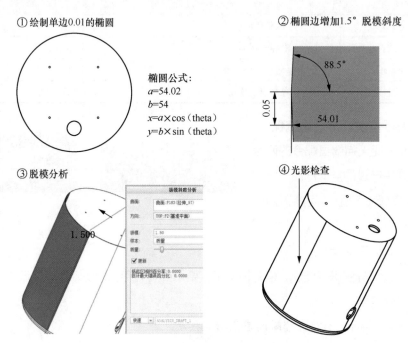

图 5-121　脱模详细设计示意图

5. 模具设计

① 保证行位开模时不摆动，如图 5-122 所示。

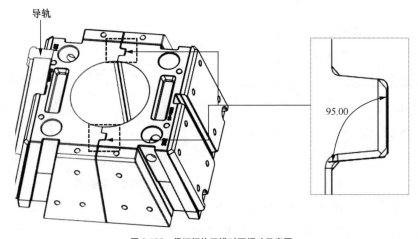

图 5-122　保证行位开模时不摆动示意图

- 行位两侧采用 U 型结构，脱模斜度为 5°，两边零间隙。

- 行位由 6 个导轨导向与定位。

② 冷却充分，保证开模时产品与行位有间隙。

- 后模水路布满，加快产品冷却。

- 行位水路均匀，如图 5-123 所示。

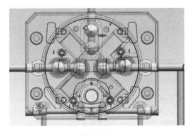 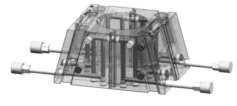

后模水路　　　　　　　　　　　　　行位水路

图 5-123　水路示意图

③ 保压压力减少，如图 5-124 所示。

- 后模与行位之间增加排气口。

- 哈夫行位之间增加排气口。

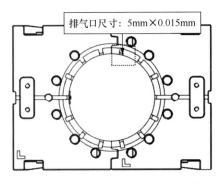 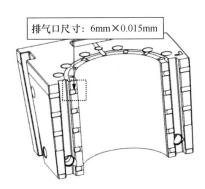

排气口尺寸：5mm×0.015mm　　　　排气口尺寸：6mm×0.015mm

图 5-124　排气示意图

6. 模具加工

① 行位与模框上的导轨孔是一起线割的，保证加工精度，如图 5-125 所示。

② 行位 U 型槽 CNC 加工，配模时两边一定要配死，而且两面的红丹（红色颜料）程度要一致，如图 5-126 所示。

③ 行位加工示意如图 5-127 所示。

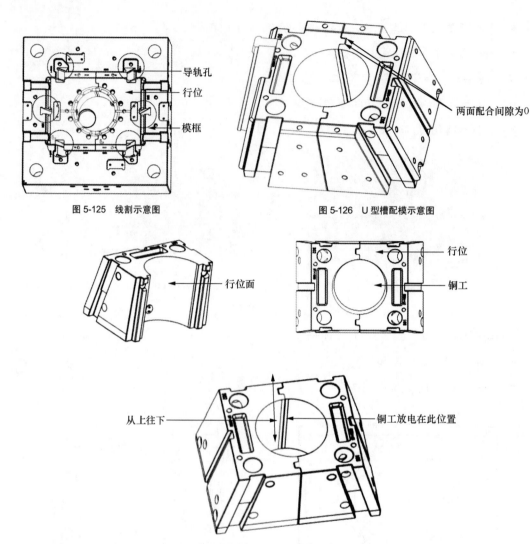

图 5-125　线割示意图

图 5-126　U 型槽配模示意图

图 5-127　行位加工示意图

- CNC 高速粗加工蓝色面。

- 高速车床加工铜工（圆度高）。

- 行位合并在一起，用铜工加工夹口位置（铜工比产品圆小 1mm，方便排废与接顺）。

- 使用 1000 ～ 1300 号砂纸省模（从上往下）。

- 晒纹。

④ 桶形零件模具设计总结如下。

- 需采用哈夫行位，如图 5-128 所示。

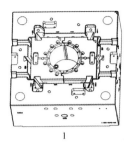 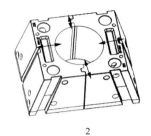 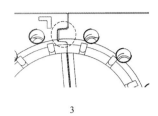

1　　　　　　　　　　2　　　　　　　　　　3

图 5-128　桶型模具总结

- 行位模仁（模仁指的是模具中心部位用于关键运作的精密零件）需加大，增加模具
  稳定性，具体加大数据需根据模具复杂程度适当调整。
- 行位采用 U 型设计，两边零间隙。
- 行位采用红色弹簧（弹力大），有条件考虑氮气弹簧。
- 使用 1000 ～ 1300 号砂纸省模（从上往下，禁止用硬工具包砂纸省模）。
- 后模水路要充分，有条件考虑 3D 打印水路。
- 一边行位采用一个导轨孔，减少公差链。
- 一边行位采用一个拉钩，减少公差链。

5.9.2　技术沉淀

针对塑料模具的设计开发，天猫精灵硬件研发团队根据多类产品的实战经验，提炼出了模具设计技术问题的检查列表，具体如表 5-23 所示。

表 5-23　模具设计检查列表

收缩率设置 合理性	被掏空类产品的中间位置缩水率是否设置太大（此类产品收缩较小）
	无掏空类产品缩水率是否设置太小（此类产品收缩较大）
	特殊材料的缩水率是否合理（如透明件、加玻璃纤维的材料、二次注塑成型后的工件、双色件等）
脱模合理性	涉及产品外观的孔、槽等结构的脱模设计是否合理
	扣位扣合面脱模是否合理
	插骨与反插骨装配面脱模减胶不大于0.03mm
	产品外观面脱模角度是否足够，是否有拖伤风险
	骨位加胶或减胶脱模后是否有收缩或走胶不齐的风险
	装配面的脱模是否在尺寸要求公差范围内
	BOSS柱内孔螺丝高度内是否有脱模

产品图纸及膜厚预留情况	产品图档是否正确，是否为最终图档
	产品表面是否要做蒸镀层或预留喷涂膜厚（蒸镀预留单边0.05mm；喷涂预留单边0.03mm；素材不预留）
	产品装配孔（按键孔、摄像头孔、USB孔等）位置是否需要改图并做预留？（蒸镀预留单边0.05mm；喷涂预留单边0.03mm；素材不预留）
	前壳TP屏区域是否需要改图并做减胶预留（一般单边0.05mm）
结构分型系统	分型面位置是否依照3D图纸或DFM报告进行设计
	滑块分型面位置、形式（前模滑块、后模滑块、隧道、大滑块、小滑块等）是否正确
	产品外观面的分型线确认，是否有投影产品最大轮廓线，分模完是否做倒扣分析
	模内注塑五金尽量避免擦穿，是否要改为正碰或枕位辅助
	模具三大主件定位：虎口定位、模胚直伸锁定位、导柱定位，定位设计是否精确
	真镀或喷涂工艺的外观模仁是否做省模抛光用于保护治具
	外观C角或者R角分型的产品，后模单边是否做小了0.03mm
	中间分型的碰穿孔，后模单边是否做大0.03~0.05mm
	蒙布面网孔是否蒙布面并做大0.03~0.05mm
	外观抛光或蚀纹有难度的位置处是否做镶件，镶件线是否正确
	镶件或斜顶的断差是否在外观装配面
浇注系统	浇口位置、类型与尺寸确认是否正确
	冷流道、细水口梯形流道尺寸是否按规范设计，是否有冷料井，流道交叉处是否有倒R角
	牛角进胶形式是否合理，是否有弹性槽，牛角镶件线是否在外观面
	点浇口不能高出产品，点浇口处是否有做波仔深0.3~0.5mm；后模是否有加波仔？是否进行装配件干涉检查
	双色按键类产品设计的进胶口是否方便去除
	有火花纹或特殊纹理的产品的进胶方式是否为最优，是否有模流风险，走胶是否平衡，压力是否适中
	水口是否有后加工，加工残留是否影响装配
	外观件及结构复杂件是否有模流分析，结果是否确认合理
	热嘴的位置与大小是否正确，是否满足换色的要求
冷却系统	水路是否均匀分布，管道与管道的间隔是否在25~40mm，管道边到胶位距离是否在10~15mm，管道距离分型面、镶件、顶针、螺丝的距离是否大于5mm
	水路设计需能够独立调整
	行位及大斜顶需做独立水路，便于调节外观
	热流道模具的热嘴部分冷却程度是否足够（是否有热嘴隔热套及单独的冷却循环）

续表

冷却系统	外观夹水线区域是否有冷却水路
	是否有冷却不到的位置，是否考虑喷管或镶铍铜加冷却
	高光产品及高模温产品，模胚导柱套周圈是否有加冷却
	环绕式水道的串联水路数不宜过多，在结构允许的前提下，水孔直径取最大量，模具水路循环时进水和出水在3～5℃模温控制最佳
滑块系统	滑块的分型线是否合理及是否按要求设计
	滑块是否有外观要求和外形预留
	滑块抽芯是否有顺序要求，滑块后退及复位动作是否安全，是否有先复位机构
	滑块的运动方向及擦穿位是否有脱模斜度设计
	产品是否有黏滑块的风险，是否准备应对方案
	是否能保证滑块段差在0.05mm以内
顶出系统	顶针是否布置在薄壁处，有没有将顶针下到明确指明不允许的区域 音腔骨位、MIC骨位、天线馈点、密封面、显示窗口等位置，不允许下顶针
	顶针侧与胶位侧是否同一侧，会不会夹住产品，需不需要加速顶
	头部有异型面的顶针是否采用了D形顶针防转措施（头部有形状的扁顶杯头也需做防转措施）
	产品顶出是否有黏斜顶的风险
	斜顶卡扣配合面是否有做放大图，是否标注重点尺寸
	ϕ2.0mm以下的顶针是否加托？且托以上的长度是否顶出行程+15mm左右，模具是否避开顶出托位
	分型面区域的斜顶或方顶是否在装配间隙区域，是否影响装配外观
	弧面或斜顶上的顶针是否有网格纹
排气系统	外观有纹理或素材火花纹出货的产品不可打砂，分型面排气是否会跑毛边
	排气槽的大小及深度是否合理（依据不同材质指出）
	分型面有是否做排气，排气槽有没有引向外部，位置、大小是否合适，大镶件、四面大滑块的大斜顶是否做排气
	中间碰穿面是否做排气槽，是否做排气孔，排气孔大小是否合适
	模流包胶处是否有镶件排气
	高于5.0mm的骨位是否做镶件排气
	夹水线区域是否有加排气装置
注塑成型系统	机械手是否能够自动操作（无干涉，胶塞与拉杆避免放在模具天地侧）
	模具长宽及厚度是否与注塑机台吨位匹配
	水口板与A板开模行程是否够120mm（方便试制时人工取水口）

续表

注塑成型系统	前模滑块的铲基是否影响水口的取出
	A板较厚的水口边及导柱是否有加粗
	B板的开框深度比是否在1∶1.2以上
注塑成型系统	高光高模温模具的导套是否采用自润托司
	撑头分布是否充足合理
刻字信息	刻字内容及位置、日期章、版本章等是否按要求
	刻字内容及位置、日期章、版本章等是否被辅料遮蔽

5.9.3　基础知识

塑料模具的制作主要涉及 3 个方面，模具设计、模具加工、注塑成型。

（1）模具设计

① 模具设计的分类。

注塑模具可分为两板模（大水口）、三板模（细水口）、热流道（无水口或少量水口），如图 5-129 所示，其各自优缺点如表 5-24 所示。

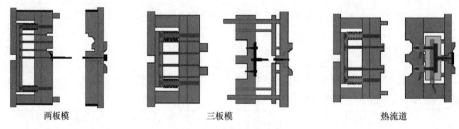

两板模　　　　　　　　　三板模　　　　　　　　　热流道

图 5-129　模具种类示意图

表 5-24　各类模具优缺点

模具类型	优点	缺点
两板模	结构简单，形式多样，维护方便； 浇口形式多样，有直接进胶、边缘接口、潜伏式浇口、牛角式浇口、搭接浇口、圆盘浇口、扇形浇口、辐式浇口等	两板模除了潜伏式浇口和牛角式浇口，需要后续加工去除浇口
三板模	浇口形式只有点浇口； 三板模在产品上留的浇口痕迹小，可以是无痕迹成型； 三板模浇口不用额外去除	流道比较长，需要更长的冷却时间，也就是需要更长的成型周期； 三板模消耗物料多； 三板模相对来说结构复杂

模具类型	优点	缺点
热流道	集合了两板模和三板模的优点，并拥有很多不可比拟的优点； 可以做到没有流道，节省流道消耗物料，不需要冷却流道，不需要等待塑料计量，大大节省成型周期	热流道结构复杂，维修困难； 需要成型机外接设备（如温控箱、外接气管）； 成本高（单只嘴价钱大概6000元）； 只适用大批量生产

② 模具 7 大系统。

浇注系统：由主流道、分流道、浇口、冷料井部件组成，具体如图 5-130 所示。

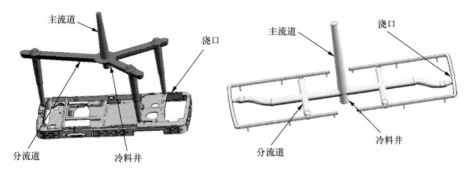

图 5-130　浇注系统

导向系统：由导柱、导套、定位块等部件组成，如图 5-131 所示。

成型系统：由模仁、镶块等部件组成、如图 5-132 所示。

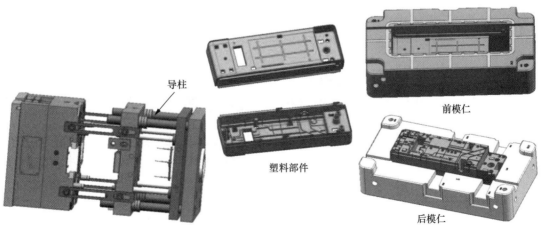

图 5-131　导向系统

图 5-132　成型系统

抽芯系统：由滑块、斜销等部件组成，如图 5-133 所示。

图 5-133　抽芯系统

顶出系统：由顶针、顶块、推板等部件组成，如图 5-134 所示。

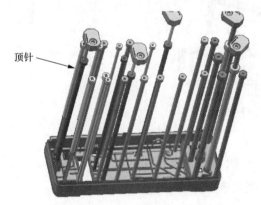

图 5-134　顶出系统

冷却系统：用于模具本身的散热、水路冷却，如图 5-135 所示。

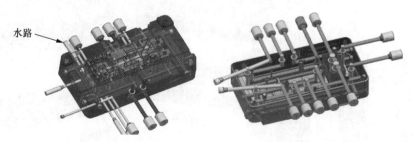

图 5-135　冷却系统

排气系统：利用分型面、各镶件/顶针配合间隙，外加排气槽等方法实现排气，如图 5-136 所示。

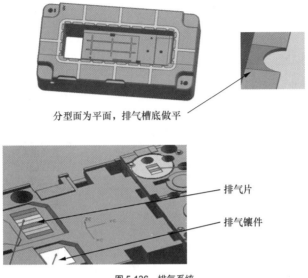

分型面为平面，排气槽底做平

排气片

排气镶件

图 5-136　排气系统

③ 模具可制造性设计。

模具 DFM（Design for manufacturability，可制造性设计），主要从以下 9 个方面评估，如表 5-25 所示。

表 5-25　模具 DFM 评估维度

序号	检查内容
1	开模要求（外观、夹线等）是否提供
2	模流分析是否提供，进胶口位置、形式是否合理
3	脱模斜度是否符合纹面外观要求，避免拖伤
4	外观面是否有分型线，功能面是否有顶针、斜顶
5	网孔顶出是否形成应力集中区，应力会影响网架强度
6	字符、图案或其他特殊结构，加工、成型是否满足要求
7	是否需要预留结构修改位置
8	涂、镀层是否会影响零件装配，是否需要遮喷
9	高低温测试、喷油、装配过程中软硬胶是否会受力分层

（2）模具加工

① 塑料模具常用加工及处理方法有以下几种。

车、镗、铣、磨、钻、锯、仿形加工、CNC（计算机数控）、电火花、线切割、热处理、表面处理、抛光等。

② 模具开发过程，从模具下单到模具 T0，周期为 25 ～ 35 个自然日（依据产品大小及模具复杂度波动）。

模具制作流程图如图 5-137 所示。

模具零件制作作业流程图如图 5-138 所示。

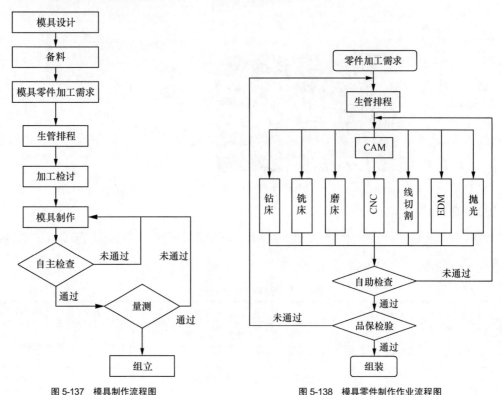

图 5-137　模具制作流程图　　　　　　图 5-138　模具零件制作作业流程图

（3）注塑成型

注塑机是一种将原料熔融塑化，然后将熔料注射到成型模具中，熔料成型后经冷却降温、脱模后得到制品的机械。它与医疗用的注射器相似，借助螺杆（或柱塞）的推力，将已塑化好的熔融状态（即黏流态）的塑料注射入闭合好的模腔内，经固化定型后得到制品。

注塑机布局如图 5-139 所示，它主要由锁模系统、模具系统、射出系统、油压系统、控制系统 5 大系统构成。

注塑成型 5 大要素：温度、压力、速度、时间、位置。

常见成型不良要因如表 5-26 所示。

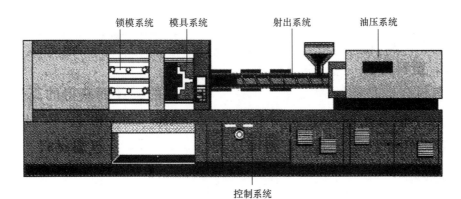

图 5-139　注塑机布局图

表 5-26　成型不良要因表

可能产生问题的原因 \ 问题	表面有水纹	痕迹、条纹	毛口、飞边	熔接处痕迹	光洁度不佳	缺口、少边	烧黄、烧焦	变色混色等	成型品变形	成型品太厚	裂纹、裂口
机筒温度过低		●		●	●	●		●			●
机筒温度过高			●				●	●	●	●	
注塑压力过低		●			●	●					
注塑压力过高			●				●			●	●
注塑保压时间过短									●		
注塑保压时间过长			●							●	●
射出速度太快		●					●				
射出速度太慢				●				●			
冷却不充分		●							●		
模具温度控制不良		●			●						●
注塑周期过短									●		
注塑周期过长				●			●				
注塑口、流道或喷嘴太大										●	
注塑口、流道或喷嘴太小		●		●	●	●		●			
注塑口位置不佳		●		●	●	●					
模具关合力过低			●							●	
模具出气孔不适	●			●	●		●				
进料不足				●	●				●		

续表

问题 可能产生问题的原因	表面有水纹	痕迹、条纹	毛口、飞边	熔接处痕迹	光洁度不佳	缺口、少边	烧黄、烧焦	变色混色等	成型品变形	成型品太厚	裂纹、裂口
树脂干燥温度、时间不适	●						●				●
颗粒中混入其他物质	●				●	-	●	●			
清机不良		●					●	●			
脱模剂、防锈油不合理					●			●			
粉碎树脂加入不合理	●	●									●
树脂流动性太慢			●			●					
树脂流动性太快			●								

5.10 模切部分

随着电子行业快速的发展，尤其是消费电子产品范围的不断扩大，模切技术被广泛应用到防尘、防震、绝缘、屏蔽、导热、过程保护等方面，天猫精灵用到的模切件有单/双面胶带、泡棉、光学膜、保护膜、纱网等。

5.10.1 案例详解

【问题描述】

天猫精灵导光膜贴合不到位，会造成漏光、偏光等问题，如图 5-140 所示。

图 5-140 贴合不到位

【问题分析】

因装配空间有限，导光模的定位柱不能做太高。

【问题对策】

前期通过详细的生产工艺评估，考虑用治具及人工生产克服该问题，但评估中，发现这种方法对生产效率影响较大，且也会有一定概率再次出现该类问题，故最终确定从设计上解决该问题，即在导光膜离型纸上做定位孔，通过其他定位柱定位，如图 5-141 所示。

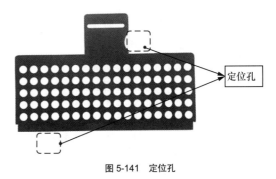

图 5-141　定位孔

5.10.2　技术沉淀

1. 胶带的设计

胶带的功能是固定黏结。

双面胶带的结构与成分，如图 5-142 所示。

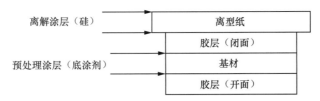

图 5-142　双面胶带的结构与成分

不同胶类别的分析如表 5-27 所示。

表 5-27　不同胶类别的分析

胶的类别	优点	缺点	用途	耐温范围
天然橡胶	抗老化； 耐候性； 耐温性； 在高温下具有更高的抗剪切力； 对极性表面具有良好的黏结力	起始剥离强度低； 高成本； 对非极性表面的黏结力较低		窄
合成橡胶	低成本； 对各种材料均有良好的黏结力； 低阻抗	耐温性差； 耐老化性差； 耐候性	橡胶垫	

续表

胶的类别	优点	缺点	用途	耐温范围
纯丙烯酸胶	很高的黏结力	高成本； 要求黏结的材料具有高表面能	金属	中等
改良丙烯酸胶（多用于手机上的塑料件）	在高温下具有更高的抗剪切力； 各种表面均可粘贴； 良好的黏结力	较高成本； 抗老化性差； 抗溶剂	塑料件	
硅胶类	很强的耐高、低温性（−100~500℃）； 耐老化； 可与具有低表面能的部件能良好黏合	高成本	硅胶材料	宽

双面胶基材类别如表 5-28 所示。

表 5-28　双面胶基材类别

聚合物薄膜 （PET、PP、PVC）	无纺布	泡棉（PUR、PE）	织物	Transfer（无基材）
尺寸稳定，适于模切	良好伏贴，可撕裂	可缓冲，填充不平表面	良好伏贴，抗撕裂	高伏贴，低成本
Tesa4980\3M9690	Tesa4940\Tesa4959\3M\Nitto500	Tesa4952\Tesa4976 3M（G-SHEET丙烯酸泡棉）	3M6408	3M467

离型纸的类型如下。

① 薄膜（PP）。

② 硅油纸。

③ 涂层纸（PE）。

④ PET。

2. 泡棉的设计

泡棉的功能是填充缝隙、缓冲减震、吸音隔热、密封防尘、防止静电。按照材料分类如表 5-29 所示。

表 5-29　按照材料分类

名称	CR	PE	PU	EVA	EPDM	SBR
化学名	氯丁二烯 Chloroprene	聚乙烯 Polyethylene	聚氨酯 Polyurethane	乙烯醋酸乙烯酯共聚物 E：ethylene（乙烯） V：vinyl（乙烯基） A：acetate（醋酸酯）	三元乙丙橡胶 E：ethylene（乙烯） P：propylene（丙烯） D：diene（二烯） M：monomer（单体）	丁苯橡胶 S：styrene（苯乙烯） B：butadiene（丁二烯） R：rubber（橡胶）

续表

名称	CR	PE	PU	EVA	EPDM	SBR
特性	防湿（非吸水性）；缓冲材质；难燃性；耐老化、防音；优越的耐油性	质轻；隔热性；隔音性；能吸收冲击	耐磨耗性；耐候性；耐老化、防音；难燃性；油性；无硫黄、卤素；	耐候性；耐臭氧性；耐水蒸气性	杰出的耐热性；耐臭氧性；耐老化、耐旋光性；耐高温140℃	耐磨耗性；耐老化性；含卤化物
耐热（最高使用温度）	100℃	110℃	120℃	80℃	120℃	100℃
耐寒（脆化温度）	−35～−55℃	−20℃	−40℃		−40～−60℃	−30～−60℃
用途	强韧性、缓冲、耐燃性		填补空间、防振、缓冲、防尘	垫片、垫圈、防滑	防漏、防振、防水、	

最常用的泡棉材料是：PU 和 PE。

通常用双面胶将泡棉材料固定，如图 5-143 所示，为保证泡棉不会突出壳子，具体设计如下。

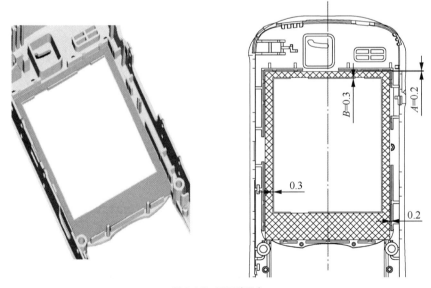

图 5-143　双面胶固定

① 泡棉的宽度最窄处不小于 0.6mm。因为刀具之间的最小距离是 0.6mm，宽度过小的刀具之间将会产生干涉。通用规则：泡棉的最小宽度必须大于泡棉的厚度。

② 泡棉上的最小通孔尺寸通常也受排废料的限制，根据其厚度和材料特性确定，具体可向供应商咨询。例如 0.3mm 厚度的泡棉上孔尺寸最小可做到 ϕ1.5mm，常用 Poron 公司的泡棉。

③ 设计时使用的厚度是泡棉压缩后的厚度。

④ 装配说明如下。

- 一种是直接利用塑料壳定位，A=0.2 ～ 0.3mm，若泡棉周边宽度太窄，则整体强度太弱，可考虑将中间部位的废料留待装配好后再去除。设计要保证 $B>A$。

- 另一种装配可采用专门的治具装配，以下 2 种情况供大家参考。

泡棉定位柱装配治具：A 为 0.15mm 以上，B 为 0.15mm 以上。

完全靠治具定位，模切件上开 2 个定位孔与治具定位，壳子外框与治具定位。

设计指导如下。

① 设计中，泡棉需要始终保持压缩状态，通常压缩量设计为 30% ～ 60%，具体根据泡棉压缩性和回弹力决定。

② 泡棉的设计需考虑以下几点。

- 泡棉在装配中实现良好定位，保证泡棉易于装配。
- 装配后泡棉对相邻零件的压力不能过大或过小。
- 根据不同用途选择不同材质的泡棉。
- 泡棉尺寸精度要求较高的方向应垂直于进料的方向，厂商通常承诺的公差是 ± 0.2mm。
- 设计原则：泡棉在设计时应尽量将边框宽度做大（至少大于 1.5mm），形状简单。

③ 泡棉的压缩比概念：压缩比 =（压缩前厚度 − 压缩后厚度）/ 压缩前厚度。

5.11 结构开发仪器仪表与工具软件

在产品的整个生命周期中，结构设计人员一直如影随形，不离不弃。很多不熟悉结构开发或者初入行的人会有诸多问题，比如，设计用什么软件？开发阶段如何快速验证设计方案？物料生产过程中怎么对产品尺寸、材料特性及外观处理的各项性能指标进行检测？生产组装和拆卸过程中需要哪些必要的工具？可靠性测试和问题排错中如何借助仪器来快速定位？……诸如此类。

这一节就带大家一起来初窥一下产品结构开发中经常用到的工具及相关仪表仪器设备。

1. 设计研发仪器仪表和工具

（1）3D 打印机

3D 打印是快速成型技术的一种，又称增材制造，它是一种以数字模型文件为基础，运用粉末状金属或塑料等可黏合材料，通过逐层打印的方式来构造物体的技术。

自 1986 年，美国科学家 Charles Hull 开发了第一台商业 3D 印刷机到现在，3D 打印技术迅猛发展，在工业设计、产品设计和模具制造等领域被用于制造模型，后逐渐被用于一些产品的直接生产。对结构设计领域来讲，3D 打印机快速打印并能及时验证产品设计的可行性，提升了设计及解决问题的效率。

选择 3D 打印机，我们主要看如下参数：打印材料、打印零件尺寸大小及打印精度（一般来讲 ±0.02mm 的打印精度是可以满足一般的设计需求的）。同时打印环境的兼容性和前处理软件也是非常关键的。就天猫精灵团队来讲，我们选用的 3D 打印机品牌是 Stratasys 370，其数据前处理软件是 GrabCAD Print。该软件可导入 Creo3D 软件原始文件，也可以接收 IGS、STP 格式文件，功能非常强大，如图 5-144 所示。

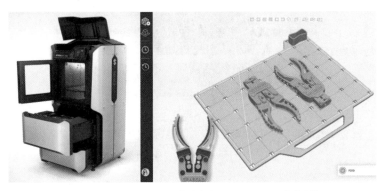

图 5-144　Stratasys 370 3D 打印机和 GrabCAD Print 软件环境

（2）螺丝刀

螺丝刀是结构设计人员的必备开发工具，在产品研发过程中，拆装样机是离不开它的，手动螺丝刀如图 5-145 所示。螺丝刀按不同的头型可以分为一字、十字、米字、星型、方头、六角头、Y 型头等，其中十字和星型是我们电子产品中最常用的。

如何判断一个好的螺丝刀，主要看刀头的钢材材料和硬度。弹簧钢是常用的，硬度一般都大于 HRC60。

自动螺丝刀分手按式和下压式两种，手按式自动螺丝刀按住启动开关，螺钉头即转动，下压式自动螺丝刀螺钉头接触螺帽后受力即开始转动（结构如图 5-146 所示）。需要特别注意的是自动螺钉起子需要定期校正扭力。

（3）镊子

通常我们用镊子来夹取细小零件，比如泡棉、背胶、导线、元件及集成电路引脚等，如图 5-147 所示。

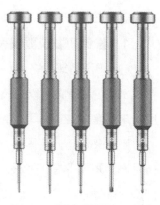

图 5-145　常用的手动螺丝刀示意图

针对头部形状不同，它分为直头镊子、弯头镊子和平头镊子。直头和弯头镊子配合焊接集成电路片，或安装更换零部件。而平头镊子为扁圆头设计，不易损伤器件，适用于提取镜片、电路片等小器件。根据材料和使用功能不同，它又分为不锈钢镊子、塑料镊子、竹镊子、医用镊子、净化镊子、晶片镊子、防静电可换头镊子、不锈钢防静电镊子等。我们常用的是不锈钢镊子、塑料镊子和防静电镊子这 3 种。

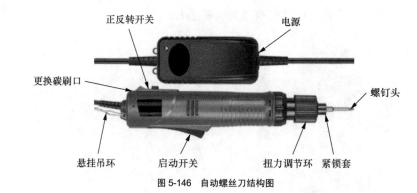

图 5-146　自动螺丝刀结构图

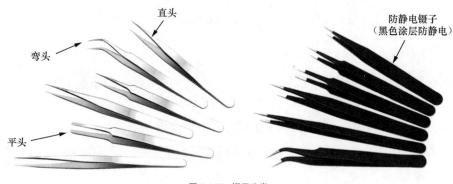

图 5-147　镊子分类

（4）拆机用撬棒、撬片、吸盘

结构设计开发和问题分析过程中，拆装机是难免的。撬棒、撬片和吸盘就必不可少了。撬棒和撬片主要用于卡扣拆卸。所以撬棒和撬片有平头、尖头、歪头等适合不同场合的类型。当然材质上主要是以塑料为主，金属撬棒容易损伤塑料壳体，所以用的相对较少。特殊的有屏产品触摸屏的拆卸过程中，避免玻璃受局部应力开裂，吸盘就大显身手了。吸盘配合加热器，可以轻松拆解触摸屏，如图 5-148 所示。

（5）加热平台

恒温加热设备适用于任何需要稳定控温加热的场合。比如铝基板 LED 灯珠焊接、塑膜和拆屏的预热。主要用于拆卸触摸屏，利用加热平台对触摸屏玻璃背胶加热，使其软化，再配合使用吸盘和撬片，就能轻松拆卸，如图 5-149 所示。

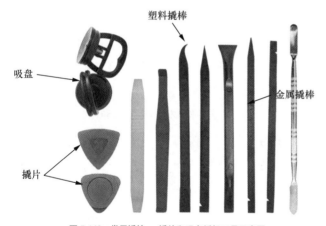

图 5-148　常用撬棒、撬片和吸盘拆机工具示意图

图 5-149　汉邦恒温加热平台

2. 检验验证仪器、仪表和工具

（1）游标卡尺

游标卡尺是一种测量长度、内外径、深度的量具。结构设计人员几乎人手一把。它由主尺和附在主尺上能滑动的游标两部分构成。主尺一般以毫米为单位，而游标上则有 10、20 或 50 个分格，根据分格的不同，游标卡尺可分为 10 分度游标卡尺、20 分度游标卡尺、50 分度游标卡尺等，游标为 10 分度的有 9mm，20 分度的有 19mm，50 分度的有 49mm。游标卡尺的主尺和游标上有两副活动量爪，分别是内测量爪和外测量爪，内测量爪通常用来测量内径，外测量爪通常用来测量长度和外径，如图 5-150 所示。

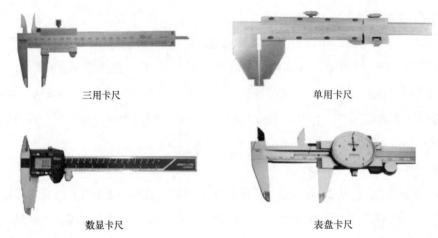

三用卡尺　　　　　　　　　　　　　单用卡尺

数显卡尺　　　　　　　　　　　　　表盘卡尺

图 5-150　游标卡尺种类

（2）厚薄规、针规和高度规

厚薄规是由薄钢片制成的，并由若干片不同厚度的规片（尺）组成一组。它主要用来检查两结合面之间的缝隙，所以也被称为"塞尺"或"缝尺"。在每片尺片上都标注有厚度，如图 5-151 所示。

针规，是由白钢、工具钢、陶瓷、钨钢轴承钢等或其他材料制成的硬度较高的具有特定尺寸的圆棒。它适用于机械电子加工中孔径、孔距、内螺纹小径的测量，特别适用于弯曲槽宽及模具尺寸的测量。试模过程中也常常用来检验自攻牙螺柱孔径，如图 5-152 所示。

图 5-151　常用厚薄规示意图　　　　　　　　　　图 5-152　常用针规示意图

高度规主要用于测量高度、段差、圆心距等，如图 5-153 所示。

（3）二次元和三次元测量仪

二次元测量仪又被称为影像测量仪和视频测量机，是用来测量产品及模具的尺寸，测量要素包括位置度、同心度、直线度、轮廓度、圆度和与基准有关的尺寸等，如图 5-154 所示。

图 5-153 高度规仪器示意图

图 5-154 二次元和三次元测量仪器

三次元测量仪主要是指通过三维取点来进行测量的一种仪器，市场上也称为三坐标、三坐标测量机、三维坐标测量仪、三次元。

三次元测量仪的主要原理是通过探测传感器（探头）与测量空间轴线运动的配合，获取被测几何元素离散的空间点位置，然后通过一定的数学计算，完成对所测得点（点群）的分析拟合，最终还原出被测的几何元素，并在此基础上计算其与理论值（名义值）之间的偏差，从而完成对被测零件的检验工作。

（4）电子数码放大仪

电子数码放大仪可将物体放大 10 ～ 400 倍，并且放大倍数可调，通过 USB 口与计算机相连。它可用来放大细小物体，比如放大细小的电路板线路或小元器件等，适用于电子工程、化学工程、印刷制板业等领域，并自带 LED 冷光源和自动调光电路，在光线很暗时也可以正常使用。并配送专业分析对比软件，软件中的案例图片和文字说明等都可以随意更换成需要的图片和文字，可以轻松地进行案例对比并给出相应方案，打印输出分析报告，如图 5-155 所示。

图 5-155 电子数码放大仪
（鸿克阳科技产品）

（5）X-ray 检测设备

X 射线（X-ray）检测仪可以在不损坏被检物品的前提下利用高电压撞击靶材产生 X 射线穿透电子元器件、半导体封装产品内部来检测其结构，以及 SMT 各类型焊点焊接质量等，如图 5-156 所示。

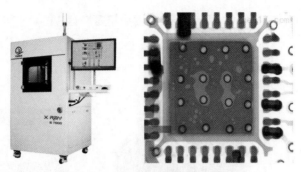

图 5-156   X-ray 检测设备和芯片焊盘图

（6）色差计

色差计又被称为便携式色度仪、色彩分析仪、色彩色差计。色差计是一种简单的颜色偏差测试仪器，即制作一块与人眼感色灵敏度相当的分光特性的滤光片，用它对样板进行测光，这种感光器可测量样板的分光灵敏度特性，并能在某种光源下通过电脑软件测定并显示出样板色差值。主要用于：颜色比对，产线质检、辅助人工配色，如图 5-157 所示。

（7）透光率测试仪

透光率测试仪又名透光率仪、透光仪、透射率检测仪，主要用于测量汽车玻璃、亚克力、薄膜，塑料，以及透明及半透明物体的可见光和红外透光率，如图 5-158 所示。

图 5-157   色差计和色卡图片

图 5-158   速德瑞品牌透光率测试仪器

（8）橡皮酒精耐磨试验仪

橡皮酒精耐磨试验仪，又称多功能酒精橡皮铅笔摩擦试验机，主要用于产品表面的耐磨试验，适用于各种表面涂装试品、各类产品表面及印刷面耐摩擦寿命的耐磨耗试验，如图 5-159 所示。

（9）铅笔硬度计

铅笔硬度计是依据 GB/T6739-2006 设计制造，属机械式，笔尖重负是 1000g±5g，它以铅笔的硬度标号来测定涂膜的硬度。

铅笔硬度法，又称涂膜硬度铅笔测定法。是一种标定涂膜硬度的测试方法和量度体系。按工业标准，铅笔笔芯的硬度分为 13 级。从最硬的 6H 逐级递减，经 5H、4H、3H、2H、H，再经软硬适中的 HB，然后从 B、2B 到最软的 6B。其中 H 代表硬度（hardness），B 代表黑度（black）。从 6H 到 6B 硬度依次降低，铅笔颜色依次变深。颜色深浅与石墨含量有关，颜色越深，石墨含量也高，铅笔也越软，如图 5-160 所示。

图 5-159　橡皮酒精耐磨试验仪

（10）膜厚测试仪器

膜厚测试仪，分为手持式和台式二种，手持式膜厚测试仪又有磁感应镀层测厚仪、电涡流镀层测厚仪、荧光 X 射线镀层测厚仪。手持式的磁感应原理是利用从测头经过非铁磁覆层而流入铁磁基体的磁通的大小来测定覆层厚度，也可以通过测定与之对应的磁阻的大小，来间接测出其覆层厚度，如图 5-161 所示。

图 5-160　铅笔硬度计

图 5-161　荧光 X 射线镀层测厚仪

台式荧光 X 射线膜厚测试仪，是通过计算一次 X 射线穿透金属元素样品时产生低能量的光子（俗称为二次荧光）的能量来计算膜的厚度值。

（11）熔体流动速率测试仪

熔体流动速率测试仪，是在规定温度条件下用高温加热炉使被测物达到熔融状态，这种熔融状态的被测物在规定的砝码负荷重力下通过一定直径的小孔，此时对熔体流动速率进行测试。测试规定一定时间内挤出的热塑性物料的量，也即熔体每 10min 通过标准口模毛细管的质量，用 MFR（Melt Mass-Flow Rate，熔体质量流动速率）标示，单位为 g/10min。熔体流动速率可表征热塑性材料在熔融状态下的黏流特性，对保证热塑性塑料及其制品的质量、生产工艺都有重要的指导意义，如图 5-162 所示。

在结构领域，熔体流动速率测试仪主要针对塑料进行熔融指数监测，从而监测在成型过程中材料的性能。

（12）气密性检漏仪

气密性检漏仪是一种新型的无损气密性测试仪，又被称为密封性测试仪。它能够用于测试气压衰减检漏、真空衰减检漏、质量流量测试，爆裂测试，以及其他气密性检漏、防水测试。特别对音腔的超声、PR 点胶工艺进行检验。

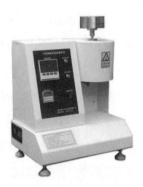

图 5-162　熔体流动速率测试仪

气密性检漏仪系统内置进口高精度传感器，测试精度可以达到 0.01Pa。广泛运用于小家电行业防水检测、阀门管件行业的气密性检漏、通信基站设备防水测试、医疗器械气密性检测、线材密封检测、户外监控产品密封检疫、铝合金压铸产品泄漏检测、焊接产品泄漏检测等所有对防水、防尘和泄漏有需求的产品，如图 5-163 所示。

（13）按键寿命测试仪

按键寿命测试仪运用电机传动偏心轮使连杆来回上下移动，从而打击按键；设定好计数器的测试次数，从而判定硅胶按键的好坏；适用于检测按键开关、轻触开关、薄膜开关等各类按键进行寿命试验，如图 5-164 所示。

图 5-163　气密性测试仪

图 5-164　按键寿命测试仪器

（14）落球测试仪

落球测试仪是以规定重量钢珠，在一定高度使之自由落下，撞击试件，视其受损程度判定被测产品的质量。适用于触摸屏、盖板玻璃、PVC、塑料、陶瓷、玻璃纤维等材料及实验涂料的坚牢度。落球重量常用为：55g、64g、110g、130g、225g、535g 等，如图 5-165 所示。

（15）RCA- 纸带摩擦测试仪

RCA- 纸带摩擦测试仪适用于各种表面涂装试样的耐磨耗试验，荷重 275g、175g、55g，卷动未涂油的纸或胶带与试样摩擦一定回转数后判别其耐磨耗性，如图 5-166 所示。

图 5-165　落球测试仪

图 5-166　RCA- 纸带摩擦测试仪器

（16）跌落测试仪

跌落测试仪通常是用来模拟产品在搬运期间可能受到的自由跌落，测试产品抗意外冲击能力的仪器。通常跌落高度绝大多数根据产品重量及可能掉落的概率作为参考标准，落下的表面应是混凝土或钢制成的平滑、坚硬的刚性表面（如有特殊要求应以产品规格或客户测试规范来决定），如图 5-167 所示。

（17）滚筒跌落试验仪

滚筒跌落试验仪是模拟用户使用过程中，对被测件自由跌落动作进行测试；适用于移动电话、PDA、电子辞典、CD、MP3、遥控器等各种小型可携式电子产品进行连续回转跌落测试，如图 5-168 所示。

图 5-167　自由跌落测试仪

图 5-168　滚筒测试仪

滚筒跌落试验仪测试目的有以下 3 点。

①外壳的耐用程度。②内部结构抗（重）摔的性能。③经受重复自由跌落的适应性。

（18）设计和仿真软件

消费类电子产品在开发过程需要用到的软件有如下：Photoshop、CorelDRAW、Rhino、3D MAX、SolidWorks、Pro/E 和 UG 等。前 4 个主要是工业设计所用软件；Photoshop、CorelDRAW 是平面设计软件；Rhino 和 3D MAX 主要用于工业设计柔性建模；针对结构设计领域，SolidWorks 和 Pro/E 是常用的开发工具，特别是 Pro/E。而模具设计一般用 UG 的会比较多。这里我们重点介绍 Pro/E 软件。

Pro/E 软件是美国参数技术公司的重要产品，主要的特点就是参数化设计。同时软件采用模块化方式，用户可以根据自身的需求进行模块安装，而不必安装所有模块。结构设计所需要的模块有草图绘制、零件制作、装配设计、钣金设计及加工处理和模拟仿真等。这些模块集成的软件包 Parametric、Layout 和 Simulate。

同样，设计过程中牵涉一些有限元模拟仿真，包括弹片疲劳失效、小球撞击、音腔共振及必要的装配运动模拟等，用得比较广泛的软件是 ANSYS，ABAQUS 在疲劳失效模拟仿真上的运用也是比较多的。Pro/E 软件中自带的模块就能满足基本的运动仿真模拟要求。

第 6 章

硬件开发之工艺篇

6.1 DFX概念及作用

DFX 是一种面向产品生命周期的工程设计手段。在产品开发过程中，我们不仅要考虑产品的功能和性能要求，还要考虑产品整个生命周期相关的工程因素。

DFX 的主要作用如下。

① 成本角度：降低操作难度，减少设备及人力的投入。

② 质量角度：减少维修次数，降低生产报废率。

③ 体验角度：为用户带来精致的外观及极致的性能体验。

一个好产品，没有好的工程技术设计，即使面向用户的功能十分出色，也极可能因为制造困难、品质故障或不易维修而无法交付给客户。

DFX 的主要实施方向如下。

① 设计人员层面：工程师运用交叉学科的设计手法来设计产品。

② 团队协作层面：制造部门、生产部门、测试部门及其他职能团队提前介入设计。

传统流程和 DFX 设计流程分别如图 6-1 和图 6-2 所示。

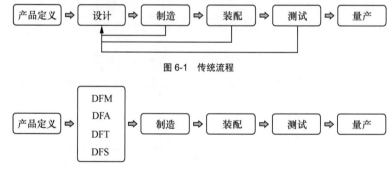

图 6-1　传统流程

图 6-2　DFX 设计流程

DFX 包括 DFM（ Design for Manufacturing，面向制造的设计 ）、DFA（ Design for Assemble，面向组装的设计 ）、DFT（ Design for Test，面向测试的设计 ）、DFS（ Design fo Service，面向服务的设计 ）。

6.2 DFM

DFM 是指在产品设计过程中，研究产品各项特征与制造系统的关系，明确什么是最优设计并应用。DFM 能够显著提升产品的可制造性，提高生产制造良率及效率，降低生产难度及成本。

DFM 的设计原则如下，会因产品具体应用的不同而不同。

① 简化零件的形状。

② 减少切削加工。

③ 选择最合适的材料。

④ 避免设计冗余。

⑤ 选用标准件。

6.2.1　案例详解

案例　点胶溢胶

C2 项目点胶溢胶的主要原因是设计。最终我们通过调试、优化设计方案，解决了该问题。

1. 胶槽方案设计不佳

【问题描述】

C2 项目采用点胶方案将塑件后壳和金属网前壳固定在一起，该项目在 DVT2 阶段存在 60% 的溢胶不良现象，产线调试难度极大，无法进入 PVT 阶段。

考虑到可靠性及成本，C2 项目前期在点胶和 EVA 包裹这两个方案中选择了点胶方案，而采用该方案存在溢胶风险。

【问题分析】

① 点胶槽末段为台阶状，点胶走针过程中可能会挂针，导致壳件损伤。

② 点胶走针时需要避让台阶，针头频繁进出点胶槽（21 次），在此过程中会频繁拉扯胶水造成溢胶。

【对策】

① 临时对策：针对针头频繁抬起的问题，需要提前关胶，利用胶水黏弹性把胶水拉断，以减少溢胶和挂胶的风险。

② 长久对策：设计封闭式的点胶槽，尽量避免出现断点，若不能避免，则此类点胶槽末端高度最大不能超过 0.3mm，即不能超过针头点胶的最大高度。

2. 点胶路径设计不合理

【问题描述】

点胶路径设计时未预留足够的点胶空间，试制时出现铁网翘起和音质不良现象。

【问题分析】

需要用点胶将铁网黏住，但无容胶槽可能会导致塌胶无法黏合或批量溢胶，工艺一致性难以得到保证。

【对策】

产品边角增加点胶槽，避免铁网四角无法黏合而翘起。

3. 工程准备评估不足

【问题描述】

前期量产采用 50mL 封装胶水对产品进行封装（生产 70 ~ 80 个），换胶调试频繁，导致溢胶不良。

【问题分析】

对产品的可制造性评估不充分，未提前识别风险。

【对策】

① 临时对策：增加专业人力和设备，但需要频繁更换胶水，换胶次数达每日 25 次以上。

② 长久对策：使用大型点胶机，采用 250mL 封装胶水，将换胶次数从每日 25 次以上降至每日 5 次。

4. 验证不充分

【问题描述】

DVT1 阶段产品跌落导致开胶。

【问题分析】

未合理规划对点胶量上下限的相关验证。

【对策】

增加临时样品摸底验证，DVT2 阶段完成上下限验证，DVT3 阶段确定点胶工艺。

【经验总结】

DVT1 阶段前用结构手板初步对胶量上下限进行估算并留足冗余量，DVT1 阶段对上下限进行验证，PVT 阶段合理缩小胶量范围以保证产品良率。

6.2.2 技术沉淀

音箱产品 DFM 总结如表 6-1 所示。

表 6-1　音箱产品 DFM 总结

	检查项目		检查项目描述	规则
1	结构件设计	按键	底部建议采用硅胶双射成型，不贴泡棉，手感好，防止出现振音	建议
2		按键	相同形状的键有无防呆，如制造防呆、组装防呆	必须
3		屏蔽盖	设置屏蔽盖对重力对称中心的吸取位置，面积为2mm×2mm，同时建议来料为卷料，便于SMT	必须
4	FPC部件设计	摄像头FPC	半径至少为板厚的6倍，钢补强的翻折面需要增加泡棉以防止毛刺造成的短路。接地点的露铜区需要设计导电胶去固定，其他位置需要绝缘遮蔽，防止短路	必须
5	壳体设计	BOSS柱	M2.6螺丝壁厚需要达到1mm以上，并设计"筋骨"防止其破裂，电批的扭矩为2.0T	必须
6		螺丝	单一产品螺丝种类少于3种，内置硬盘式螺钉少于4种，螺丝种类越少越好，同时需要有耐落防松螺丝。自攻螺钉螺孔需要满足10次以上拆装	必须
7		热熔柱	孔柱高宽比需要计算，热熔之后单边盖要到0.2mm以上	必须
8		前后壳	免喷涂高光面产品整机出货时需要增加保护膜	必须
9		前后壳	产品整机装配面，包括接口、螺钉通道及周边区域不能采用高光	必须
10		前后壳	白色等浅色系壳体出货需要增加保护膜或袋子	必须
11		前后壳	壳体拐角处需要设计加强筋，保证整机强度，浇口位置避开A级面	建议
12		前后壳	壳体保证骨位与PCBA位置均衡，防止出现板级应力，设计卡扣时需要注意易拆角	必须
13	辅料设计	泡棉	导电泡棉的厚度小于2mm时，导电泡棉需要避开单板上的器件及PCB上焊盘，建议厚度在1mm以上。导电泡棉的厚度大于等于2mm时，导电泡棉需要避开单板上的器件及PCB上焊盘，同时模拟泡棉倾倒后的错接距离，防止造成短路	必须
14		防尘网	需要设计定位柱，孔柱配合，其间隙设计建议单边为0.2mm，同时需要做物理防呆	必须
15		MIC硅胶套	需要采用背胶固定，背胶宽度建议大于1.5mm、厚度大于0.15mm，如有防呆需求，需设计孔柱配合并做防呆	必须
16		MIC气密性	需要防止壳体变形，近距离需要有卡扣或者螺钉进行固定	必须
17		石墨片	需要设计排气孔，同时设计定位孔用于夹具装配，直径大于2mm	必须
18		离型纸	需要设计颜色防呆，使用红色或者蓝色，手撕位尺寸至少达到5mm×5mm	必须
19		二维码	贴合区域需要设计成平面或者单向弧面，避免异形面，同时贴合区域不能做纹面或者高光面，对于不撕除的二维码，建议设计避让槽，不二次撕除	必须
20		硅胶脚垫	需要设计物理防呆，采用异形柱或孔柱配合防呆。是否需要防脱设计，较深的件要注意开漏气槽	必须
21		防拆标签	需要预留防拆标签位置，区域大小统一	建议
22	电子料设计	同轴线	内部存在多根导线时，建议用颜色做区分，同时在排布上要有明确的卡位或者束线槽，并在设计路径上避让高位器件、螺钉孔位及结构支撑筋骨等区域	必须
23		摄像头	摄像头来料需要自带防尘泡棉，同时泡棉需要具备硬度，保证其压缩之后不接触摄像头贴面	必须

	检查项目		检查项目描述	规则
24	电子料设计	电池	电池粘贴位置不能有锋利边角，以防电池表面受外力损伤	必须
25		电池	如果采用锂电池，背胶厚度不能低于0.1mm，建议选用厚度为0.15mm以上的背胶	必须
26	彩盒设计	彩盒	彩盒叠层不要使用异味胶水黏合，EVA要晾晒之后装入彩盒，防止异味	必须
27		彩盒	彩盒外部包边如果采用外漏设计则需要与中箱顺向，防止装入中箱时造成彩盒外观受损	必须
28		彩盒附件	说明书不能与本体直接接触，需要设计隔断，防止纸张掉色污染裸机	必须

6.3 DFA

DFA 是指在产品设计中，研究产品整个组装逻辑与制造系统的关系，寻找最优匹配方案，保证耦合稳定性，从而提升产品组装效率及良率。

DFA 的主要目的是提高产品的可装配性。因此在架构设计阶段要充分考量产品全流程的可拆卸性及可维修性，详细设计阶段要根据经验对产品进行充分的细部设计及验证，增加必要的设计和辅助工具，合理的设计可以大幅降低维修难度及物料损耗。

6.3.1 案例详解

案例1 屏幕组件装配方案

【问题描述】

某款带屏音箱生产过程中存在开机黑屏问题。主要是连接器拉扯导致的接触不良；同时设计装配逻辑不合理，导致产品生产效率低。

【问题分析】

屏幕组件装配的工艺流程如图 6-3 所示。

图6-3 屏幕组件装配的工艺流程（照片来源工厂）

① 操作过程中，FPC 多次弯曲拉扯易造成损伤。

② 整个操作过程需要 69s。

③ 两次工位中转，质量风险高。

【对策】

正向引线设计能够降低装配复杂性，提升装配空间和可视性。

案例2　屏幕漏光方案解析

【问题描述】

在生产过程中存在屏幕漏光问题。主要是全贴合屏幕变形导致液晶被挤压，造成显示亮度不均。

【问题分析】

（1）前壳与后壳强度差异明显。屏幕变形，且随后壳形变。

（2）CG（Cover Glass，盖板玻璃）强度低。

（3）卡扣贴泡棉，扣合平整度及应力释放程度不一样。

（4）卡扣加上锁螺丝的固定方案，应力大小差异明显。

【对策】

屏幕漏光是综合性的整体架构问题，需要多环节控制、多方配合解决问题，不能单点解决问题。解决方案分析如图 6-4 所示。

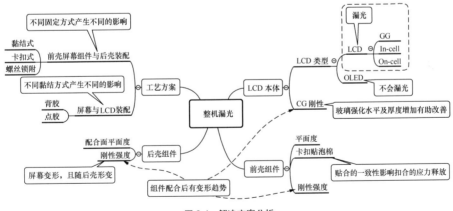

图 6-4　解决方案分析

6.3.2　技术沉淀

音箱产品 DFA 总结如表 6-2 所示。

表 6-2　音箱产品 DFA 总结

	检查项目		检查项目描述	规则
1	连接器设计	转接线	要增加EVA或者泡棉，防止出现振音，同时关注组件来料。 转接线走线要避开焊盘引线周围位置，卡扣、引线位置处需要防止出现装配干涉	必须
2		ZIF类FPC	PAD位置需要设计穿插手柄，便于镊子夹取，同时设计丝印标示，各处应组装到位	必须
3		ZIF固定	钢琴扣建议设计Mylar（聚酯高分子膜）进行黏结固定，防止钢琴扣松开	必须
4		FPC	FPC内拐角处最小圆角要求大于1mm，内拐角有0.2mm宽的布铜，防止折裂	必须
5		LCD/触控FPC	FPC bonding区，折弯位置不可以设计锋利边或者其他辅料锋利边，如果有需要则在折弯位置处增加Mylar包裹防护设计	必须
6		LCD FPC	1. 有定位需求需要增加定位特征，优选孔柱，次选丝印；折弯半径最低要大于6倍板厚。 2. 接地点露铜区需使用导电胶固定，其他位置需要做绝缘屏蔽，防止短路	必须
7	主板设计	主板	突出板边的I/O接口器件，需要防止板边对向设计，以免无法装配	必须
8		主板	PCB和结构支撑部件的组装不能位于IC芯片后，以免无法组装或造成可靠性失效	必须
9		主板	PCB上USB端或HDMI器件焊盘端，以器件固定脚孔心连线为轴线的两侧各1mm宽度范围内不要设计定位孔，以免无法组装及可靠性失效	必须
10		主板	插件IR和数码管的引脚器件需要设计结构支撑筋骨，防止整机振动造成测试引脚断裂失效	必须
11		螺丝孔位置	按照螺帽外围单边2mm设计器件避让	必须
12		主板	主板需要设计定位孔，保证定位精度，邮票孔残边位置远离MIC等易污染器件	必须
13	天线设计	天线	需要设计定位柱，孔柱配合，间隙设计建议单边为0.2mm，同时需要做物理防呆；次选丝印防呆，单边间隙为0.2mm	必须
14		天线	产品上有覆盖天线区域的标签或铭牌类部件，不能影响天线性能	必须

6.4　DFT

DFT 是指在产品设计中，研究产品整个测试逻辑与制造系统的关系，寻找最优匹配方案，提高产品的可测试性，降低产品的测试成本，保证产品的耦合稳定性，保障产品功能符合预期设计，从而提升产品组装效率及良率。

案例　PCB生产测试点异面问题

【问题描述】

PCB 生产测试点异面导致生产效率低。

【问题分析】

职责分工不明确，生产测试点的定义及规划不足。

【对策】

后续将所有测试点设计在同面，提高设备利用率及生产效率，如图 6-5 所示。

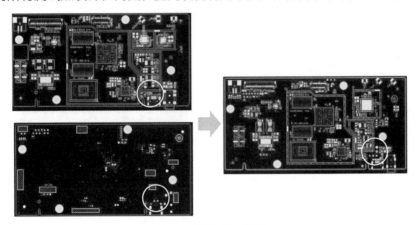

图 6-5　测试点设计示意图

6.5　DFS

DFS 是指在产品设计中，研究产品整个服务逻辑与制造系统的关系，寻找最优匹配方案。DFS 便于售后拆卸维修重装，能够降低服务难度，从而提升客户满意度。

在产品设计阶段，要最大限度降低服务难度。如果只想到产品的功能，而忽略产品的可服务性和维护性，则会导致产品设计不够好。好的产品设计，应当非常容易维修及维护，这样才能在降低服务运营成本的同时提升客户满意度。

6.5.1　案例详解

案例　"超级玛丽"音箱的拆卸

【问题描述】

"超级玛丽"音箱采用一体式音腔，音箱周围采用 EVA 密封，组装后内部形成密封腔体，拆卸会十分困难。

【问题分析】

虽然前期对"超级玛丽"音箱的可拆性进行了充分的评估，预留了拆卸口，但在验证过程中发现由于没有开发专用的拆机工具，产线仍然存在难以拆开的现象，对产线的返修和分析造成了较大的困难。音箱密封示意图如图 6-6 所示。

【对策】

增加拆卸口并开发专用小工具。

6.5.2　技术沉淀

音箱产品 DFS 总结如表 6-3 所示。

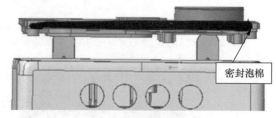

密封泡棉

图 6-6　音箱密封示意图

表 6-3　音箱产品 DFS 总结

	检查项目		检查项目描述	规则
1	连接器	ZIF类FPC	PAD位置需要设计穿插手柄，便于镊子夹取，同时设计丝印标示，确保组装到位	必须
2		LCD/触控FPC	FPC bonding区，折弯位置不可以设计锋利边或者其他辅料锋利边，如果有需要则在折弯位置处增加Mylar包裹防护设计	必须
3	壳体设计	BOSS柱	M2.6螺丝壁厚需要1mm以上，并设计筋骨防止打爆，电批扭矩为2.0T	必须
4		螺丝	单一产品螺丝种类少于3种，内置硬盘式螺钉少于4种，螺丝种类越少越好；同时需要有耐落防松螺丝。自攻螺钉螺孔需要满足10次以上拆装	必须
5		前后壳	产品整机出货时免喷涂高光面需要增加保护膜	必须
6		前后壳	出货时白色浅色系壳体需要增加保护膜或袋子	必须
7		主板	主板需要设计定位孔，保证定位精度，邮票孔残边位置远离MIC等易污染器件	必须
8		拆卸口	所有难以直接拆卸的位置均需设计拆卸口，且需要稳定可靠	必须
9		硅胶脚垫	需要设计物理防呆，采用异形柱或孔柱配合防呆	必须
10	电池设计	电池	建议采用独立分体设计，实现可拆卸或采用可拆卸背胶	建议

6.6　工艺常用设备简介

（1）单板段

① 单板分板设备。电路板分板机采用最新铣刀式轻量化设计，适用于分切带有 V 形槽的 PCB。分切时产品不动，上圆刀左右移动，如图 6-7 所示。

② 单板测试设备。用来测试单板各项指标，如电子、射频等，如图 6-8 所示。

③ AOI（Automated Optical Inspection，自动光学检测）设备是基于光学原理来对焊接生产中遇到的常见缺陷进行检测的设备。该设备运用高速高精度视觉处理技术自动检测PCB 上各种不同贴装错误及焊接缺陷，并提供在线检测方案，以提高生产效率及焊接质量，

被检测的 PCB 的范围从细间距高密度到大尺寸低密度不等。该设备在装配工艺的早期查找和消除错误，以实现良好的过程控制。早期发现缺陷将避免将坏板送到之后的装配阶段，减少维修成本。AOI 检测设备如图 6-9 所示。

图 6-7　单板分板设备

图 6-8　单板测试设备

图 6-9　AOI 检测设备

（2）整机组测

① 自动点胶机。自动点胶机是一种代替手工点胶的专业设备，在行业中的应用很广。它的应用在很大程度上提高了生产效率，提高了产品的质量，能够实现一些手动点胶无法完成的工艺。自动点胶机在自动化程度上，能够实现三轴联动，智能化工作，如图 6-10 所示。

使用点胶机时，主要关注气压、点胶速度、胶量等重点参数，这些与产品质量息息相关。按照用途可将点胶机分为单组分点胶机、双组分点胶机及非标点胶机。

② 自动螺丝机。自动螺丝机可以一次性打完所有螺丝。产品的传送、定位、螺丝排放及螺丝送料完全由设备自动完成，操作员只需做简单的操作即可，包括在设备前放产品、定期检查物料的供应情况等。该设备的使用大大简化了操作，缩短了打螺丝时间，提高了工作效率，降低了坏品的数量，如图 6-11 所示。

图 6-10　自动点胶机

自动螺丝机的使用效果主要受下压力、扭力等影响，在使用过程中要定期点检，以保证产品质量。

③ 压合机。压合机用于将屏幕或电池与结构件贴合在一起，屏幕或电池组装好后，放置在压合机下定位载具，双手

图 6-11　自动螺丝机

按启动按钮，上气缸带动上模下压，四周硅胶定位柱定位，设备装有压力传感器和时间控制器，压力可通过气压调节，压合机如图 6-12 所示。

压合机一般分为热压合机、冷压合机及滚动压合机。

④ 整机测试设备。整机测试设备用于测试整机的各项指标，如声学、射频等方面，检测整机各项客观指标是否达标，如图 6-13 所示。

图 6-12　压合机

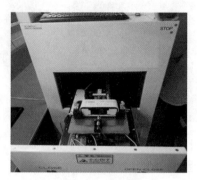

图 6-13　整机测试设备

（3）整机包装

① 全自动热收缩机。全自动热收缩机的切刀材料为恒温式特级铝合金，该切刀的特点是封口线比较细，抗黏性好。另外，针对包装大小不一的情况，全自动热收缩机可以在一定范围内调整切刀，还可以手动调整热收缩炉温度和热收缩的速度，如图 6-14 所示。该设备广泛用在制药、食品、文具、化妆品、电子产品、玩具等领域。

② 自动封箱机。自动封箱机可一次完成上、下封箱动作，是自动化包装企业的首选。适用于纸箱的封箱包装，既可单机作业，又可与流水线配套使用，如图 6-15 所示。

图 6-14　全自动热收缩机

图 6-15　自动封箱机

按照机器的自动化程度，可将自动封箱机分为全自动封箱机和半自动封箱机；按照机器的用途，可将自动封箱机分为纸箱自动封箱机、打包封箱机及自动折盖封箱机等。

第 7 章

硬件部品应用与定制

硬件部品的应用与定制在研发中占据很重要的地位，本章主要介绍硬件部品应用与定制中应该注意到的事项，让大家少走弯路。

7.1 显示屏应用

显示屏是用于显示图像及色彩的器件。

根据制造材料的不同，可将显示屏分为阴极射线管（CRT）显示屏、液晶显示屏（LCD）、有机发光二极管显示屏（OLED）及等离子体显示屏（PDP）等。显示屏的其他分类方式如图7-1所示。

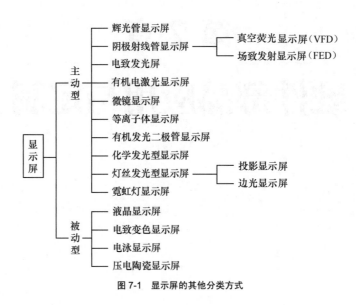

图 7-1　显示屏的其他分类方式

天猫精灵智能音箱产品使用的屏幕主要为 LCD。作为人机交互的窗口，屏幕的好坏直接影响消费者的体验。屏幕是一个高度定制化的元器件，屏幕的尺寸、亮度、分辨率、驱动IC、电子接口类型、FPC 材质、FPC 结构外形及尺寸等，需要不同团队共同确认，只有通过各方的完美配合，才能满足项目的需求。

根据不同的 ID、结构需求等，屏幕定制造型主要分为多媒体规格对接（如尺寸、分辨率、亮度、色坐标等）、电子接口对接（接口类型、亮度、驱动 IC、供电电源等），以及结构对接（尺寸、厚度、贴合方式等）等。屏幕为业内定制部品，定制周期为 6～9 个月，包括玻璃定制选型、驱动 IC 选择、接口重新定义、盖板定制，以及驱动 IC 匹配等。由于项目时间紧急，一般仅有 3 ～ 4 个月的时间，因此，我们通常优先使用显示屏厂家现有的玻璃、模组、背光及驱动 IC，仅对盖板和亮度做适当的调整。

因 LCD 定制过程复杂，涉及领域众多，在项目开发过程中很容易出现屏幕亮度不均、屏幕漏光、屏幕花屏、ESD 测试失败、EMI 干扰等相关问题。下面将重点介绍 LCD 相关的案例详解及设计规则。

7.1.1　案例详解

通过分析不同类型的 LCD 问题，找到问题的根本原因，并针对不同的原因给出有效的对策，积累解决相关问题的经验，为新的项目提供问题提前识别及规避方案。

案例1　CC项目全贴合LCD按压时出现类似水波纹的图像

【问题描述】

CC 项目在早期使用全贴合 LCD，按压显示区域时会在按压区域及周边出现类似水波纹的图像。

【问题分析】

出现类似水波纹图像的原因如下。

① 全贴合产品的模组支撑点在两侧的 TP 或板边缘。

② 按压后，"TP+CF"变形，液晶盒厚度发生变化，液晶向屏幕两边移动。

③ 按压使液晶流动，影响电场变化对液晶的配向，导致光线的穿透率发生变化。

④ 在按压的过程中，液晶会动态流动，液晶腔体变化最剧烈区域会产生不同程度的亮度变化，表现为水波纹状，这种现象在暗态或者深色画面会比较明显。水波纹发生原理如图 7-2 所示。

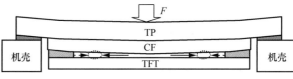

图 7-2　水波纹发生原理

【对策】

问题改善措施如下。

① 调整 LCD，改善整机的配合间隙。

② 增加 Lens（TP 上面的玻璃）的厚度，Lens 越厚，水波纹的程度越轻。

③ 增加 Lens 的强度，Lens 材质的强度越强，水波纹的程度越轻。

案例2　4英寸屏项目LCD模组ESD测试

【问题描述】

B 屏幕供应商的 4 英寸屏在做 ESD 测试时，空气放电 12kV，屏幕黑屏损坏，不满足空气放电 15kV 不损坏的标准，但 D 屏幕供应商提供的屏幕可以满足这一标准。

【问题分析】

分析两家供应商的屏幕差异，ESD 测试的原因如下。

① 屏幕单体 ESD 防护措施不到位，例如在接口处没有 ESD 防护元器件，FPC 设计不合理，没有足够的露铜面积，FPC 与铁框导电双面胶接触不良。

② 整机 ESD 防护措施设计不足。机器采用窄边框设计，FPC 和驱动 IC 刚好位于窄边位置，FPC 离结构边框过近，ESD 很容易从此处进入，导致驱动 IC 损坏。放电路径如图 7-3 所示。

【对策】

增加铜箔。FPC 上增加 ESD 防护元器件，元器件合理布局，FPC 合理增加露铜，FPC 与铁框要做到良好接地，如图 7-4 所示。

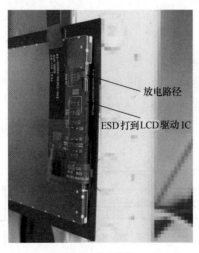

放电路径

ESD 打到 LCD 驱动 IC

图 7-3　放电路径

增加铜箔，引导静电到地，以保护信号线

图 7-4　增加铜箔

7.1.2　设计规则

对项目硬件规格中屏幕显示规格的需求进行分解，可从以下几个方面对 LCD 进行选型：LCD 液晶分子扭曲类型（TN、TFT、IPS 等）、LCD 接口类型（MIPI、RGB 等）、LCD

分辨率（720p、1080p 等）、LCD 是否内嵌 TP（外挂 TP、In-cell、On-cell 等）、LCD 玻璃及制程（a-Si、LTPS）、LCD 尺寸（3.97 英寸、6.95 英寸）、屏幕亮度及屏幕色坐标（350 cd/m²；X0.3、Y0.32 等），其中，屏幕亮度及屏幕色坐标通过屏幕背光模组进行调整，根据规格进行背光模组匹配，重点选择的细分选项如下。

（1）按照 LCD 液晶分子扭曲类型进行选型

① TN（Twist Nematic，扭曲向列）型液晶显示屏。

② HTN（High Twist Nematic，高扭曲向列）型液晶显示屏。

③ STN（Super Twist Nematic，超扭曲向列）型液晶显示屏。

④ FSTN（Film Super Twist，补偿膜超扭曲向列）型液晶显示屏。

⑤ TFT（Thin-film Transistor，薄膜晶体管）液晶显示屏。

（2）按照 LCD 接口类型选型

① RGB：模拟输入信号接口。

② LVDS：低压差分线输入信号接口。

③ MIPI：移动产业处理器接口联盟差分输入信号接口。

（3）按照 LCD 分辨率选型

不同分辨率对应不同种类。

① QVGA：240 像素 ×320 像素（Quarter VGA，VGA 尺寸的 1/4）。

② VGA：640 像素 ×480 像素（视频传输标准，显示速率快，颜色丰富）。

③ WVGA：800 像素 ×480 像素（比 VGA 分辨率高）。

④ 720p：720 像素 ×1080 像素（高清，HD，High Definition）。

⑤ UVGA：1600 像素 ×1200 像素（视频图形阵列，Ultra Video Graphics Array）。

⑥ 1080p：1920 像素 ×1080 像素（全高清，FHD，HDTV）。

⑦ 2K：2048 像素 ×1080 像素（QHD）。

⑧ UHD：3840 像素 ×2160 像素（超高清）。

⑨ 4K：4096 像素 ×2160 像素（超高清）。

⑩ 8K：7680 像素 ×4320 像素（超高清）。

（4）按照 LCD 是否内嵌 TP 选型

LCD 与 TP 组合方式如下。

① Out of cell。仅显示 LCD 部分，触摸面板需与 LCD 模组单独贴合组成组件。

② In-cell。将触摸面板的功能嵌入液晶像素中的技术，即在显示屏内部嵌入触摸传感器功能，因此，原本三层的显示屏（保护玻璃 + 触摸屏 + 显示屏）变成了两层的带触控功能的显示屏。这样，屏幕变得更加轻薄。这一技术主要由面板生产商主导研发，对任一显示面板厂商而言，该技术门槛相对较高。

③ On-cell。将触摸屏嵌入显示屏的彩色滤光片基板和偏光片之间的技术，即在液晶面板上配触摸传感器，相比 In-cell 技术，该技术难度降低不少。

（5）按照 LCD 玻璃及制程选型

① a-Si：PPI（ Pixels Per Inch，像素密度 ）较低，透过率、功耗一般，工艺成熟良率高。

② LTPS（ Low Temperature Poly-Silicon，低温多晶硅 ）：高解析度、高透过率、低功耗、窄边框、良率低。

7.2 摄像头应用

2000 年 9 月，夏普发布了第一款可拍照的手机。这款可拍照的手机摄像头虽然只有区区 11 万像素，但开创了拍照手机的先河，让手机制造商看到了发展方向。随后 20 年的发展，手机的拍照功能发展迅速，像素多达几千万甚至 1 亿。背照式传感器、长焦镜头、双摄像头、高感光传感器、50 倍光学变焦、潜望式镜头、T 立体深感镜头……各种针对拍照的黑科技层出不穷，让人眼花缭乱。你对上面提到的知识了解吗？让我们一起来聊一聊摄像头的黑科技。

智能音箱发展到有屏形态，为了更好地交互体验，摄像头功能变得不可或缺。手机的屏幕是竖着放的，智能音箱的屏幕是横着放的，屏幕横着放对摄像头有影响吗？天猫精灵产品种类多，形态变化多样，功能千差万别，新功能、新需求无时无刻不出现在产品经理的PRD 里。面对快速的变化、新技术的挑战，我们时时刻刻要保持勤学好问的态度。

7.2.1 案例详解

案例 有屏音箱视频通话图像显示无法全屏和自动C位

【 问题描述 】

随着交互需求的提升，我们开始由无屏音箱向有屏音箱的方向研发。一款有屏音箱有

200 万像素摄像头，当其实现视频通话功能并接通第一个电话时，全体研发成员都很开心，但细心的软件测试团队的同事却发现，通话时音箱显示的图像有黑边，且不是全屏最大化。软件团队将图像剪切重新适配音箱后可以做到图像全屏显示，但显示的图像范围却变小了，客户体验不佳。为了实现客户第一这个目标，天猫精灵硬件研发团队开始了又一轮的优化。

【问题分析】

LCD 可以横向或竖向放置达到显示效果要求，有屏音箱以屏幕横放为主。而摄像头源于最初的数码相机，相机传感器人像方向和长短边的相对方向是固定的，人像朝向长边。画面显示不全，主要是摄像头传感器的放置方向和屏幕的方向不一致导致长宽比不适配。本产品屏幕和摄像头传感器都是横向放置的，当屏幕的长边和摄像头的短边对应时，显示的画面就会有两条黑边，如果要全屏显示，则需要把画面剪切后适配屏幕长宽比。

为保证全屏显示，硬件团队对摄像头模组进行更改，旋转了传感器方向，使传感器长宽比和屏幕的一致。新样品经验证，视频通话时图像可以全屏显示，问题得到解决。

"张三怎么没在画面中间？"测试团队又发现了新问题。音箱是固定的，但人可能是移动的，人在视频通话时走动，就无法时刻在画面中心，通话效果不佳，客户体验不好。如何保证通话时人时刻处在屏幕中心？我们通过算法自动抓取通话图像中人的位置，通过图像的剪切处理保证通话时人时刻处在屏幕中心。经过以上优化，视频通话体验提升一个量级，达到了行业标杆水平。

如何平衡无损全屏和 C 位剪切的问题，做到让所有客户满意？一个新问题又出现了。而解决的方法是增加软件 C 位开启选择功能，给不同需求的人以不同的选择。

【收获】

① 解决问题时可能会引入新的问题，但新的问题可能打开另一个世界的大门，不放过任何一个问题，也不放过任何一个创新的机会。

② 客户第一是指引我们解决问题的根本思路。

③ 摄像头设计看似简单，其实有着很高的设计技巧。传感器型号 / 尺寸、镜头的可视角、电机的对焦方式、光圈大小的选择，都需要深厚的技术基础，只有这样，才可以把摄像头功能做好。同时图像的质量、取景画面的大小、对比度的要求等，都需要多部门的配合和努力。为了给客户带来更好的体验，我们要群策群力，完成繁重的验证任务。一个人可以走得很快，但一群人才能走得更远。因为信任所以简单，抱团取暖，百炼成钢。

7.2.2 设计规则

1. 摄像头选型指南

① 明确产品的目标需求，包括规格需求和功能需求。如某产品需求为 5M 像素，水平视场角 120°，视频通话支持 720p、20f/s。

② 确定传感器型号、镜头组和数据接口。

2. 摄像头设计注意事项

① 确定各路电压是否正确。

② 确定 I^2C 地址是否冲突。

③ 确定 PDN 使能和 RST 复位的有效电平。

④ 确定多模组同步信号是否连接正确。

⑤ 确定连接器型号是否合规。

⑥ 确定 FPC 上是否留有屏蔽膜。

⑦ 确定人像方向是否正确，保证拍出的图片比例与屏幕一致。

7.3 电池应用

1980 年，美国科学家 John B. Goodenough 根据钴酸锂的叠层结构发现了锂电池作为电极的应用价值，被称为"锂电之父"。随后锂电池经过多年的发展，渐渐击败镍氢电池，逼近铅酸电池的地位。2000 年后，随着技术不断提升，锂电池开启了三级跳，从最初的硬壳电池，到软包聚合物，再到三元锂。从普通电池到动力电池，可以说近 20 年的发展，特别是手机和电动车行业，完全是由锂电池来主导的。

日本 Sony 公司发明了 18650 电池，它风靡至今，被大量应用在各种电子产品当中，音箱类产品也不例外。而软包电池在手机的应用中非常普遍。智能音箱用哪种电池更合适呢？这是在做第一款带电池音箱时面临的第一个问题。只有通过大量的评估、学习和验证，才能做出正确的选择。

7.3.1 案例详解

案例 软包电池设计下音乐断音问题及电池漏液问题

【问题描述】

某款有屏带电池智能音箱设计初期，对选择软包电池还是选择 18650 电池存在异议，到底采用哪个方案迟迟没有定论，但项目交付日期却无法更改。我们走访大量电池厂的并结合天猫精灵的产品特性进行技术判断，认为 18650 电池可行，软包电池存在风险。但 18650 电池打样周期长，于是我们采用迂回战术，临时用软包电池先做验证，一方面保证软硬件的开发进度，等待 18650 电池正式样品；另一方面也可以积累测试数据，用于服务后续项目。

临时选用的软包电池在调试时出现了音乐断音和电池鼓包、漏液问题。

【问题分析】

音乐断音主要是电池供电能力不足造成的，电池鼓包、漏液可能是电池品质不良或使用不当造成的。

经详细测试，音箱在最大音量播放音乐时瞬间功率可达到 60W，峰值电流可达 25A，放电倍率达到了 5C（5 倍容量）。普通的软包锂电池无法满足这样的需求，所以出现音乐断音；同时低电量时会出现频繁过放使用，从而造成电池鼓包和漏液问题。

锂电池没有记忆效应，无惧频繁充电，却最怕过放和过冲。音箱设计中采用软包电池，过放和过冲这两个问题更加突出。扬声器瞬间取电过大、电池低电时，电压会被拉低至 2V 甚至更低，多次频繁过放就会对电芯造成损伤。前期验证已经得出软包电池不能用的结论，这为项目争取了时间。

我们总结了从试验测试中得出的有利数据，并修改了打样中 18650 电池的参数，使得 18650 打样一次成功，得到首次使用并一次打样成功的成绩。

【收获】

① 项目前期要认真评估技术风险，要有充足的预案准备应对风险爆发。

② 安全可靠是天猫精灵对品质的永恒追求。18650 电池虽然成本高，但能够在品质上得到有效保障。

7.3.2 设计规则

1. 电池选型注意事项

（1）电池尺寸和封装形式

根据产品类型和使用需求确定电池的封装形式。如果产品空间受限，对充放电没有特殊要求，且价格不敏感，则可以选择软包电池。如果空间充足，对放电有较高要求，如峰值电流要达到 12A 或 24A 以上，则可以考虑 18650 电池。因为 18650 电池无膨胀率，可靠性高，放电率大，音箱类产品建议优选 18650 电池。

（2）电池容量和内阻参数

电池容量根据产品定义来选择，如定义 5000mAh，可以选择两节 18650 电池（单节 18650 电池的容量一般在 2400～2600mAh）。电池内阻决定了电池充放电时发热程度和放电时的压降大小。普通 18650 电池的内阻（整个电池模组）一般在 100mΩ 左右。天猫精灵有屏带电池智能音箱对发热和压降要求严格，要适当收严内阻标准，如将内阻标准收到 70mΩ。

（3）充放电截止电压

充电截止电压是指充满电后电池能达到的最大电压，如电池最大电压是 4.2V，充电截止电压也要设置为 4.2V。如果设置高于 4.2V 就会造成过充，对电池寿命有严重影响。

放电截止电压是指过放保护点电压，当电池电压低于规定值时保护板会工作，断开电池与外界连接，防止进一步放电降低电池电压，起到保护电池寿命的作用。一般放电截止电压为 2.5～2.7V，可以根据需求适当调整。

（4）充放电电流

充电电流通常是指最大的充电电流，如 5000mAh 容量电池，充电电流是 2.5A，即 0.5C 充电。充电电流主要与电芯有关，设定的充电电流不能超过电芯的承受能力，因为电流过大会损坏电芯。充电电流的大小一般由充电时长来决定，比如要 3h 充满容量为 5000mAh 的电池，充电电流一般设为 2.5～3A，但同时要注意不能超出电芯的规定电流。

放电电流是指电池能提供的放电能力，有持续放电和脉冲充放电两种，持续放电一般为 1C，脉冲放电为 3C 或 5C。要根据实际需求评估，同时设计保护板来满足放电要求。

（5）充电温度和使用温度

电池充电时有温度要求，过低和过高温度充电都会影响电池寿命。一般锂电池的充电温度为区间设置，如 0℃～15℃ /15℃～45℃ /45℃～50℃，第一和第三区间要适当降低充电电流，如设置为 0.2C，第二区间为正常区间，可以标准充电。

电池放电（使用）也有温度区间，因为温度影响锂电池的活性，温度不同，放电能力也不一样。一般温度区间有 -20℃～0℃ /0.2℃ /0℃～20℃ /0.5℃ /20℃～45℃ /3℃ /45℃～60℃ /1℃ 几个区间，第三区间为正常区间，其他区间电池放电能力会有不同程度的降低。

（6）充电循环寿命

充电循环寿命是指电池经过多次充放电后容量剩余 80% 或 60% 时的循环次数。好品质的电池充电次数比较多，如充放电 700 次后电池剩余 80% 容量。测试循环寿命时，一般以常温 25℃，0.5C 充电至满电或近满电，静止 30min，然后 1C 放电至 3V 为一个循环。

2. 锂电池设计注意事项

（1）过充

理论上，锂电池在一定倍率的恒流恒压下充电。当充电转换为恒压 4.2V 后，电流继续流入 0.01C 时，恒压充电的状态仍在进行，即被视为过充。

过充可能导致电池漏液、变形、起火，在恒压失效后随着充电的加深电压达到一定程度（一般限值为 6V）会引起电池爆炸，是损害电池性能的主要原因之一。

在电池外部加 PCB 保护，或在充电器中设置保护线路和时限装置（即充电时限为 2.5h）来防止电池过充。

（2）过放

电池在一定倍率下恒流放电，当电池电压达到 2.75V 时，放电状态仍在继续，即为过放。过放可能导致漏液、零电压及负电压，是损害电池性能的主要原因之一。在电池外部加 PCB 或在充电器中设计保护线路和时限装置来防止过放。

（3）如何激活

① 锂电池放置一段时间后会进入休眠状态，此时电池容量低于正常值，使用时间随之缩短。但锂电池很容易被激活，只要经过 3～5 次正常的充放电循环就可激活电池，恢复正常容量。

② 锂电池几乎没有记忆效应，因此新锂电池在激活过程中，是不需要特别的方法和设备的。不仅理论上是如此，从实践来看，锂电池从一开始就采用标准方法充电的"自然激活"方式是最好的。

③ 很多人认为锂电池的激活需要充电时间超过 12h，且重复 3 次。这种"前 3 次充电要充 12h 以上"的观点，明显是从镍电池（如镍镉和镍氢电池）延续下来的，所以这种观点可以说是错误的。锂电池和镍电池的充放电特性有非常大的区别，正式技术资料都强调过充和过放电会对锂电池、特别是液体锂离子电池造成巨大的伤害。因此最好按照标准时间和标准方法充电，且不要进行超过 12h 的超长充电。

（4）如何充电

① 锂电池没有记忆效应，可以随时充电。

② 以 500 次充电循环寿命为依据，完全的充电和放电 1C 才算一个循环，而不是先用 50% 再充满。

③ 不要过放，尽量不要等到电池完全没电了再去充电。

（5）充电误区

① 新产品重复充电 3 次以便激活电池。

② 新产品第一次充电要 12h 以上。

③ 电池要一个月彻底充放电一次。

【收获】

① 在项目周期紧、交付任务重的情况下，预研能很好地把控并避免风险。

② 稳扎稳打，不能有任何麻痹大意。所以凡是功能性设计必须一次搞定，不能重复改板或改模。

③ 本阶段的问题必须本阶段解决，不能拖到下一阶段解决。

设计上要求零失误、周期极限压缩、交付数量巨大，促使我们引入了预研流程。这为项目摸清了风险，加快了进度。

7.4 传感器应用

户外跑步时，带上手机或戴上计步手环可以记录行动轨迹和距离；开车进入隧道，导航依然可以正确指引路线；高原徒步，高度计可以清晰地显示海拔，甚至气压值……这些功能都源于形形色色的传感器。传感器已经大量融入我们的生活，给我们带来了前所未有的便利。小小的传感器看似简单，但在实际应用中却有很多难点，下面让我们通过几个案例分析其中的缘由，慢慢揭开传感器的面纱。

7.4.1 案例详解

案例　环境光传感器在强光下的失效问题

【问题描述】

某款天猫精灵优化了人机交互的矩阵灯功能。由于白天和黑夜人眼对灯的敏感度不同，为防止黑夜里灯光刺眼，我们加入了环境光传感器，根据环境亮度来调节矩阵灯亮度。开发过程中，我们发现环境光传感器在强光照射下失效，导致矩阵灯亮度无法调节。

【问题分析】

太阳光线强烈，指示灯却没有跟随调节，我们首先怀疑环境光传感器失效，它没有正确感应环境光线。于是，我们针对环境光传感器进行测试，在极暗、正常、高亮 3 种环境状态下测试，发现高亮状态环境光传感器输出的信号全部为 1。从数据上基本可以判定是环境光线的亮度超出了光传感器感应量程，造成了数据溢出。

得出数据溢出的结果，软件团队认为是硬件选型问题，是量程过低导致的数据溢出。而硬件团队则认为选型没有问题，双方各执一词，争论起来。最后决策团队决定由软件团队通查代码，硬件团队研究规格参数，得出数据后再进一步讨论和决定。

到底超出量程是器件的实际量程过低导致的？还是软件设置异常导致的？

常规环境光传感器的感应量程在 0 ~ 64klx，可以完全满足太阳光线的感应，所以应该不是实际量程过低导致的。仔细核对软件代码后发现量程设置有多个挡位，有 0.01 ~ 600lx、1 ~ 64klx。多挡位区间设置是为了保证各识别区间的精度，但配置时却只配置了低量程段，导致高亮时数据溢出。修正软件判断区间的逻辑，并增加识别区间能够完美解决此问题。

【 收获 】

① 有争执不可怕，我们不怕争执，争执后再坐到一起认真讨论问题，对事不对人，解决问题是首要任务。

② 相互配合，相互信任，团结才能取得更大胜利。

7.4.2　设计规则

1. 重力传感器

（1）重力传感器的选型

① 确定使用场景，保证最小灵敏度、最大量程和工作温度满足使用要求。

② 注意查看器件功耗，保证满足产品设计需求。

（2）重力传感器的设计应用

① 保证场景环境不超过芯片的最大振动耐受值（100N）。

② 重力传感器芯片内部结构脆弱，布局时不能放置在 PCB 严重变形的地方，如螺丝孔附近。也不能放在有活动的器件板对面，如放置在按键下。同时远离热源，以保持零偏的稳定。

（3）重力传感器的主要功能应用

① 显示方向检测。

② 姿态识别。

③ 计步、测量步频。

④ 振动、摇摆检测。

⑤ 倾斜检测。

⑥ 跌落检测。

2．温/湿度传感器

（1）温/湿度传感器的选型

① 确定设备的产品和使用场景，保证温/湿度的检测范围满足产品需求。

② 确定温/湿度的检测精度满足产品需求。

③ 确定器件功耗和接口匹配平台设计。

（2）使用温/湿度传感器的注意事项

① 评估测试的环境和使用场景，以保证选择的器件的范围和精度满足测试要求，器件能在测试环境下正常工作。

② 温/湿度传感器通常要求设备开孔，保证传感器周围的空气和温度是要测试的环境。

③ 设备开孔要注意尺寸大小和开孔的防尘设计。

④ 器件布局时要考虑 PCB 上的热源。一定要远离热源，保证测试的准确性。

3．气压传感器

（1）气压传感器的选型

① 确定应用的产品和使用环境，保证量程、精度和温度范围满足产品需求。

② 确定传感器功耗满足产品设计需求。

（2）气压传感器使用注意事项

① 选型时要注意使用环境，特别是海拔高度和环境温度。海拔高度决定了选择测试的量程范围，环境温度对器件的精度有影响。

② 结构设计上要注意留孔，不能把气压传感器密封，否则无法测试环境大气压。

③ 气压传感器属于 MEMS（ Micro-Electro-Mechanical System，微机电系统 ）结构，不能放在 PCB 变形严重的位置。

④ 注意使用的场景，保证选型的精度符合要求。

4．地磁传感器

（1）地磁传感器的选型

① 选择的地磁传感器要满足地磁场的灵敏度测试要求，地磁场微弱，如果灵敏度过低，则会测不到。

② 确定地磁传感器的功耗是否满足产品设计需求。

（2）地磁传感器应用注意事项

① 要确定使用环境和测试场景。地磁传感器有最大量程要求，超出最大量程，测得数据会不准。如最大量程为 |X|+|Y|+|Z|<4912μT，测试的环境磁场要小于这个值。

② 要确定测试的环境和所选器件的灵敏度相匹配。若磁场强度过小，或器件灵敏度过低，则无法正常测试。

③ 要确定选择的地磁传感器是否有自校准功能或需要外部校准，以便生产时采取对应策略。

④ 地磁传感器在 PCB 上摆放时，周围不能有强磁场器件或动态磁场，否则器件无法做校准或自检，如扬声器、听筒、电机、大电流走线等。

⑤ 地磁传感器对 PCB 变形要求略低于陀螺仪和重力加速度传感器，但也不能将其摆放在 PCB 变形严重的地方。

5. 陀螺仪

陀螺仪设计注意事项如下。

① 注意电平匹配。

② 注意 I^2C 地址的配置，防止总线上设备地址发生冲突。

③ 陀螺仪不能放置在板形变形严重的位置，如螺丝孔附近或板中心区。

④ 陀螺仪不能靠近过热芯片。

⑤ 陀螺仪不能放置在按键背面。

⑥ 陀螺仪不能放置在 PCB 布件不均匀的位置。

7.5　时钟应用

2020 年 7 月，中国首个火星探测器——天问一号发射升空，经过 6 个多月的旅行，抵达火星附近。探测器以每天约 30 万千米的速度急速飞行，差之毫厘，谬以千里，哪怕是一秒的误差，也会对测探器造成不可挽回的后果，因此测探器对时钟的精度要求极高，其使用的原子钟（最普通的类型）精度高于每 100 万年误差一秒。但对于普通消费类产品，时钟精度要求不会像测探器那样高，但通常是在什么水平呢？让我们一起来探索时钟的秘密。

7.5.1　案例详解

案例　音箱老化长时间工作死机问题

【问题描述】

某低成本音箱项目在 EVT 阶段，老化测试一段时间后会出现死机现象。

【问题分析】

出现死机现象，在排除软件因素后，优先考虑硬件的电源和时钟。测试时发现，各路电源稳定，满足设计要求；时钟也是稳定的，并无异常。再考量温度因素，用热风枪加热时钟电路，复现了死机现象，所以基本可以判断是随温度的升高，时钟电路频偏较大，导致时钟错乱死机。这也是为什么时钟电路工作一段时间才会出现该问题，工作一段时间后机器内部温度会升高。

【对策】

更换高品质晶振（晶体振荡器），保证温漂范围，使机器长时间工作稳定。

【收获】

① 不能一味地降低成本，不顾产品品质。

② 不能一味地追求高品质或品质过剩，这样会导致成本不可控。

③ 只要找一个平衡点，矛和盾可能都会发挥神奇的效果。

成本是悬在产品上方的一把达摩克利斯之剑。成本往往决定着一个产品成败，但成本太低就会牺牲产品的性能或可靠性。产品的性能和可靠性与客户体验息息相关，同时也决定着产品的成功与否。如何把成本做到极致？如何把客户体验做到极致？这两个问题时刻困扰和考验着我们研发团队。只能两手抓两手都要硬，才能走得更远。

7.5.2　设计规则

1. 晶振的参数选型

① 封装尺寸：常用的尺寸有 32mm×25mm、25mm×20mm、20mm×16mm、12mm×10mm、10mm×8mm。

② 谐振频率：表示晶体振荡器的工作频率。

③ 振动类型：表示晶体振荡器起振后的振动方式。

④ 负载电容：表示晶体振荡器正常工作时的负载电容要求。

⑤ 频率精度：表示晶体振荡器工作频率的精度。

⑥ 激励功率：一般标识为起振激励功率的最大值。

⑦ 操作温度：标识晶振可工作的温度范围。

⑧ 温漂：标识晶振频率随温度的变化。

（1）负载电容

晶振的负载电容是由多颗电容等效计算得到的，比如负载电容 C_L=12pF。12pF 是指图 7-5 中 C_d、C_g、C_s 等效计算后的结果，如图 7-5 所示。

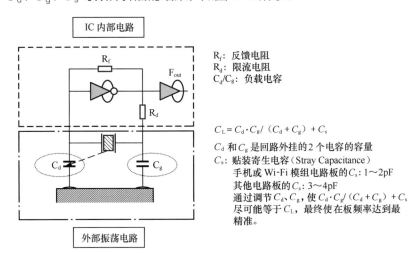

Rf：反馈电阻
Rd：限流电阻
Cd/Cg：负载电容

$$C_L = C_d \cdot C_g / (C_d + C_g) + C_s$$

C_d 和 C_g 是回路外挂的 2 个电容的容量
C_s：贴装寄生电容（Stray Capacitance）
　　手机或 Wi-Fi 模组电路板的 C_s：1～2pF
　　其他电路板的 C_s：3～4pF
　　通过调节 C_d、C_g，使 $C_d \cdot C_g / (C_d + C_g) + C_s$
　　尽可能等于 C_L，最终使在板频率达到最精准。

图 7-5　晶振的负载电容

（2）激励功率

激励功率过高会引起主频的偏移，通常使用 100μW 以下的激励源来驱动晶振。如果一颗晶振的最大激励功率为 100μW，但实际功率超过 100μW，则引起晶振的频率偏移，严重的会损坏晶振，如图 7-6 所示。

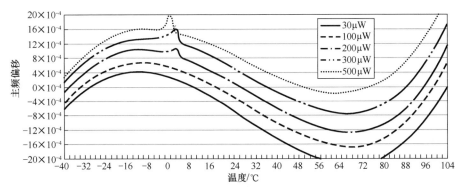

图 7-6　不同激励功率对晶振的影响

（3）年老化率

如图 7-7 所示，老化率与激励功率相关，相同使用条件下，激励功率越大，老化速度越快。一般选择正常激励功率，年老化率在 $-3 \times 10^{-6} \sim 3 \times 10^{-6}$ 的晶振。

（4）参数关系

负载电容、频率偏移、激励功率、串接电阻等多个参数相互作用，影响着晶振的工作特性，如图 7-8 所示。

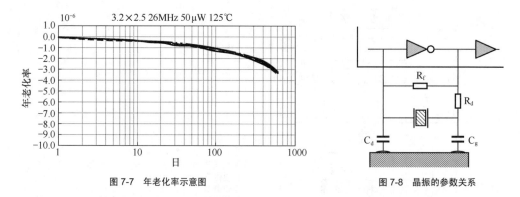

图 7-7　年老化率示意图　　　　　　　图 7-8　晶振的参数关系

调节 R_d（串接电阻）对其他参数的影响如表 7-1 所示，调节 C_d（负载电容）和 C_g（负载电容）对其他参数的影响如表 7-2 所示。

表 7-1　调节 R_d 对其他参数的影响

	C_g/pF	C_d/pF	R_d/Ω	启动时间/ms	频率误差/1×10^{-6}	电压幅度/Vpp	驱动功率/μW
1	18	18	2400	4.8	2.2	3.2	89
2	18	18	1800	4.2	1.9	3.4	102
3	18	18	1300	3.7	2.0	3.6	127
4	18	18	750	3.3	2.1	3.9	143
5	18	18	430	2.8	2.0	4.0	166
6	18	18	33	2.2	1.8	4.2	198

表 7-2　调节 C_d 和 C_g 对其他参数的影响

	C_g/pF	C_d/pF	R_d/Ω	启动时间/ms	频率误差/1×10^{-6}	电压幅度/Vpp	驱动功率/μW
1	18	18	2400	4.7	1.2	3.4	87
2	18	10	2400	4.7	10.9	3.4	76

	C_g/pF	C_d/pF	R_d/Ω	启动时间/ms	频率误差/1×10^{-6}	电压幅度/Vpp	驱动功率/μW
3	10	18	2400	4.2	11.6	3.5	81
4	10	10	2400	3.2	21.3	3.7	50
5	8.2	8.2	2400	2.1	35.0	3.9	37

2. 应用注意事项

① 若使用三端接地的接法，贴片时方向要保持一致，否则调试会有偏差。因为 1、3 引脚的走线不一致，会影响负载电容。

② 负载电容靠近晶振引脚放置。

③ 晶振下是否掏地以平台商建议为准，首先要保证走线立体保护好，其次再考虑是否掏地。

④ 晶振与主芯片的距离要根据实际情况设计，过近有热的影响，过远则干扰大影响精度。

7.5.3　小结

客户需要好的产品，但如何定义好产品，其答案千差万别。有的人认为好产品是指价格低的产品，有的人认为好产品是指品质好的产品，但能否做到既低价，品质又好呢？天猫精灵从 X1，到方糖，再到 CC、CC10，一路从零做到几千万的用户量，时刻没有停止思考这个问题，也从没有停止向这个方向努力。在这过程中积累下来的宝贵经验也让我们走得越来越快，越来越好。客户体验的考验、供应链能力的考验、产品设计的考验、品质标准的考验、生产制程的考验。一步一个脚印，走的每一步都有效。有用户反馈，天猫精灵送给父母经历了 4 个阶段。第一阶段："它叫什么猫呀？蓝猫吗？"第二阶段："天猫精灵，开灯。"第三阶段："天猫精灵，你要喝茶吗？"第四阶段："我们家有四口人，一个是机器人。"正是这样的反馈激励着我们坚定不移地走下去。

7.6　线材应用

线材是连接天猫精灵内部各功能件的桥梁，有了它，才能确保整个硬件系统协调统一运作。所以线材虽然不是天猫精灵最核心的部品，甚至被很多工程师忽略，但没有它，一切都玩不转。

7.6.1　案例详解

案例　LCD端ZIF（Zero Insert Force，零插入力）连接器钢琴盖破损

【问题描述】

最初的有屏天猫精灵（CC系列）LCD端FPC的ZIF连接器（钢琴盖后锁式）在生产组装中易破损，不良比例在3‰左右。

【主要原因】

① 连接器Pitch太小（0.3Pitch），钢琴盖薄弱。

② 钢琴盖模具精度和材质的问题。

【优化方案】

① 更换为同规格物料，经过批量验证该方案是可行的，但会导致成本上升。

② 改为0.5Pitch的连接器，钢琴盖结构结实牢固，已经在迭代项目批量导入该方案。

7.6.2　FPC设计规则

FPC推荐设计示意图如图7-9所示。以主FPC为例，各部分设计尺寸的要求有以下10点。

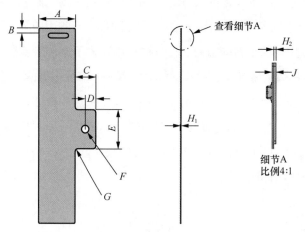

图7-9　FPC推荐设计示意图

① FPC本体宽度根据走线数量和板层数而定，为保证结构强度可靠，宽度不小于4mm。

② 连接器焊盘到FPC边缘距离，设计尺寸不小于1mm。

③ 为保证定位孔结构可靠，接地"耳朵"宽度不小于3mm。

④ 为保证FPC强度，防止FPC拉裂，定位孔中心到边缘距离不小于1.5mm。

⑤ 为保证定位孔结构可靠，接地"耳朵"长度不小于 3mm。

⑥ 为保证壳子定位柱强度，定位孔直径不小于 0.8mm。

⑦ FPC 过渡圆角。FPC 在转角处需要有圆角过渡，避免直角受外力导致 FPC 拉裂，圆角尺寸不小于 0.5mm。

⑧ FPC 厚度。FPC 厚度根据走线形式来定，单层板 H_1 不小于 0.12mm，双层板 H_1 不小于 0.15mm。

⑨ FPC 连接器处补强板厚度。FPC 在连接器处需增加补强板，避免 FPC 弯曲变形导致连接器从 FPC 上脱开。补强板厚度：H_2=0.3mm。

⑩ FPC 在连接器处总厚度：$J=H_1+H_2$。

FPC 为功能件，其一些尺寸的设定需要同电子、PCB 等团队讨论，避免无法走线或者不能达到功能需求。

7.6.3　基础知识

我们常用的线材主要有 FPC、FFC 和电线电缆。

（1）FPC

FPC 是一种铜质线路，印制在 PI（Polyimide，聚酰亚胺）或 PET（Polyester，聚酯）薄膜基材上，具有可自由弯曲和可挠性，纤薄轻巧、精密度高，可以有多层线路，并于板上贴芯片或 SMT 芯片。有的地方称其为"软性印制电路板"，简称为"软板"，其他名称如"可挠性线路板""软膜""柔板"等。

FPC 的优势是体积小、重量轻，配线密度高、组合简单，可折叠，可做 3D 立体安装，可做动态挠曲。

FPC 材料组成及规格如下。

① 基材。

基材是指铜箔基板所用以支撑底材，也指保护胶片的材料。

基材在材料上分为 PI 薄膜及 PET 薄膜 2 种，PI 的价格较高，耐热性较佳，PET 价格较低，但不耐热，因此若有焊接需求时，大部分均选用 PI 材质。厚度上一般有 0.5mil、1mil、2mil。

② 铜箔。

铜箔为铜原材，非压合完成材料。

铜箔根据其铜性可概分为电解铜、压延铜、高延展性电解铜。料厚有 18μm、35μm、70μm。

③ 黏合剂。

黏合剂一般有压克力（Acrylic）胶和环氧树脂（Epoxy）胶2种，最常使用的是Epoxy胶，厚度在0.4～2mil，一般使用18μm厚的胶。

④ 覆盖膜。

覆盖膜由基材和胶组合而成，其基材分为PI与PET2种，厚度在0.5～1.4mil。

⑤ 补强材料。

材质可用PI、PET、FR4、SUS。它的厚度一般为0.3mm、0.25mm、0.2mm、0.15mm、0.1mm。

FPC产品结构组成如图7-10所示。

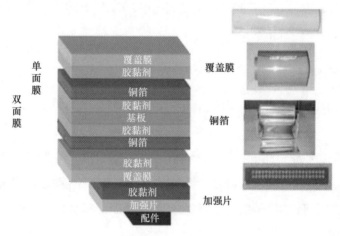

图7-10　FPC堆叠图

（2）FFC

FFC（Flexible Flat Cable，柔性扁平电缆）是一种用PET绝缘材料和极薄扁平铜线压合而成的线。

FFC的优点是比FPC便宜，缺点是只能做直线形式的标准件，无法做造型。

（3）电线电缆

电线：由金属导体或金属导体外加绝缘外套构成的可以传输电或电信号的线状物体；

电缆：多条电线集合外加绝缘外套即为电缆，如图7-11所示。

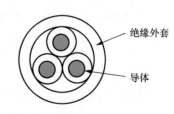

图7-11　电缆示意图

种类：电子线、电源线、扬声器线、电话线、计算机线、多芯线、同轴线、隔离线、电力电缆、汽车用高低压花线、漆包线、PU 曲线及其他特殊电线电缆。

AWG 标准：AWG（American wire gauge，美国线规）是一种区分导线直径的标准，又被称为 Brown & Sharpe 线规。AWG 前面的数值（如 24AWG、26AWG）表示导线形成最后直径前所要经过的孔的数量，数值越大，导线经过孔的等级越高，导线的直径也就越小。粗导线具有更好的物理强度和更低的电阻，但是导线越粗，制作电缆需要的铜就越多，这会导致电缆更沉、更难以安装、价格也更贵。电缆设计的挑战在于使用尽可能小直径的导线（减小成本和安装复杂性），而同时保证在必要电压和频率之下实现导线的最大容量，其选型参考如表 7-3 所示。

表 7-3　AWG 选型表

AGW	铜直径/ mm	铜面积/ mm²	绝缘直径/ mm	带绝缘面积/ mm²	20℃/ Ω·m⁻¹	100℃/ Ω·m⁻¹	A/ (j=4.5A/mm²)
10	2.59	5.2620	2.73	5.8572	0.0033	0.0044	23.679
11	2.31	4.1729	2.44	4.7638	0.0041	0.0055	18.778
12	2.05	3.3092	2.18	3.7309	0.0052	0.0070	14.892
13	1.83	2.6243	1.95	2.9793	0.0066	0.0088	11.809
14	1.63	2.0811	1.74	2.3800	0.0083	0.0111	9.365
15	1.45	1.6504	1.56	1.9021	0.0104	0.0140	7.427
16	1.29	1.3088	1.39	1.5207	0.0132	0.0176	5.890
17	1.15	1.0379	1.24	1.2164	0.0166	0.0222	4.671
18	1.02	0.8231	1.11	0.9735	0.0209	0.0280	3.704
19	0.91	0.6527	1.00	0.7794	0.0264	0.0353	2.937
20	0.81	0.5176	0.89	0.6244	0.0333	0.0445	2.329
21	0.72	0.4105	0.80	0.5004	0.0420	0.0561	1.847
22	0.64	0.3255	0.71	0.4013	0.0530	0.0708	1.465
23	0.57	0.2582	0.64	0.3221	0.0668	0.0892	1.162
24	0.51	0.2047	0.57	0.2586	0.0842	0.1125	0.921
25	0.45	0.1624	0.51	0.2078	0.1062	0.1419	0.731
26	0.40	0.1287	0.46	0.1671	0.1339	0.1789	0.579
27	0.36	0.1021	0.41	0.1344	0.1689	0.2256	0.459

续表

AGW	铜直径/ mm	铜面积/ mm²	绝缘直径/ mm	带绝缘面积/ mm²	20℃/ Ω·m⁻¹	100℃/ Ω·m⁻¹	A/ (*j*=4.5A/mm²)
28	0.32	0.081	0.37	0.1083	0.2129	0.2845	0.364
29	0.29	0.0624	0.33	0.0872	0.2685	0.3587	0.289
30	0.25	0.5090	0.30	0.0704	0.3385	0.4523	0.229
31	0.23	0.0404	0.27	0.0568	0.4269	0.5704	0.182
32	0.20	0.0320	0.24	0.0459	0.5384	0.7192	0.144
33	0.18	0.0254	0.22	0.0371	0.6789	0.9070	0.114
34	0.16	0.0201	0.20	0.0300	0.8560	1.1437	0.091
35	0.14	0.0160	0.18	0.0243	1.0795	1.4422	0.072
36	0.13	0.0127	0.16	0.0197	1.3612	1.8186	0.057
37	0.11	0.0100	0.14	0.0160	1.7165	2.2932	0.045
38	0.10	0.0080	0.13	0.0130	2.1644	2.8917	0.036
39	0.09	0.0063	0.12	0.0106	2.7293	3.6464	0.028
40	0.08	0.0050	0.10	0.0086	3.4427	4.5981	0.023
41	0.07	0.0040	0.09	0.0070	4.3399	5.7982	0.018

连接器的分类有以下 3 种。

① 按照 PCB 配合方式区分。

贴片式 -SMT：利用板面焊盘，再印刷锡膏与暂贴零件脚，然后经回焊炉（Reflow）即可成为焊点；

引脚插入式 -DIP：在 PCB 上打孔，将连接器引脚穿过电路板上的孔，再进行焊锡固定。

② 按照出入力区分。

ZIF（零插入力）：具体分为前掀式、后掀式、抽屉式；

Non-ZIF（低插入力）。

③ 按照框口方向区分。

卧式（R/A）：框口侧向，排线从侧向插入连接器，分为上接触、下接触和双接触式；

立式（V/T）：框口朝上，排线从连接器上方插入连接器。

专业名称注释

1. 项目专业名词

- EVT Engineering Verification Test 工程验证测试
- DVT Design Verification Test 设计验证测试
- PVT Production Verification Test 生产验证测试
- KO Kick Off 启动
- PRD Product Requirement Document 产品需求文档
- ID Industrial Design 工业设计
- CMF Color-Material-Finishing 颜色、材料、表面处理
- MD Mechanic Design 机构设计
- HW Hardware 硬件
- BB Baseband 基带
- RF Radio Frequency 射频
- PCB Printed Circuit Board 印制电路板
- PCBA Printed Circuit Board Assembly 成品电路板
- SW Software 软件
- EQ Equalizer 音频均衡器
- QA Quality Assurance 品质保证
- DQA Design Quality Assurance 设计品质保证
- MP Mass Production 量产
- DCN Design Change Notice 设计变更通知单
- ECN Engineering Change Notice 工程变更通知单
- SOP Standard Operating Procedure 标准作业程序
- SMT Surface Mounting Technology 表面安装技术
- DCC Document Control Center 文件控制中心
- BOM Bill Of Material 物料清单
- DFM Design For Manufacturing 面向制造的设计

- DFT Design For Testing 面向测试的设计
- DFS Design For Service 面向服务的设计
- SQE Supplier Quality Engineer 供应商质量工程师
- EOL End of Life 项目终止

2. 基带专业名词

- IEC 国际电工委员会
- TVS Transient Voltage Suppressor 瞬态二极管：一种二极管形式的高效能保护元器件
- DRC Design Rule Check 设计规则检查：由计算机完成的一项设计检查工作
- MOSFET Metal-Oxide-Semiconductor Field-Effect Transistor 金属 - 氧化物 - 半导体场效应晶体管，简称金氧半场效应晶体管：一种可以广泛使用在模拟电路与数字电路中的场效应晶体管
- PMU Power Management Unit 电源管理单元：一种高度集成的、针对便携式应用的电源管理方案，即将传统分立的若干类电源管理器件整合在单个的封装内
- SMD Surface Mount Device 表面安装器件
- OSP Organic Solderability Preservatives 有机保焊膜：一种 PCB 表面处理工艺
- BGA Ball Grid Array Package 球阵列封装：一种芯片封装方式

3. 射频专业名词

- BT Bluetooth 蓝牙
- OTA Over The Air 空中激活
- TRP Total Radiated Power 总辐射功率
- TIS Total Isotropic Sensitivity 总全向灵敏度
- MIMO Multiple-Input Multiple-Output 多输入多输出
- BLE Bluetooth Low Energy 低功耗蓝牙
- BQB Bluetooth Qualification Body 蓝牙品质认证委员会
- EMC Electromagnetic Compatibility 电磁兼容性
- LNA Low Noise Amplifier 低噪声放大器
- Mesh 低功耗蓝牙组网技术
- De-sense 噪声源导致的灵敏度降低程度
- SRRC 国家无线电管理委员会

4. 结构专业名词

- 缩水：产品没有刨模，导致其表面有凹陷，缩水一般出现在肉厚不均的地方

- 缺料：剂不足导致产品没有定满型腔，有缺角现象

- 变形：产品密度不匀所造成的，它的变形方式有向公模面凸起; 向母模面凸起; 变 S 形; 晃动变形

- 拉白：在成型时产品因刨模或模具斜度不够而造成的，一般发生在工线和柱子上。

- 烧白：排气不顺导致产品困气，局部过热，进而造成产品根部发白，可以适当增加排气或射速去改善。

- 内应力：在塑料产品中，局部应力状态是不同的，产品的变形程度取决于应力的分布，如果产品在冷却时，存在温度梯变，则这类应力被称为成型应力，注塑产品内应力包括两种，一种是产品成型应力，另一种是温度应力。

- 凹陷（缩水）：指塑料产品在成型中成型条件设定不当或一些肉比较厚的地方有明显凹陷，主要发生在肉厚不均或离进胶点太远的部位。

- 熔合缝（结合线）：当制品采用多浇口有孔嵌件或设计的制品厚度不均时熔体在模内发生两个方向以上的流动，在两股料流的汇合处就会形成结合线。

- 翘曲（变形）：原料内分子运动使内应力不均，会造成翘曲; 制品内冷却不均匀，也会发生翘曲。

- 溢边（毛边）：溢边是充模时体料从模具分型面中溢出，冷却后形成的。

- 银纹（气纹）：充模时物料受热分解出来挥发性气体，这些气体分布在制品表面，就会留下银纹。

- 骨位：也称加强筋，在塑料产品上起着连接和加强产品强度的作用，一般在产品设计时，骨位的厚度为骨位所在处的胶位厚度的 0.7mm 左右。产品的骨位在具体的模具设计中有时是原身留，有时是做镶件。原身留加工时用放电加工，做镶件时可以采用 CNC 或磨床加工。

- 披锋：即毛刺，披锋可分两种，一种是塑料行业的品质用语，指产品边缘部位多出的无用部分，因为多出的部分通常带有锋，所以有点伤手。另一种是模具冲制或金属制品在加工过程中冲压件的边缘毛刺。

- 枕位：在分型面不平，即有落差时用来平衡模具成型载荷，也可以说是定位用的。从产品的角度出发，枕位用于减少产品的毛边，且一般在 3 ～ 5mm。

- 断差：也可指台阶。当产品的外表面一部分在滑块上时，滑块与前模的结合处的结合线需要处理，否则会在产品的外表面形成断差也就是明显的结合线。

- CNC Computer Numerical Control 计算机数控：一种由程序控制的自动化系统。该控制系统能够处理具有控制编码或其他符号指令规定的程序，通过计算机将其译码，从而使机床执行已规定的动作，通过刀具切削将毛坯料加工成半成品或成品零件。

- AB 胶：A 组分与 B 组分混合后发生反应从而产生黏结力的一种胶水，又称双组分胶水。

后　记

　　来到天猫精灵不久，我就收到了硬件研发团队厚厚一叠书稿。天猫精灵的业务节奏很快，日常工作停下来时，我就会翻翻这本书稿，在项目协同、开发设计和模式创新的案例中，我看到我们过去克服的各种困难，也更能理解，团队一直坚持和热爱的是什么。

　　过去十年，智能终端发生了巨大的变化，从智能手机的触控交互体系到天猫精灵的语音交互体系，再到未来的 3D 重建、云网融合交互体系，未来可期。

　　消费者对硬件终端的期待，不仅是主场景的功能交互，也包括硬件终端在日常环境中保护用户的安全与隐私，以及带给他们的个性化、情感化陪伴。因此，这本书更多篇幅涉及的，是天猫精灵不被用户强感知，但团队必须面对的问题和必须做好的基础体验。这一系列的问题可以概括为如下几点。

　　（1）如何从零开始定义一种新的近身交互形态。

　　（2）智能化能否兼顾普惠化。

　　（3）光、电、声、热这些因素，如何为用户统筹设计。

　　（4）互联网公司与硬件流程的组织设计。

　　（5）未来行业需要什么样的智能互联人才。

　　祝愿本书的出版能给读者带来不一样的感受，不仅是对我们的产品和团队的支持，更是对我们设计理念的认可。

彭超

阿里巴巴集团副总裁、天猫精灵总裁